T0348690

La ciencia
de la incertidumbre

Tim Palmer

LA CIENCIA DE
LA INCERTIDUMBRE

De la física cuántica al cambio climático:
la duda como herramienta esencial

Pinolia

Título original: *The Primacy of Doubt: From Climate Change to Quantum Physics, How the Science of Uncertainty Can Help Predict and Understand our Chaotic World*

© 2022, 2024 by Tim Palmer. All rights reserved.
© 2024, Editorial Pinolia, S. L.
Calle de Cervantes, 26
28014, Madrid
© Traducción: Equipo Pinolia, 2024

www.editorialpinolia.es
info@editorialpinolia.es

Colección: Divulgación científica
Primera edición: septiembre de 2024

Depósito legal: M-18621-2024
ISBN: 978-84-19878-80-9
Diseño y maquetación: Almudena Izquierdo
Diseño cubierta: Óscar Álvarez
Impresión y encuadernación: Industria Gráfica Anzos, S. L. U.
Printed in Spain - Impreso en España

A Gill, Sam, Greg y Brendan, por su amor, apoyo, paciencia y comprensión.

En memoria de Dennis Sciama, Raymond Hide, Ed Lorenz y Bob May, que, a su manera, me enseñaron e inspiraron.

Nuestra libertad para dudar nació de una lucha contra la autoridad en los primeros tiempos de la ciencia. Fue una lucha muy profunda y fuerte. La libertad de cuestionarnos las cosas —simplemente, dudar— y no estar seguros.

RICHARD FEYNMAN

Creía en la primacía de la duda, no como una mancha en nuestra capacidad para conocer más allá, sino como la esencia misma del conocimiento.

BIOGRAFÍA DE RICHARD FEYNMAN POR JAMES GLEICK

CONTENIDO

NOTA DEL AUTOR

C omo lector, supongo que es bastante usual saltarse el prólogo de un libro e ir directamente al grano. Al menos, eso es lo que suelo hacer yo.

Si estás pensando en hacer lo mismo, te aseguro que esto no impedirá que puedas comprender el tema clave de este libro: cómo la ciencia de la incertidumbre puede ayudarnos a dar sentido a este mundo nuestro tan incierto e impredecible. Sin embargo, es posible que te preguntes, puesto que casi todo en la vida es incierto, por qué me centro en temas tan concretos y aparentemente tan dispares que se muestran en este libro: el cambio climático, la economía, la física cuántica y la cosmología, la creatividad humana y la conciencia, por citar algunos. ¿Por qué no hablar de los terremotos, el diseño de fármacos o los ciberataques? La respuesta está en mi formación científica.

Hice el doctorado durante los años setenta sobre la teoría de la relatividad general de Einstein, quien se había convertido en mi héroe cuando yo era adolescente. Tuve suerte, ya que se considera que la década de 1970 fue una época dorada para la teoría de la relatividad general. En la primera conferencia científica a la que asistí, en 1974, escuché a Stephen Hawking —aún no había perdido la voz— anunciar su resultado más importante y famoso: que los agujeros negros no son realmente negros, sino que irradian partículas cuánticas.

Mi profesor de investigación,[1] Dennis Sciama, supervisor de doctorado de Hawking unos años antes, estaba extasiado con este resultado. Sciama era optimista: estábamos a punto de entender cómo unificar la teoría de la relatividad general de Einstein con la mecánica cuántica, la teoría que describe con éxito los átomos y las partículas elementales. Sin embargo, existían unos cuantos problemas. Uno de los problemas que frustraban a Sciama era que los cálculos de Hawking eran un poco arcanos. Sciama estaba convencido de que debía haber una forma más transparente de obtener un resultado tan importante. Empezó a buscar ideas alternativas basadas en los conceptos de un campo de la física llamado termodinámica del no equilibrio. Sciama me pidió que estudiara lo que se denomina el principio de máxima producción de entropía, algo de lo que yo no había oído hablar en aquel momento.

A punto de terminar mi doctorado,[2] ya me había convertido en un experto en agujeros negros y había conseguido un puesto posdoctoral en el grupo de Hawking en Cambridge. Todo parecía apuntar a que iba a seguir una carrera como físico gravitatorio teórico.

Pero, cuanto más me acercaba a este nuevo puesto, menos seguro estaba de que eso fuera lo que yo quería hacer. Para empezar, el trabajo que estaba haciendo no tenía absolutamente ninguna relación con el bienestar de la persona de a pie. Además, me daba cuenta de que solo había un puñado de profesionales en el mundo realmente interesados en los detalles de mi trabajo.

---

1 En mi primer año de investigación de posgrado, fui supervisado por uno de los primeros alumnos de Sciama, John Miller, que intentó que me interesara por la resolución por ordenador de las ecuaciones de la relatividad general. En aquel momento, y a la luz de mi posterior investigación sobre el tiempo y el clima (la ironía), esto no me interesaba en absoluto: quería hacer algo más teórico. Durante los años restantes de mi investigación de posgrado, fui supervisado directamente por Sciama.

2 Mi principal contribución a la teoría general de la relatividad fue la formulación de algunas de las primeras descripciones cuasi-locales del momento de la energía gravitatoria en el espacio-tiempo general. Véase Palmer, 1978.

Quizá nada de esto hubiera importado si hubiera sentido que iba a ser la persona que unificara la mecánica cuántica y la relatividad general. Este era el santo grial de la física en los años setenta y, de hecho, lo sigue siendo hoy en día, ya que sigue siendo un problema sin resolver. Sin embargo, cuanto más pensaba en ello, más llegaba a la conclusión de que, a nivel conceptual, estas dos teorías eran bastante incompatibles y no iban a ser unificadas, al menos no por mí.

La opinión predominante en aquella época era ignorar estos problemas conceptuales y seguir adelante con las matemáticas, esperando que al final algo milagroso saliera bien (apodado «Cállate y calcula» por el físico estadounidense David Mermin). Sin embargo, no todo el mundo pensaba así. Empecé a recordar aquella primera conferencia a la que asistí en 1974. Fue inaugurada por el célebre físico teórico británico Chris Isham. En su charla introductoria,[3] Isham comentó:

«Hoy en día estos problemas conceptuales pasan desapercibidos, ya que la mayoría de la gente prefiere trabajar en las dificultades técnicas más "respetables". Sin embargo, en la gravedad cuántica, los problemas conceptuales y técnicos van con frecuencia de la mano y es posible que al descuidar los primeros se esté provocando que los segundos se estén volviendo irrelevantes».

Estas palabras empezaron a resonar con fuerza. Empecé a preocuparme por embarcarme en una carrera en la que trabajaría en cosas que al final resultarían irrelevantes.

Por casualidad, conocí a un meteorólogo de fama mundial, Raymond Hide. Este se interesaba tanto por la astronomía como por la meteorología; era la única persona que había sido presidente tanto de la Real Sociedad Astronómica como de la Real Sociedad Meteorológica. Le pregunté si había algún tema nuevo en la física del clima. Me describió un artículo de un colega australiano[4] en el que se mostraba cómo las propiedades del clima terrestre podían

---

3   Isham *et al. Quantum gravity: An Oxford symposium*. Clarendon Press, 1975.

4   Paltridge, G. W. «The steady-state format of global climate». *Quarterly Journal of the Royal Meteorological Society* 104 (1978): 927–945.

deducirse a partir del principio de máxima entropía. Fue como si me hubiera caído un rayo encima. Se trataba de un oscuro concepto de la física cuya existencia acababa de conocer y que podía unificarlo todo, desde la evaporación cuántica de los agujeros negros hasta la estructura del sistema climático de la Tierra.

Por aquel entonces, la oficina meteorológica de Reino Unido buscaba científicos. Casi por capricho, decidí presentarme, sin saber si era lo que realmente quería hacer. En la entrevista parloteé de forma incoherente sobre la importancia crítica del principio de máxima de entropía para entender el clima. Para mi gran sorpresa, me ofrecieron un puesto.

Sin embargo, ¿debía rechazar la oportunidad de trabajar con uno de los físicos teóricos más importantes del mundo para pasarme al mundo más prosaico de la función pública científica, trabajando en un campo sobre el que no sabía casi nada? Mis padres se sentirían decepcionados conmigo si rechazaba la oferta de trabajo de Hawking. No sabía qué hacer y anduve día tras día en un completo estado de indecisión. Decidí dejar de lado el problema durante unos días y volver a escribir mi tesis. Una semana más tarde, entré en mi despacho y, de repente, tuve muy claro lo que tenía que hacer. Antes de que empezara a pensármelo mejor, escribí al director del Departamento de Matemáticas Aplicadas y Física Teórica de la Universidad de Cambridge, declinando la oferta.

¿Qué estaba pasando en mi cerebro para que de repente supiera qué hacer, cuando antes era como el asno de Buridan, incapaz de moverme hacia el montón de heno o el cubo de agua? Me interesé profundamente por el proceso por el que el cerebro toma decisiones.

Durante diez años, alejé de mi mente la física fundamental. Me sumergí de lleno en la meteorología y la climatología, y pude, con otros colegas, hacer algunos avances apasionantes. Michael McIntyre y yo descubrimos las ondas más grandes del mundo en la estratosfera terrestre, un proceso fundamental para entender por qué se descubrió de forma inesperada el agujero de ozono sobre la Antártida. Chris Folland, David Parker y yo demostramos que la sequía que existía hacía una década en el Sahel subsahariano —la sequía que motivó el famoso concierto Live Aid— estaba causada por las fluctuaciones de las temperaturas del mar en el Atlántico tropical. Glenn Shutts y yo desarrollamos una forma de representar las ondas gravitacionales atmosféricas a pequeña escala (no las ondas gravitacionales de la relatividad general que había estado investigando anteriormente) en los modelos de previsión meteorológica, y demostramos cómo esto ayudaba a las aerolíneas a mejorar su eficiencia en el consumo de combustible. Y James Murphy y yo desarrollamos el primer sistema de predicción por conjuntos del mundo, sobre el que escribiré en detalle. En esa época conocí a Ed Lorenz, uno de los protagonistas de este libro, y empecé a interesarme por la teoría del caos.

De hecho, en la década de 1980, el término «caos» se estaba convirtiendo en una palabra de moda en todo el mundo gracias al magistral libro de James Gleick *Chaos: Making a New Science.*[5] Trabajando con Bob May, pionero del caos, comencé a codearme con científicos de otros campos en los que la teoría del caos era relevante, y empecé a pensar si los métodos de predicción por conjuntos podrían aplicarse en esas otras áreas. Esto despertó mi interés por la predicción por conjuntos en campos como la economía.

Mi carrera se desarrollaba viento en popa, era feliz y me sentía realizado con lo que hacía. Me había olvidado casi por completo de mi vida anterior en la física fundamental.

Pero, entonces, en algún momento a finales de los ochenta, me encontré un día en una de las principales librerías de Oxford. Era 1987, el tercer centenario de la famosa *Principia Mathematica* de Newton, y acababa de aparecer un nuevo libro que celebraba el aniversario, editado por Stephen Hawking. Al hojear las páginas, ese viejo mundo volvió a mis ojos en un instante. El distinguido físico Roger Penrose había contribuido con un artículo en el que mencionaba el experimento clave —el experimento Bell— que había llevado a los físicos a rechazar las opiniones de Einstein sobre la realidad cuántica.

Unas semanas más tarde, de la nada, se me ocurrió una idea basada en la teoría del caos: una posible forma de explicar por qué este resultado experimental clave podía ser coherente con las ideas de

---

5   Gleick, *Chaos: Making of a new science.*

Einstein. Escribí un artículo sobre esto[6] y luego intenté olvidarme y retomar mis campos de investigación posteriores al doctorado, pero me di cuenta de que no podía. Empecé a devorar todos los artículos sobre los fundamentos de la física cuántica, lo que ahora resultaba más fácil gracias al rápido desarrollo de Internet, e intenté seguir desarrollando mis ideas sobre la física cuántica. Volví al tipo de física que creía haber dejado atrás, al menos por las tardes.

Para este tipo de trabajo, basta con lápiz y papel. Sin embargo, para resolver las ecuaciones que formaban parte de mi trabajo diario en física meteorológica y climática, necesitaba algunos de los mayores superordenadores disponibles. Sin embargo, cuanto más utilizaba esos ordenadores, más me frustraba ver hasta qué punto limitaban lo que se podía estudiar. A pesar de sus impresionantes capacidades (por ejemplo, eran capaces de realizar trillones de cálculos por segundo), los ordenadores limitaban enormemente la cantidad de detalles que se pueden codificar en un modelo meteorológico o climático global y el número de conjuntos que se pueden ejecutar en un momento dado.

En última instancia, la potencia de procesamiento de un superordenador está limitada por la energía eléctrica utilizada para hacerlo funcionar. Se necesita mucha energía eléctrica —unas decenas de megavatios— para hacer funcionar un superordenador moderno. Me interesé por la posibilidad de reducir la cantidad de energía que podía consumir un ordenador al bajar el voltaje de los transistores.[7] Esto permitiría añadir más chips al superordenador con la misma cantidad de energía, lo que a su vez permitiría aumentar el nivel de detalle del modelo o el número de miembros del conjunto que se podrían ejecutar. Por el contrario, si se redujera el voltaje, los chips dejarían de ser fiables: los cálculos se verían alterados por el ruido térmico provocado por el movimiento incontrolado de los átomos en el interior de los chips y dejarían de ser precisos. Con ese ruido,

6   Palmer, T. N. «A local deterministic model of quantum spin measurement». *Proceedings of the Royal Society A* (1995): 451, 585–608.

7   Palem, K. «Inexactness and a future of computing». *Philosophical Transactions of the Royal Society A* (2014): 372, 20130281.

los ordenadores dejarían de ser infalibles. Sin embargo, como explicaré más adelante, en los sistemas caóticos el ruido puede ser un recurso constructivo que amplifica las señales en lugar de oscurecerlas. Propuse[8] que desarrolláramos unos superordenadores ruidosos y de bajo consumo energético para los problemas como la predicción meteorológica y climática. Esto todavía está empezando a surgir.

Para tratar de argumentar ante mis colegas, empecé a preguntarme si existen ejemplos de sistemas en la naturaleza que hagan uso de la computación ruidosa de baja energía. Empecé a darme cuenta de que el cerebro humano, que solo necesita 20 W para encender sus 80 000 millones de neuronas, podría ser un buen ejemplo. Y esto me hizo pensar en qué es lo que realmente nos convierte en la especie creativa que somos.

Todos estos temas me han fascinado de un modo u otro y se han entrelazado en mi carrera investigadora a lo largo de los años. Por eso aparecen juntos en este libro.

---

8   Palmer, T. N. «Build imprecise supercomputers». *Nature* (2015): 526(7571), 32–33. doi: 10.1038/526032a.

AGRADECIMIENTOS

E l desarrollo de sistemas ensamblados de predicción climática y meteorológica —el concepto sobre el que se basa el núcleo de este libro— ha supuesto el esfuerzo de muchos colegas dedicados e inspiradores, primero en la oficina de meteorología y después en el Centro Europeo de Previsiones Meteorológicas a Plazo Medio. Quiero empezar dando las gracias a todos ellos. Mi más profundo agradecimiento a Dave Anderson, Jan Barkmeijer, Roberto Buizza, Philippe Chapelet, Francisco Doblas-Reyes, Dennis Hartmann, Renate Hagedorn, Martin Leutbecher, Jean-Francois Mahfouf, Doug Mansfield, Martin Miller, Franco Molteni, Robert Mureau, James Murphy, Thomas Petroliagis, Kamal Puri, David Richardson, Glenn Shutts, Tim Stockdale, Stefano Tibaldi, Joe Tribbia y Antje Weisheimer. También, quiero darle las gracias a Jagadish Shukla, ahora en la Universidad George Mason, quien me hizo darme cuenta del potencial de los modelos basados en la física para explotar la previsibilidad de la atmósfera. Su trabajo despertó mi pasión por las previsiones de conjunto. También quiero mostrar mi agradecimiento a Peter Webster, del Instituto de Tecnología de Georgia, que desempeñó un papel muy importante mostrando cómo las previsiones probabilísticas de conjunto podían

21

utilizarse para prepararse ante catástrofes en el mundo en desarrollo. Su trabajo es el precursor de muchos programas de acción anticipatoria que ahora están cambiando la forma en que las organizaciones humanitarias llevan a cabo la ayuda en caso de catástrofe.

A lo largo de mi carrera he aprendido de muchos grandes científicos. De mis días de estudiante en la Universidad de Bristol, doy las gracias a mis tutores Michael Berry, Brian Pollard y Ruth Williams. De mis días de posgrado en la Universidad de Oxford, doy las gracias a mi supervisor, Dennis Sciama, y a mi profesor y examinador interno de doctorado, Roger Penrose. Dennis fue el conferenciante más inspirador que he escuchado nunca. Era imposible salir de una conferencia de Sciama sin sentirse bien con el mundo. Y, por supuesto, Roger, ahora premio nobel, era extraordinario. Cuando participaba en pequeñas reuniones de debate en el despacho de Roger, tenía la sensación de que estábamos violando el principio copernicano, ya que me encontraba en un marco de referencia preferente en el centro mismo del universo. Y lo que es más importante, Dennis y Roger juntos me enseñaron a no tener miedo a pensar con originalidad, en términos de imágenes geométricas y modelos sencillos, y a no dejarme intimidar por las matemáticas que en un primer momento parecen complicadas, cosas que creo que me han servido a lo largo de toda mi carrera.

Raymond Hide me enseñó todo lo que necesitaba saber sobre dinámica de fluidos geofísicos para empezar mi nueva carrera, y le estoy muy agradecido por ello. Pronto tuve la suerte de trabajar con tres de los científicos más destacados de la meteorología: Jim Holton, de la Universidad de Washington; Michael McIntyre, de la Universidad de Cambridge, y luego Ed Lorenz, del Instituto Tecnológico de Massachusetts. Ed era tímido y era difícil entablar una conversación con él, pero se volvía muy elocuente en el escenario cuando daba una conferencia. Me recordaba al supervisor de Dennis, Paul Dirac. Al igual que Penrose, Lorenz era un geómetra de corazón: formando imágenes sencillas descubrió finalmente la geometría del caos. Me ayudó mucho a desarrollar el sistema de previsión por conjuntos cuando otros a mi alrededor se mostraban escépticos. Solo más tarde me di cuenta de lo afortunado que fui por haber interactuado con él. Como Dennis Sciama y Raymond Hide antes que él, Bob May mostró un entusiasmo sin límites, y de él aprendí no solo ideas de la teoría del caos, sino también a comunicarlas con eficacia, de lo que era un maestro. A través de él conocí a economistas como Mervyn King, gobernador del Banco de Inglaterra, algo que difícilmente habría imaginado posible cuando empecé mi carrera. Fui elegido miembro de la Royal Society en 2003, cuando Bob era su presidente. Uno de los momentos culminantes de mi carrera fue sentarme junto a él y su esposa en el banquete especial para los nuevos miembros. Todavía se me pone la carne de gallina al recordarlo. Estoy muy agradecido a Bob por todo lo que hizo por mí.

Tengo que darle las gracias a la Royal Society de una manera diferente. He podido dedicarme a los temas interdisciplinarios descritos en este libro gracias a la concesión de una cátedra de investigación de la Royal Society (en 2010, año del 350 aniversario de la Royal Society). Creo que esto es lo más parecido a que te den dinero y te digan que te pongas manos a la obra y hagas lo que quieras. Sin embargo, en mi caso, me permitió investigar sobre muchos de los diversos temas tratados en este libro. Como tal, estoy profundamente agradecido a la Royal Society por este puesto. Se me ocurre que el dinero de la filantropía debería utilizarse para financiar más puestos de investigación abiertos. Sería una buena forma de que los multimillonarios devolvieran algo bueno a la sociedad, y sospecho que la rentabilidad sería enorme.

También quiero agradecer la amabilidad de dos de los filósofos de la física más destacados del mundo, Harvey Brown y Jeremy Butterfield, que me explicaron detenidamente las sutilezas de la desigualdad de Bell en la mecánica cuántica —una teoría debatida en detalle en este libro— y me acogieron en su redil como a uno más. Los seminarios de Filosofía de la Física de la Universidad de Oxford fueron una de las principales formas que tuve de ponerme al día en los fundamentos de la física, mientras continuaba con mi trabajo diario en meteorología.

Y mi agradecimiento a Krishna Palem, ahora en la Universidad Rice, por enseñarme los transistores ruidosos de baja energía. Él, más que nadie, ha sido pionero en el concepto de los ordenadores imprecisos.

He tenido la suerte de que varios colegas me hayan hecho comentarios extremadamente útiles sobre los primeros borradores de este libro y corrigieran las cosas que necesitaban corregirse. En particular, quiero dar las gracias a Harvey Brown, Martha Buckley, Mark Cane, Peter Coveney, Clara Deser, Josh Dorrington, Simant Dube, Kerry Emanuel, Doyne Farmer, Charles Godfray, Weisi Guo, Dennis Hartmann, Sabine Hossenfelder, Saleh Kouhen, John Krebs, Beatriz Monge-Sanz, Sebastian Poledna, Juan Sabuco, Chris Shaw, Jagadish Shukla, Nick Stern, Bjorn Stevens, Nick Trefethen, Joe Tribbia y Peter Webster. Agradezco a mis editores, Latha Menon (Oxford University Press) y Eric Henney, Emily Andrukaitis y Thomas Kelleher (Basic Books), sus extensos comentarios, que han mejorado enormemente el libro. Como siempre, los errores restantes son míos.

Mi agradecimiento a mi hijo Brendan Palmer por dibujar y preparar muchas de las figuras de este libro; a mis alumnos Josh Dorrington y Milan Klouwer por muchos de los diagramas que muestran el caos y la turbulencia en los capítulos 1 a 3; a mis colegas de previsión meteorológica Martin Leutbecher, Fernando Prates y Cihan Sahin por las figuras de previsión meteorológica de conjunto que aparecen en el capítulo 5, y a Paul Lowe y Alex Rattan del Banco de Inglaterra por proporcionar la figura del gráfico de abanico del capítulo 8.

Por último, quiero dar las gracias a mi familia por su cariño y por su paciencia y comprensión cuando desaparecía durante horas y horas (de hecho, meses y meses) en mi estudio: a mi mujer, Gill; a mis hijos, Sam, Greg y Brendan, a quienes ahora les va muy bien en sus propias carreras; y a mi hermano, John, y mi hermana, Rosalyn, por su ilimitado apoyo y entusiasmo por este proyecto.

INTRODUCCIÓN

La incertidumbre es una parte esencial de la condición humana. No sabemos si nos atropellará un autobús la semana que viene o si ganaremos un premio millonario en la lotería nacional, en caso de haber comprado un boleto. Mirando hacia el futuro, nunca podemos estar seguros de si nuestras inversiones perderán todo su valor en la próxima crisis financiera mundial, si sucumbiremos a una nueva pandemia, a la próxima guerra mundial, o al cambio climático. Tal vez desearíamos que unos poderes sobrenaturales predijeran el futuro y nos aliviaran del estrés de vivir bajo tales incertidumbres. Pero, ¿qué clase de personas seríamos si tuviéramos esos poderes? Si supiéramos con certeza lo que nos espera, ¿seguiríamos siendo creativos y despiertos?

Al parecer, no solo nuestras vidas son inciertas. Según la teoría más popular de la física —la mecánica cuántica—, la incertidumbre es también una parte esencial de la vida de las partículas elementales de las que estamos hechos tanto nosotros como el mundo que nos rodea. ¿Cómo se comportarían estas partículas elementales si pudiéramos eliminar la incertidumbre de las leyes básicas de la física? ¿Terminarían también como seres indolentes e inútiles? ¿Sería el universo un lugar muy diferente si las leyes de la física fueran en sí mismas ciertas?

25

Estas son algunas de las preguntas a las que trataré de responder en este libro. Elevaré la noción de incertidumbre o duda a un estatus que no se le suele atribuir normalmente: no como una ocurrencia tardía del tipo «Oh, supongo que estaría bien hacer un análisis de riesgos», sino como una cuestión de gran importancia. Hay dos razones para ello. En primer lugar, solemos tomar malas decisiones si las basamos en predicciones inciertas y poco fiables. Sin embargo, igual de importante, al menos para mí como científico, es que podamos comprender mejor el funcionamiento de los sistemas si nos centramos en las formas en que son o pueden llegar a ser inciertos. Estas razones constituyen los dos temas de mi libro: la ciencia de la incertidumbre como una forma de predecir y comprender nuestro mundo incierto.

Un dicho muy conocido, atribuido en varias ocasiones al físico cuántico danés Niels Bohr y al filósofo del béisbol Yogi Berra, es que predecir es muy difícil, sobre todo si se trata del futuro. Sin embargo, aún más difícil es estimar con certeza la incertidumbre de esa predicción. Nunca oirás a un astrólogo incluir barras de error en su predicción de que conocerás a un desconocido alto y moreno. La razón por la que predecir la incertidumbre es tan difícil es que las causas subyacentes de la incertidumbre pueden ser pequeñas y aparentemente insignificantes. Este es el famoso proverbio:

A falta de un clavo, se perdió la herradura.
A falta de una herradura, se perdió el caballo.
A falta de un caballo, se perdió el jinete.
A falta de un jinete, se perdió el mensaje.
A falta de un mensaje, se perdió la batalla.
A falta de una batalla, se perdió el reino.
Y todo por falta de un clavo de herradura.

Pero esto es solo la mitad. La mayoría de las veces, los reinos no se pierden por falta de un solo clavo de herradura; solo se pierden en ocasiones. La mayor parte del tiempo, los reinos avanzan de forma estable y predecible, mientras las herraduras pierden clavos con frecuencia. El verdadero reto consiste en saber *cuándo* el reino corre el riesgo de que le falte ese clavo que puede provocar tan enormes repercusiones, y cuándo un clavo perdido es irrelevante y no importa.

Muchos habrán oído hablar del efecto mariposa: la idea de que una mariposa agitando o no sus alas en la selva puede marcar la diferencia entre que se forme o no una tormenta sobre una parte remota del mundo. Sea como fuere, nuestros modelos de previsión meteorológica no pueden abarcar todas las minúsculas ráfagas de aire en cada parte del planeta. Al igual que el clavo de herradura perdido, los pequeños errores en la representación de las ráfagas de viento a pequeña escala *pueden* crecer muy rápidamente hasta provocar enormes errores en los patrones meteorológicos a gran escala. Sin embargo, en la mayoría de las veces no importa. La mayoría de las veces no importa que no conozcamos esas pequeñas ráfagas de aire cuando pronosticamos el tiempo para mañana o pasado mañana.

Pero, a veces, sí importa.

Michael Fish era un respetado meteorólogo de la BBC. Aunque sus previsiones no siempre eran acertadas, en general eran fiables y el público británico confiaba en lo que decía, al menos hasta el 16 de octubre de 1987. Entonces, de la noche a la mañana, se convirtió en el símbolo de un sistema de predicción fallido y desacreditado.

En su pronóstico del tiempo del 15 de octubre, Fish dijo: «Hoy temprano, aparentemente, una mujer[1] llamó a la BBC y dijo que había un huracán en camino. Bueno, si nos están viendo, no se preocupen, porque no lo hay». Sin embargo, en las primeras horas del día 16, unos vientos huracanados comenzaron a azotar el sur de Inglaterra en lo que fue la peor tormenta que había azotado el país en más de trescientos años. Quince millones de árboles fueron derribados, veintidós personas murieron y los daños superaron los 3 000 millones de dólares. Por supuesto, si la gente hubiera sabido

---

1   ¿Quién era la mujer que llamó al Centro Meteorológico de la BBC? Al parecer, tenía una hermana que vivía en Francia. La hermana había estado escuchando las previsiones meteorológicas del Servicio Meteorológico francés, Météo-France. Unos días antes del huracán, Météo-France advertía de un vendaval excepcional en la región del Canal de la Mancha. Luego, misteriosamente, a medida que se acercaba la llegada prevista de estos vendavales, las advertencias de Météo-France cesaron. ¿Qué era lo que ocurría? El efecto mariposa. A pesar del sofisticado uso de los superordenadores y la tecnología por satélite, la predicción meteorológica de los años ochenta no había adoptado el concepto de incertidumbre. Como en el caso de los astrólogos, no se intentó calcular las barras de error de las previsiones.

que se avecinaba un huracán, habría sacado los coches de debajo de los árboles y habría asegurado sus barcos, grúas y aviones. Habrían cancelado o pospuesto viajes innecesarios, pero confiaron en el pronóstico de Fish de que no habría huracán.

No se habló de otra cosa en las noticias de la mañana, y el presentador de la BBC sermoneó al meteorólogo de turno:

«Bueno, anoche lo hicisteis de fábula. Si no podéis predecir la peor tormenta producida en varios siglos unas tres horas antes de que ocurra, ¿para qué estáis?».

La nación se indignó y se pidió la dimisión de sir John Houghton, director general del servicio meteorológico nacional del Reino Unido, la Oficina de Meteorología. A pesar de todos sus superordenadores y datos por satélite, la agencia gubernamental que proporcionaba las previsiones meteorológicas a Michael Fish había fracasado estrepitosamente en su deber más fundamental: advertir al público de las condiciones meteorológicas que ponen en peligro sus vidas. ¿Por qué? Como veremos, fue a causa del efecto mariposa.

Los economistas tuvieron su momento Michael Fish en 2008, cuando los mercados financieros mundiales se desplomaron sin previo aviso. Así lo afirmó el economista jefe del Banco de Inglaterra, Andy Haldane,[2] en un discurso pronunciado ante el Instituto de Gobierno del Reino Unido en 2017. Según Haldane, el problema del sistema económico era mucho peor que el sistema meteorológico: los modelos económicos eran «sencillamente incapaces de funcionar correctamente cuando el mundo se puso patas arriba». ¿Por qué? ¿Es la economía más impredecible que el tiempo y el clima, como creen algunos economistas?[3] ¿O la depresión de 2008 fue solo un ejemplo de que, como en la tormenta de 1987, cuando se dan las condiciones adecuadas y varias incertidumbres en el sistema económico al mismo tiempo, pueden crear una pérdida total de previsibilidad a escala macroeconómica? ¿Se aplica también a la economía el efecto mariposa?

---

2   BBC News, 6 de enero de 2017: Crash was economists' "Michael Fish" moment, says Andy Haldane. www.bbc.co.uk/news/uk-politics-38525924.

3   Kay y M. King. *Radical uncertainty: Decision making for an uncertain future.* W. W. Norton and Co. 2020.

En la parte I de este libro, explicaré por qué el efecto mariposa es profundamente intermitente, y de ahí que podamos caer en una falsa sensación de seguridad sobre la predicción de sistemas como el clima o incluso la economía. De hecho, hablaré de cómo incluso los planetas, cuyo movimiento es el epítome de la predictibilidad, pueden tener sus propios momentos Michael Fish. Todo esto se basa en lo que yo llamo «la geometría del caos»: un tipo de geometría fractal descubierta por el meteorólogo Ed Lorenz, que considero tan importante como las teorías de la relatividad de Einstein y de la mecánica cuántica de Schrödinger y Heisenberg. «La geometría del caos» estuvo empatada con «La ciencia de la incertidumbre» como título de este libro.

La tormenta de 1987 dejó claro que necesitamos saber de antemano los momentos en los que el efecto mariposa va a ser especialmente virulento y los momentos en los que no. En la parte II de este libro, analizaré algunos métodos prácticos para hacer frente a la incertidumbre en una serie de ámbitos en los que contar con predicciones fiables es de vital importancia para nuestro bienestar personal y el de la sociedad en general. Por ejemplo, los servicios meteorológicos de todo el mundo ya no ejecutan su modelo una sola vez cuando hacen una predicción meteorológica. En su lugar, lo hacen unas cincuenta veces en lo que se denomina una «predicción de conjunto». Las cincuenta condiciones de partida son prácticamente idénticas. Sin embargo, difieren en pequeños «aleteos de mariposa»: unas perturbaciones inciertas en las escalas más pequeñas que solo pueden ser percibidas por estos modelos. Además, en estas ecuaciones meteorológicas basadas en ordenador siempre persevera un tipo de ruido o anomalía, que representa el hecho de que los modelos informáticos también son inciertos. Cuando la atmósfera es especialmente inestable, como ocurrió en octubre de 1987, los miembros del conjunto divergen entre sí muy rápidamente. En otras ocasiones, solo divergen de forma muy lenta. Si se estudia la rapidez con que aumentan las pequeñas diferencias entre los miembros del conjunto durante el periodo de previsión, los meteorólogos no deberían verse sorprendidos de nuevo por un cambio tan imprevisible como el que se produjo en octubre de 1987.

Una consecuencia del desarrollo de los sistemas de predicción por conjuntos, con los que muchos de nosotros estamos familiarizados en nuestras aplicaciones meteorológicas, es que las principales variables de predicción meteorológica se expresan ahora como probabilidades; la probabilidad de lluvia, por ejemplo. Esta probabilidad viene determinada por la fracción de los cincuenta miembros del conjunto en la que llueve. Es posible que maldigas estas previsiones probabilísticas por su imprecisión; al fin y al cabo, lo único que quieres saber es si va a llover o no. Sin embargo, los pronósticos probabilísticos proporcionan ahora una base objetiva para que los organismos de ayuda en caso de catástrofe actúen de forma preventiva ante un posible fenómeno meteorológico extremo, en lugar de limitarse a esperar a que ocurra, como hacían en el pasado. Es lo que se denomina una acción anticipatoria. Y estas técnicas de conjuntos probabilísticos son unas herramientas vitales para intentar predecir el cambio climático en escalas temporales de décadas y más tiempo.

En la parte II también analizaré el desarrollo de técnicas de predicción por conjuntos para la predicción de pandemias, cambios en la economía o conflictos, ámbitos de enorme importancia social. De hecho, la pandemia de la COVID-19 provocó un rápido desarrollo de los llamados métodos de conjuntos de modelo múltiple para predecir las hospitalizaciones y las muertes provocadas por la pandemia. El Grupo Intergubernamental de Expertos sobre el Cambio Climático utiliza una técnica de modelo múltiple similar para estimar los niveles futuros del cambio climático. Nuestra experiencia en el uso de este tipo de conjuntos para la predicción climática puede ayudar a evaluar sus puntos fuertes y débiles para la predicción de pandemias.

Pero ¿qué pasa con esas partículas elementales y la vida incierta que parecen llevar? Einstein pensaba que la idea de que las leyes de la física son inciertas no tenía sentido. Creía que la incertidumbre de la física cuántica no era diferente, en principio, de la incertidumbre a la hora de predecir el tiempo. Es decir, las partículas elementales no son inciertas, pero nuestro conocimiento de las partículas elementales sí lo es. Tal como explicaré en la parte I, la mayoría de los físicos contemporáneos rechazan el punto de vista de Einstein, en gran parte porque hay muchos experimentos de laboratorio que ponen en duda este punto de vista.

En la parte III, cuestionaré esta visión consensuada de la incertidumbre cuántica utilizando ideas basadas en la geometría del caos. Las implicaciones para la física fundamental —actualmente en crisis por la incapacidad de comprender la naturaleza del universo oscuro y de unificar la teoría de la gravedad de Einstein con la mecánica cuántica— son potencialmente enormes.

Uno de los principales resultados que se expondrán en la parte I es que el ruido puede ser un recurso constructivo, y no la molestia que a menudo se considera, a la hora de representar sistemas complejos. Por ejemplo, cuando se construye un modelo de un fluido turbulento, tiene sentido utilizar el ruido para representar remolinos y torbellinos que son demasiado pequeños para incorporarlos en un modelo de forma explícita. En la parte III explicaré que, de forma similar, el cerebro utiliza el ruido para construir un modelo del mundo que nos rodea y que esto es una parte esencial de lo que nos convierte en la especie creativa que somos.

Sin embargo, la creatividad es solo una de las características que nos definen. También tenemos un sentido muy visceral de tener libre albedrío y de ser conscientes de nosotros mismos y del mundo que nos rodea. ¿Qué es el libre albedrío y la conciencia? En la parte III sugeriré que la geometría del caos también puede aportar nuevas ideas sobre estos antiguos enigmas.

Para leer este libro, puedes leer la parte III independientemente de la parte II y, de hecho, no tienes que asimilar toda la parte I para leer los capítulos posteriores. Aunque a lo largo del libro se discuten unas ideas muy complejas desde el punto de vista matemático, me he esforzado por evitar el uso de las matemáticas en el texto principal. He dibujado las ecuaciones de Lorenz, la ecuación de Navier-Stokes y la ecuación de Schrödinger —los tres conjuntos de ecuaciones clave de este libro— simplemente como viñetas. Junto con las obras de los grandes artistas, son productos de una notable creatividad humana. He escrito algunas ecuaciones en las notas finales.

El título de este libro está tomado de la biografía que Gleick escribió de Richard Feynman, uno de los más grandes físicos del siglo

xx. ¿Qué entendemos por «duda»? Si un amigo afirma algo y tú le respondes: «Hmm, tengo mis dudas», entonces estás expresando incertidumbre sobre la afirmación. De hecho, «no estar seguro de algo» es la primera definición de la palabra «duda» en el Oxford Learner's Dictionary.[4] Si por el contrario le dices a tu amigo: «Lo dudo mucho», estás expresando algo más que incertidumbre: estás diciendo que es *poco probable* que la afirmación sea correcta. En este libro, utilizo la palabra «duda» en el primer sentido. No quiero decir que sea improbable que algo sea cierto, ya que, como explicaré más adelante, es importante no sobrestimar ni subestimar la incertidumbre. Ambas cosas pueden llevar, y han llevado, a decisiones equivocadas.

En resumen, el alcance de este libro es bastante singular. Por un lado, nos ocuparemos de las cuestiones más elevadas que la filosofía ha abordado jamás e intentaremos responderlas de formas novedosas. Por otro, describiremos unas técnicas prácticas que han transformado nuestra forma de predecir cómo evolucionará nuestro mundo en los próximos días, años y decenios. Algunos lectores, espero, se sentirán entusiasmados por la discusión de problemas conceptuales tan antiguos como el libre albedrío, la conciencia y la desconcertante naturaleza de la física cuántica. A otros les entusiasmará ver cómo se aplica la ciencia del caos en beneficio de la sociedad (y, en particular, de algunos de sus sectores más pobres). Para otros, la lectura de este libro puede ayudarles a comprenderse mejor a sí mismos. Quizá se den cuenta de que algunas de nuestras aparentes deficiencias no son signos de irracionalidad o fracaso, sino manifestaciones de nuestra capacidad única para hacer frente a las enormes incertidumbres de la vida. Espero que haya algo para todos.

---

4 Oxford Learner's Dictionary, s.f: doubt. www.oxfordlearnersdictionaries. com/de!nition/english/doubt_2.

PARTE I

LA IMPORTANCIA DEL CAOS

Cuanto mayor es la duda, más grande es el despertar.

ATRIBUIDO A ALBERT EINSTEIN

Cuando leo estas palabras, se me eriza la piel de la
nuca y se me ponen los pelos de punta. ¡Él lo sabía!
¡Hace treinta y cuatro años, él lo sabía!

IAN STEWART, *¿JUEGA DIOS A LOS DADOS?*
EN SU DESCRIPCIÓN DEL DESCUBRIMIENTO DE ED LORENZ
DE LA GEOMETRÍA FRACTAL DEL CAOS EN 1963

En la parte I se analizarán tres ideas importantes. La primera idea
es que un tipo de geometría —que yo llamo geometría del caos—
explica por qué algunos sistemas pueden ser estables y predecibles
durante gran parte del tiempo y, sin embargo, su comportamiento
futuro se vuelve completamente incierto en ocasiones. La segunda
idea se aplica a sistemas tan complejos que nunca podremos siste-
matizarlos con exactitud. En tales situaciones, añadir ruido a un
modelo puede ser una buena manera de representar parte de su

complejidad. De este modo, el ruido es a menudo un recurso constructivo positivo, y no la molestia que solemos pensar que es. Mostraré varios ejemplos del valor constructivo del ruido. Por último, hablaré de la incertidumbre en la mecánica cuántica y explicaré por qué la mayoría de los físicos creen que es diferente de la incertidumbre que caracteriza a los demás sistemas caóticos analizados en esta parte del libro. Las ideas desarrolladas en esta parte del libro se aplicarán en las partes II y III.

1

CAOS, CAOS POR TODAS PARTES

Seguro que todos nosotros solemos describir nuestra vida como caótica, desordenada y confusa. De igual manera, la ciencia del caos describe sistemas cuyo comportamiento es tan impredecible que asemejan desordenados y confusos. Resulta extraño, por tanto, que la ciencia del caos se desarrollara al principio al estudiar lo que la mayoría de nosotros creemos que es el epítome del orden y la previsibilidad: el movimiento de los planetas. Damos por sentado que el sol saldrá por el este, no solo mañana, sino todos los días del resto de nuestras vidas. Y como podemos predecir con gran precisión el movimiento de la Tierra en torno al Sol y el de la Luna en torno a la Tierra, sabemos con certeza la hora de la marea alta y la fecha de un eclipse, no solo con días de antelación, sino para el resto de nuestras vidas.

Sin embargo, el movimiento de los planetas del sistema solar es en realidad profundamente imprevisible y, por tanto, incierto.

La historia comienza con el renacimiento de la ciencia, una serie de acontecimientos que marcan el surgimiento de la ciencia moderna. El renacimiento se inició con la obra *De Revolutionibus Orbium*

Coelestium, de Nicolás Copérnico, publicada en 1543, y se completó con la publicación de *Principia Mathematica*, de Isaac Newton, en 1687.

En su libro, Newton utiliza sus famosas tres leyes del movimiento, junto con su ley de la gravedad, para deducir la fórmula empírica descubierta por el astrónomo alemán Johannes Kepler: que el movimiento de un planeta alrededor del sol es una elipse con el sol en un foco.[1] Para hacer esta predicción, Newton ignoró las complicaciones del sistema solar real y supuso que solo estaba formado por dos cuerpos gravitatorios: el Sol y el planeta en cuestión.

No hay nada aleatorio o indeterminado en las leyes de Newton. Si conocemos la posición y la velocidad de un planeta en este momento y conocemos las fuerzas que actúan sobre él en el futuro, podemos calcular la posición y la velocidad del planeta en todo momento en el futuro. Los que estudiamos ciencias en el instituto recordamos los tediosos deberes en los que había que calcular la distancia exacta que recorrería un proyectil lanzado con una velocidad inicial y un ángulo de elevación dados. Este cálculo es un ejemplo de cómo el futuro parece estar determinado por la aplicación de las leyes de Newton a un conjunto dado de condiciones iniciales. Por eso se dice que las leyes de Newton son deterministas. En 1814, el filósofo y matemático francés Simon Laplace escribió sobre un hipotético demonio[2] que podría explotar el determinismo newtoniano para predecir el futuro a la perfección. Laplace dijo:

«Un intelecto que en un momento dado conociera todas las fuerzas que ponen en movimiento la naturaleza y todas las posiciones de todos los elementos de los que se compone la naturaleza; si este intelecto fuera también lo suficientemente vasto como para someter estos datos a análisis, abarcaría en una sola fórmula los movimientos de los cuerpos más grandes del universo, hasta el más diminuto átomo más; para un intelecto así, nada sería incierto y el futuro, al igual que el pasado, estaría presente ante sus ojos». Esta referencia

---

1 Para construir una elipse, primero hay que elegir dos puntos fijos en el plano, que se denominan focos. La elipse se define como el conjunto de puntos donde la suma de las distancias entre cada punto y los dos focos son una constante fija.

2 Wikipedia, «Demonio de Laplace», (consultado el 8 de febrero de 2022): https://es.wikipedia.org/wiki/Demonio_de_Laplace

a «una fórmula única» es pertinente en este caso, porque Laplace fue uno de los muchos científicos que, desde Newton en adelante, se esforzaron por generalizar la fórmula de la elipse[3] para describir las órbitas de un hipotético sistema solar con tres o más cuerpos ligados gravitatoriamente, por ejemplo, el Sol, la Tierra y la Luna, o el Sol, la Tierra, la Luna y Júpiter. Si uno introdujera la hora en la fórmula, esta proporcionaría las posiciones de los planetas en ese momento.

El problema pasó a conocerse como el problema gravitatorio de n-cuerpos. Newton había resuelto el problema para dos cuerpos (el Sol y la Tierra, por ejemplo) y trataba de encontrar la fórmula para $n = 3$ o más. Sin embargo, Laplace y sus contemporáneos fracasaron en el intento. Encontrar la fórmula se convirtió en una causa célebre y, para celebrar su sexagésimo cumpleaños, el Rey Oscar II de Suecia ofreció un premio a quien la encontrara.

El problema fue resuelto finalmente a finales del siglo XIX por el físico y matemático francés Henri Poincaré, el primo del presidente francés Raymond Poincaré. La solución de Poincaré tomó por sorpresa a la comunidad científica. Mientras que todos los gigantes anteriores de las matemáticas habían supuesto desde el principio que tal fórmula existía, Poincaré demostró que cuando $n = 3$ o más, no puede existir fórmula alguna.

¿Qué significa que no existe ninguna fórmula? Utilizando un ordenador portátil, que por supuesto no existía en la época de Poincaré, podemos resolver las leyes de Newton para trazar las órbitas de los tres cuerpos en la pantalla del portátil, por ejemplo, a lo largo de un millón de años terrestres de tiempo simulado. En principio, nosotros —o mejor, tal vez un sistema de inteligencia artificial (IA)— podríamos encontrar una única fórmula matemática, más complicada que la de una elipse, que describiera estas órbitas con gran precisión.

Sin embargo, si ampliamos la solución informática a dos millones de años terrestres, nos daremos cuenta de que nuestra fórmula

---

3   Por ejemplo, una elipse puede definirse como el lugar geométrico de todos los puntos que satisfacen las fórmulas $x(t) = a \cos t$ e $y(t) = b \sin t$, donde *cos* y *sin* son funciones trigonométricas estándar.

no describe las órbitas a lo largo del segundo millón de años. Tal vez nuestro sistema de inteligencia artificial pueda encontrar una fórmula aún más complicada que describa las órbitas de los tres cuerpos a lo largo de dos millones de años. Sin embargo, esta fórmula volverá a fallar si la simulación se amplía a tres millones de años. De hecho, no importa lo compleja que sea la fórmula que construyamos para describir el movimiento de los tres cuerpos a lo largo de un periodo de tiempo finito, la fórmula acabará fallando si el movimiento se amplía a periodos de tiempo más largos. No existe ninguna fórmula que pueda describir las órbitas de estos cuerpos en periodos de tiempo arbitrariamente largos. Esto es lo que descubrió Poincaré.

Una consecuencia de esto es que las órbitas de los tres cuerpos nunca se repiten; si se repitieran, entonces existiría una fórmula para las órbitas que se aplicaría durante periodos de tiempo arbitrariamente largos. Solemos decir que las órbitas de los tres cuerpos no son periódicas. Poincaré se dio cuenta de que esto significaba que el movimiento de los planetas en el sistema solar es, en última instancia, impredecible, una propiedad compartida con el clima. Al estudiar el movimiento planetario, Poincaré descubrió un fenómeno que hoy llamamos «caos». Debido al caos, no existe ninguna fórmula que el demonio de Laplace pueda utilizar para ver arbitrariamente el futuro.

Podemos hacernos una idea de este caos planetario observando instantáneas de una animación por ordenador para $n = 4$ cuerpos gravitatorios (Fig. 1).[4] Este ejemplo se ha creado para ilustrar de forma explícita y dramática lo que Poincaré entendía que podía suceder a partir de su análisis matemático. Durante un periodo de tiempo limitado, las órbitas de estos cuatro cuerpos se asemejan a elipses y, basándose en los datos de este periodo limitado, un sistema de IA probablemente concluiría que el movimiento continuaría indefinidamente en estas órbitas casi elípticas. Sin embargo, de repente y sin previo aviso, los planetas deciden girar en espiral hasta

---

4 Tardivel, S. (@simon_tardivel), Twitter. (10 de enero de 2020). https://twitter.com/simon_tardivel/status/1215728659010670594.

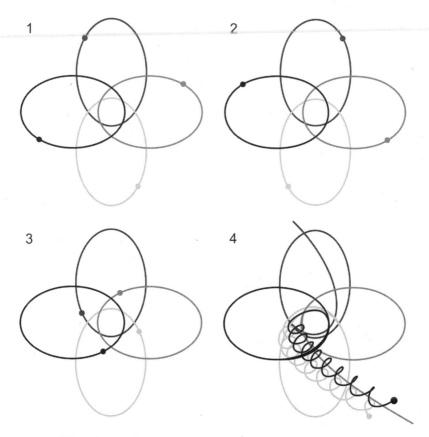

FIG. 1. Instantáneas de las órbitas de cuatro objetos ligados gravitacionalmente. Durante un tiempo bastante largo, ilustrado por las instantáneas 1-3, los cuerpos orbitan unos alrededor de otros siguiendo trayectorias que se aproximan bien a las elipses. Sin embargo, de repente, y aparentemente de la nada, los objetos se mueven en espiral hasta el infinito espacial. Merece la pena ver la animación (véase la nota 4).

el infinito. La sencilla fórmula que describe las órbitas de los cuatro cuerpos en el primer periodo falla por completo en el segundo.

La figura 1 ilustra una característica de los sistemas caóticos que también se da en el clima, y quizá en la economía y muchos otros sistemas. Como en el momento Michael Fish descrito en la introducción, el sistema parece predecible hasta que, de repente, se comporta de forma impredeciblemente diferente.

¿Podría la Tierra ser expulsada alguna vez del sistema solar de esta manera? Si eso ocurriera, el calentamiento global, las crisis financieras y todo lo demás que se expone en este libro se convertirían en meras minucias. ¿Cómo podríamos averiguarlo? La respuesta es crear un modelo informático del sistema solar y llevarlo al futuro.

Pero, ¿se puede confiar en nuestro modelo informático para predecir un acontecimiento así? Tal vez, como el pronóstico del tiempo de Michael Fish, el modelo nos diga que no nos preocupemos. Tal vez el modelo prediga que la Tierra simulada seguirá orbitando de forma periódica alrededor del Sol, para que dentro de cinco años nos encontremos con que la Tierra real es expulsada de pronto del sistema solar.

La forma de abordar esta legítima preocupación es comprender las incertidumbres clave en la predicción de las futuras órbitas de los planetas. En este caso, la incertidumbre clave se refiere a la posición exacta de los planetas. Para hacer frente a esta incertidumbre, podemos ejecutar nuestro modelo cientos de veces con los planetas en posiciones iniciales ligeramente diferentes, en consonancia con esta incertidumbre. Este es un ejemplo de predicción de conjunto, un concepto que veremos muchas veces en este libro.

Podemos estar tranquilos. Los investigadores de la Universidad de Princeton han realizado un conjunto de este tipo,[5] y en ninguno de los miembros del conjunto la Tierra es expulsada del sistema solar en los próximos miles de millones de años. Así que podemos asignar a este posible acontecimiento de crisis una probabilidad bastante cercana (pero, estrictamente hablando, no igual) a cero. El único acontecimiento de crisis destacable de estos conjuntos es que, en aproximadamente el 1 % de los miembros del conjunto, la órbita de Mercurio se vuelve lo suficientemente excéntrica como para colisionar con Venus dentro de miles de millones de años.

He aquí nuestro primer ejemplo de aplicación del método de predicción por conjuntos, que nos permite concluir que es extremadamente improbable que la Tierra sea expulsada del sistema solar. Sin embargo, estas predicciones de conjunto indican que la

---

5　Tremaine, S. «Is the Solar System Stable?». *Institute for Advanced Study,* 2011. www.ias.edu/ideas/2011/tremaine-solar-system.

posibilidad de que la Tierra sea alcanzada por un asteroide menor, que podría destruir fácilmente una gran ciudad como Londres, no es tan lejana. Por eso vigilamos lo mejor que podemos las amenazas de tales asteroides.[6]

Tras la muerte de Henri Poincaré, George Birkhoff, matemático de la Universidad de Harvard, se convirtió en el principal experto mundial en el problema gravitatorio de los n cuerpos. En la década de 1930, Birkhoff contrató a un brillante estudiante, Ed Lorenz, que estaba empezando sus estudios de posgrado, tras haber estudiado matemáticas en una universidad cercana de la Ivy League. El tema matemático en el que trabajaron Lorenz y Birkhoff no era el problema gravitatorio de los n cuerpos, sino la geometría de Riemann. Sin embargo, parece que parte del pensamiento de Birkhoff se le pegó al joven Lorenz, ya que, a principios de la década de 1960, Lorenz hizo uno de los mayores descubrimientos de la teoría del caos y, de hecho, de la ciencia en general. Lorenz descubrió la geometría fractal del caos.

Los planes de Lorenz de convertirse en matemático se vieron truncados por la Segunda Guerra Mundial, ya que tuvo que decidir cuál era la mejor forma de utilizar su talento matemático para el esfuerzo bélico. Como de niño le fascinaba el tiempo, Lorenz se apuntó a un curso de formación para meteorólogos y acabó trabajando en el Pacífico como meteorólogo operativo.

Tras la guerra, Lorenz tuvo la opción de continuar sus investigaciones matemáticas en Harvard. Sin embargo, su trabajo durante la guerra reavivó su interés por la meteorología, por lo que cambió de campo y trabajó durante su doctorado en el Instituto Tecnológico de Massachusetts (MIT) en los nuevos modelos de predicción meteorológica basados en la física que empezaban a desarrollarse en los años inmediatamente posteriores a la guerra. Tras completar

---

6 De hecho, en noviembre de 2021, la NASA lanzó una misión para golpear deliberadamente un asteroide con una nave espacial para probar si podemos desviar un pequeño asteroide que, de otro modo, podría chocar contra la Tierra.

su doctorado en el MIT y una estancia postdoctoral en la Universidad de California, en 1956 Lorenz recibió una oferta de trabajo permanente en el MIT. Sus funciones incluían dirigir un grupo de investigadores que exploraban la posibilidad de predecir el tiempo con un mes o más de antelación.

En aquella época, poco se sabía sobre la predictibilidad del tiempo a más de uno o dos días vista. Algunos de los principales estadísticos de la época le dijeron a Lorenz que la predicción meteorológica a largo plazo era, en principio, un problema fácil de resolver. Supongamos que se quiere predecir el tiempo con un mes de antelación. Basta con ir a los archivos meteorológicos y encontrar un mapa del tiempo que se parezca lo suficiente al mapa del tiempo actual. La previsión para dentro de un mes sería simplemente el mapa meteorológico del archivo del mes siguiente a la fecha del mapa análogo.

Este método, sin embargo, no parecía funcionar en la práctica. Sin embargo, los expertos en estadística argumentaban que esto se debía simplemente a que los archivos no estaban lo suficientemente documentados y, por lo tanto, no contenían análogos lo suficientemente similares. Esperemos a que los archivos se llenen, decían, y entonces veremos que el método analógico podrá funcionar. Lorenz era escéptico al respecto. Para que la predicción analógica funcionara de este modo, argumentaba Lorenz, el tiempo tendría que ser periódico y repetirse una y otra vez, como en la película *El día de la marmota*. La intuición de Lorenz era que las ecuaciones meteorológicas no admitían ese comportamiento periódico. De hecho, esto es exactamente lo que Poincaré había demostrado en el caso del problema gravitatorio de los tres cuerpos.

Pero hay dos diferencias importantes entre el movimiento de los planetas y la evolución del clima. En primer lugar, a diferencia del sistema solar, con un número relativamente pequeño de planetas y lunas, la atmósfera es un fluido turbulento[7] con billones y billones de remolinos y torbellinos de todos los tamaños. Si se hubiera preguntado a la mayoría de los expertos en meteorología de la época,

---

7   Un fluido puede ser un líquido o un gas.

estos, al igual que Lorenz, también se habrían mostrado escépticos ante la posibilidad de que la atmósfera se repitiera. Sin embargo, los expertos habrían dicho que esa no periodicidad se debía a que la atmósfera es un sistema a escala múltiple muy complejo, con numerosos remolinos que interactúan desde la escala planetaria hasta una micro escala. En otras palabras, la sabiduría convencional decía que la complejidad de la atmósfera era el origen de su imprevisibilidad. Cuanto más se simplificaran las ecuaciones meteorológicas, habrían conjeturado los expertos de la época, más producirían las ecuaciones meteorológicas simplificadas un comportamiento periódico y, por tanto, predecible.

Lorenz tuvo la idea de intentar utilizar los modelos informáticos de previsión meteorológica que había ayudado a desarrollar como estudiante de doctorado para demostrar su intuición de que el tiempo no se repetía. Sin embargo, el hecho mismo de que se tratara de modelos complejos planteaba un problema práctico. Se podía ejecutar un modelo durante cien años y llegar a la conclusión de que el tiempo simulado no se repetía. Sin embargo, quizá los años 101-200 fueron repeticiones exactas[8] de los años 1-100. ¿Quién sabe?

Al pensar en esto, Lorenz empezó a preguntarse si la no periodicidad podría encontrarse en unos sistemas simplificados que pudieran describirse con un número muy reducido de ecuaciones. ¿De dónde sacó esta idea? ¿De la experiencia práctica de utilizar modelos meteorológicos simplificados en el ordenador, o le vino la idea del hecho de que el problema gravitatorio de los tres cuerpos no era periódico? En su libro semibiográfico,[9] *La esencia del caos*, Lorenz escribió que, a pesar de haber trabajado con Birkhoff, no conocía los trabajos de Poincaré. Así que tenemos que suponer que fue una hipótesis que se formó a partir de su experiencia en el manejo de los modelos meteorológicos.

En cualquier caso, Lorenz tenía razón y los expertos en meteorología estaban equivocados. Lorenz siguió simplificando y

---

8   De hecho, un modelo que sea un truncamiento finito de la ecuación de Navier-Stokes acabará repitiéndose, a menos que se perturbe con ruido aleatorio.

9   Lorenz, E. N. *La esencia del caos*. Barcelona: Debate, 1995.

simplificando hasta que ideó un modelo matemático del movimiento de los fluidos basado en solo tres ecuaciones para tres variables, convencionalmente etiquetadas como X, Y y Z. En realidad, se trata de un conjunto de ecuaciones más sencillo que el del problema gravitatorio $n = 3$, ya que cada planeta del problema gravitatorio necesitaba seis variables para representarlo: tres posiciones de coordenadas espaciales y tres componentes de la velocidad.

El modelo de Lorenz está tan idealizado que ya no tiene mucho sentido relacionar estas tres variables con cantidades concretas (aunque es posible fabricar una noria caótica cuyo movimiento se describa mediante las ecuaciones de Lorenz).[10] Así pues, pensemos en X, Y y Z como variables abstractas cuyos valores cambian con el tiempo. En un instante de tiempo determinado, estas variables pueden describirse mediante tres números, por ejemplo, $X = 3{,}327$, $Y = 5{,}674$, $Z = 0{,}485$. Las ecuaciones de Lorenz describen la evolución de estos números en el tiempo. Las ecuaciones utilizan la técnica matemática llamada cálculo, descubierta por Newton y de forma independiente por el matemático, filósofo e ingeniero alemán Gottfried Leibniz. El cálculo permite describir la tasa de variación temporal de X, Y y Z en función de los valores actuales de X, Y y Z y de diversos parámetros fijos (véase la Fig. 2). Las ecuaciones de Lorenz habrían sido bastante comprensibles y reconocibles para Newton o Leibniz como tres de las llamadas ecuaciones diferenciales no lineales.

Las palabras «no lineal» tienen aquí una importancia crucial. Los sistemas no lineales son aquellos cuyas salidas no cambian en proporción directa a sus entradas. Suponiendo que no seas una persona especialmente rica, seguro que te alegrarías mucho si te tocara un millón de dólares en la lotería. Estarías aún más feliz si te tocaran 2 millones, pero probablemente no fueras el doble de feliz. Tampoco creo que fueras diez veces más feliz si ganaras 10 millones de dólares (sustituye los millones por miles de millones si eres muy

10 «Angela», septiembre de 2020: Noria caótica de la Demostración de Ciencias Naturales de Harvard. Go Science Girls. https://gosciencegirls.com/chaotic-waterwheel-harvard-natural-sciences-lecture.

FIG. 2. Las ecuaciones de Lorenz como una obra de arte.

rico). Es un ejemplo de no linealidad: la felicidad (resultado) no varía en proporción directa a las ganancias de lotería (aporte). En el caso del sistema de Lorenz, si se duplica el tamaño de las variables X, Y y Z, la tasa de cambio temporal de las variables X, Y y Z no se duplica. Tú, querido lector, eres un sistema no lineal, al igual que las ecuaciones de Lorenz. El sistema de Lorenz sería predecible si las ecuaciones que lo rigen fueran lineales.

Resolver estas ecuaciones en un ordenador de principios de los años sesenta era una ardua tarea. Sin embargo, con solo tres variables, Lorenz pudo ejecutar las ecuaciones durante periodos de tiempo lo suficientemente largos como para darse cuenta de que el estado del modelo nunca se iba a repetir. En el capítulo siguiente explicaremos cómo llegó a esta conclusión; es uno de los grandes descubrimientos de la ciencia del siglo xx. Publicado en el *Journal of the Atmospheric Sciences* en 1963, el artículo más famoso de Lorenz anuncia el descubrimiento del «flujo no periódico determinista».[11] Como antes, «no periódico» significa que no se repite. Al publicarse en una revista tan especializada, el artículo tardó otra década en ser conocido por la comunidad matemática en general, lo que retrasó la revolución de la ciencia del caos durante un periodo de tiempo similar.

Sin embargo, el modelo de Lorenz no es conocido por esta propiedad de no periodicidad, sino por una propiedad que es consecuencia de la no periodicidad, aunque el propio Lorenz no lo comprendiera del todo al principio.

Según contaba Lorenz, quería repetir una simulación en su ordenador para que este emitiera datos con más frecuencia. Tomó algunos valores que el ordenador había impreso previamente en papel de impresora y reinició el ordenador inicializando el modelo con esos valores impresos. Después de una pausa para tomar café, Lorenz se dio cuenta de que los valores repetidos de X, Y y Z no guardaban ninguna relación con los valores originales que el ordenador había impreso anteriormente. En la Fig. 3 se muestra un ejemplo de lo que vio Lorenz. Al principio, pensó que el ordenador se había averiado (las válvulas o «tubos» fallaban a menudo en estos primeros ordenadores). Sin embargo, pronto se dio cuenta de que ese no era el problema. Este estaba más bien relacionado con el hecho de que la impresora no registraba las variables con «precisión de máquina», sino que imprimía solo los dígitos iniciales de las variables. Por ejemplo, si el valor exacto de una variable era $X = 0{,}506127$, la impresora imprimía solo $X = 0{,}506$. Empezar el modelo con $X = 0{,}506$ en lugar de $0{,}506127$ acababa provocando grandes diferencias en los valores futuros de X, Y y Z.

Esta «dependencia sensible de las condiciones iniciales» acabó conociéndose como efecto mariposa. Sin embargo, en cierto modo

---

11 Lorenz, E. N. «Deterministic non-periodic flow», *Journal of Atmospheric Science* 20 (1963): 130-141.

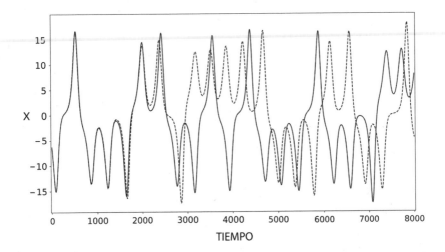

FIG. 3. Esta es la ilustración clásica del caos en el modelo de Lorenz. Dos condiciones iniciales casi idénticas (pero no iguales) conducen a evoluciones muy diferentes. Así es como se describe tradicionalmente el caos. Sin embargo, hay algo más profundo que subyace a este comportamiento.

se trata de un término equivocado. Las mariposas son criaturas muy pequeñas, desde luego mucho más pequeñas que los sistemas meteorológicos. El modelo de Lorenz, con solo tres variables, no tiene concepto de escala espacial. Es demasiado simple para describir la meteorología, por no hablar de las mariposas. En concreto, el modelo de Lorenz no puede describir cómo un error *a pequeña escala* puede afectar a un sistema meteorológico a gran escala. Todo lo que puede hacer es describir cómo un error *de pequeña amplitud* puede convertirse en un error de gran amplitud. En el capítulo 3 analizaremos el efecto mariposa en términos de errores a pequeña escala que se convierten en errores a gran escala. Y encontraremos algo aún más alucinante que el tipo de caos que se muestra aquí.

En cierto modo, la ilustración del caos de la Fig. 3 no parece tan diferente de la de la Fig. 1. En la Fig. 1, la posición de los planetas es impredecible, mientras que en la Fig. 3, las variables más abstractas de las ecuaciones de Lorenz son impredecibles. Podríamos preguntarnos si el caos de Lorenz está descrito de alguna manera por la teoría anterior de Poincaré.

La respuesta es no. Hay una diferencia muy importante entre el caos de Lorenz y el caos de Poincaré. Los fluidos del mundo real son viscosos. Si la viscosidad de un fluido es grande, el fluido es pegajoso como la melaza. La viscosidad es una especie de fricción interna en el fluido que lo hace resistente a los gradientes a pequeña escala en la velocidad del fluido. En la práctica, la viscosidad convierte estos pequeños cambios en la velocidad del fluido a través del movimiento aleatorio de las moléculas y, por tanto, en calor. Este proceso se denomina disipación de energía. Todos los fluidos realistas, como el agua o el aire, son viscosos en mayor o menor medida.

Imaginemos un depósito de agua en reposo que de repente se agita enérgicamente con una paleta. Mientras la paleta se mueve, se forman remolinos turbulentos que se extienden desde la paleta. Sin embargo, en cuanto se deja de agitar, los remolinos se extinguen por efecto de la viscosidad. El fluido vuelve a un estado de reposo, pero está ligeramente más caliente de lo que estaba, debido a los efectos de la disipación de energía por la viscosidad. Ahora bien, si grabáramos esto en vídeo y lo pasáramos hacia atrás, veríamos algo completamente irreal: unos pequeños remolinos que crecen en el fluido lejos de la paleta y convergen hacia ella. En este vídeo hacia atrás en el tiempo, parecería que el movimiento de la paleta está siendo impulsado por un ligero enfriamiento uniforme del fluido, lo que contradice la segunda ley de la termodinámica, que dice que el calor uniforme de grado bajo no se puede convertir en trabajo de esa manera. Como el movimiento hacia atrás en el tiempo no es realista, decimos que las ecuaciones que rigen el movimiento de los fluidos viscosos son irreversibles en el tiempo: el vídeo y, por tanto, las ecuaciones de los fluidos solo pueden ejecutarse de forma realista en una dirección determinada en el tiempo.

En cambio, las ecuaciones que rigen el movimiento de los planetas son reversibles en el tiempo. Si tuviéramos un vídeo de los planetas moviéndose alrededor del sol y lo invirtiéramos, el movimiento sería coherente con las leyes de la física. En cierto sentido, solo el azar hace que los planetas giren como lo hacen alrededor del Sol.

Lorenz consideró vital incluir esta irreversibilidad temporal en sus ecuaciones, y tenía razón. La irreversibilidad temporal es crucial para generar la geometría del caos, una geometría que formará una parte central de este libro.

La irreversibilidad que vemos en los movimientos de los fluidos es mucho más común que la reversibilidad en el tiempo presente en el movimiento planetario. Por ejemplo, cuando se cae un vaso, se rompe en cientos de pedazos. Nunca vemos lo contrario. Un bebé se convierte en adulto. Nunca vemos lo contrario. Podemos revolver huevos fácilmente, pero no podemos dividirlos en clara y yema. Se nos ocurren muchos ejemplos similares. ¿Cuál es el origen de esta irreversibilidad? Esto ha dejado perplejos a los científicos durante siglos, porque las leyes del movimiento de Newton, o incluso la ecuación de Schrödinger de la mecánica cuántica, son en sí mismas reversibles en el tiempo; la misma ecuación describe un sistema en una película, independientemente de si la película se ve hacia delante o hacia atrás. La forma en que la mayoría de los científicos abordan este problema consiste en afirmar que el universo debió comenzar en el momento del Big Bang en un estado excepcionalmente ordenado. Es decir, que la irreversibilidad que observamos se debe a que las condiciones cosmológicas iniciales eran especiales. En el capítulo 11 intentaré una explicación diferente, utilizando la geometría del caos.

Ahora bien, aunque el tipo de caos estudiado por Poincaré y Lorenz utilizaba el cálculo de Newton, el cálculo no es en sí mismo un ingrediente esencial del caos. Antes de terminar este capítulo, quiero dar un ejemplo muy sencillo de caos —popularizado por el físico-ecólogo Bob May y aplicado al crecimiento de la población— que no utiliza el cálculo. Si Adán y Eva tuvieran cuatro hijos, dos niños y dos niñas, y en la siguiente generación cada pareja de hombres y mujeres adultos produjera a su vez cuatro hijos, el tamaño de la población de cada generación se duplicaría (2, 4, 8, 16...). Antes de May, se suponía que la población crecería hasta llegar a algún tipo de estado estacionario coherente con los recursos ambientales finitos del que disponía la población o, como mucho, oscilaría de forma periódica. En consecuencia, cuando se observaban fluctuaciones irregulares en las poblaciones de algunas especies, los ecólogos suponían que se debía a que los recursos ambientales estaban cambiando por factores externos, tal vez por fluctuaciones irregulares del clima, por ejemplo.

Sin embargo, con una ecuación muy sencilla, May[12] demostró que esto no era necesariamente así. La ecuación de May[13] determina el tamaño de una población en la siguiente generación, dada la población en esta generación. El tamaño de la población en cada generación puede calcularse con una simple calculadora: la ecuación es así de sencilla. En la ecuación de May, hay un parámetro libre llamado a. Describe el número de descendientes que cada adulto produce por término medio, al menos en las fases iniciales de crecimiento. En el ejemplo de Adán y Eva, $a = 2$. Sin embargo, una vez que la población crece lo suficiente, su crecimiento se ve limitado por los recursos del entorno. En tales circunstancias, la población puede desplomarse repentinamente hasta valores mínimos, antes de empezar a crecer de nuevo. Lo que May demostró fue que si a supera aproximadamente 3,57, la evolución de la población a lo largo de varias generaciones se vuelve caótica: los periodos de auge y caída empiezan a producirse de forma irregular. Esto significa dos cosas. Al igual que las variables del modelo de Lorenz, la población fluctúa de forma no periódica sin tener en cuenta los recursos ambientales. Y, al igual que en el modelo de Lorenz, es muy difícil predecir estas fluctuaciones, ya que son sensibles a las condiciones iniciales del tamaño de la población.

De este modo, la teoría del caos ha tenido un impacto significativo en la ciencia de la ecología. De hecho, a lo largo de los años, la teoría del caos ha repercutido en casi todas las ramas de la ciencia: no solo en la astronomía, la meteorología y la ecología, sino también en la química, la ingeniería, la biología y las ciencias sociales;

12 May, R. M. «Simplified mathematical models with very complicated dynamics». *Nature* (1976): 261, 451–467.

13 $x_{n+1} = ax_n(1 - x_n)$. En este caso, x_n representa la población de la generación n, «normalizada» de modo que $x_n = 1$ representa una situación en la que la población es tan grande como es posible dados los recursos medioambientales limitados, y $x_n = 0$ representa una situación en la que la población se ha reducido a cero. El número a es una constante. Cuando $a > 3,57$, la población varía de forma caótica y es imposible predecirla a largo plazo.

lo que sea. Pero quizá un campo en el que la teoría del caos no ha tenido tanto impacto es el de los fundamentos de la física cuántica.[14] La razón es sencilla: la ecuación básica que rige la evolución de los sistemas mecánicos cuánticos, la ecuación de Schrödinger, es una ecuación lineal. Como tal, la ecuación que gobierna la mecánica cuántica no muestra el tipo de dependencia sensible de las condiciones iniciales que hemos comentado antes. A veces se argumenta que, como esperamos que el movimiento planetario, el clima y la dinámica de la población se deriven de algún modo de la mecánica cuántica (aunque nadie lo haya demostrado), el caos es solo una noción aproximada y la incertidumbre en el clima se debe en última instancia a la incertidumbre cuántica, no al caos. Mi punto de vista es complemente diferente. Creo que el caos sustenta en realidad las ecuaciones dinámicas de la física cuántica; el caos es una propiedad de los planetas y del clima, precisamente porque el caos es una propiedad de la dinámica fundamental del universo. En el próximo capítulo explicaré por qué este punto de vista es coherente con la linealidad de la ecuación de Schrödinger.

14 Existe un campo llamado «caos cuántico» que intenta comprender cómo el caos clásico puede surgir de la mecánica cuántica.

2

LA GEOMETRÍA DEL CAOS

Aunque Isaac Newton podría haber entendido las ecuaciones de Lorenz, en parte porque estas ecuaciones se basaban en el cálculo que él mismo había descubierto, Newton no habría tenido la menor idea del tipo de geometría que surge de ellas.

Para Newton, la palabra «geometría» era una forma abreviada de referirse a la geometría de Euclides, el matemático griego de Alejandría nacido alrededor del año 300 a. C. Como parte de su formación como filósofo naturalista, Newton estudió la obra fundamental de Euclides, los *Elementos*. En ella, Euclides presenta, por ejemplo, las secciones transversales de un cono. Una de ellas, la elipse, describe bien el movimiento de un planeta alrededor del Sol.

La elipse caracteriza un aspecto importante de muchas de las figuras geométricas estudiadas por Euclides. Dibuja una elipse en un papel y observa cualquier parte del dibujo con una lupa. Si tienes una lupa lo suficientemente potente, cualquier pequeña porción será indistinguible de una línea recta. Del mismo modo, si centras la vista sobre la superficie de un elipsoide, verás una figura bidimensional con forma de huevo. De nuevo, con una lupa lo suficientemente potente, cualquier pequeña porción del elipsoide será indistinguible de un plano. En la teoría de la relatividad general de Einstein, el espacio-tiempo es un espacio curvo de cuatro dimensiones. La curvatura del espacio-tiempo se manifiesta por el hecho de que los ángulos internos de un triángulo no suman 180 grados. Sin embargo, si nos acercamos lo suficiente a cualquier región del espacio-tiempo, parece plana: los ángulos internos de los triángulos que son lo suficientemente pequeños suman 180 grados.

En todos estos ejemplos, las propiedades especiales del objeto geométrico que lo convierten en una elipse, o en un elipsoide, o en una solución de las ecuaciones de la relatividad general de Einstein, quedan en cierto modo desdibujadas si se amplía lo suficiente con la lupa. Considerados como espacios por derecho propio, estos objetos geométricos se denominan «euclidianos». En cambio, las propiedades asociadas a la geometría producida por las ecuaciones de Lorenz no se pierden nunca, sea cual sea la parte de la geometría que se amplíe con la lupa. Es un concepto completamente desconocido para Newton y las generaciones de matemáticos y científicos educados en el estudio de los *Elementos* de Euclides. La idea de que una geometría tan extraña pudiera ser el producto de un simple conjunto de ecuaciones basadas en el cálculo también era nueva para Lorenz, y tardó mucho tiempo en darse cuenta de lo que realmente había descubierto.

En mi opinión, el verdadero gran descubrimiento de Lorenz no fue tanto el efecto mariposa —que, después de todo, estaba implícito en la obra de Poincaré— como el descubrimiento de la geometría fractal del caos. Como veremos, las consecuencias de esta geometría lo impregnan todo en este libro, desde las matemáticas modernas hasta el cambio climático, pasando por la física cuántica, el libre albedrío y la conciencia.

En el modelo de caos de Lorenz solo existen tres variables (X, Y y Z), lo que resulta bastante cómodo. Esto significa que podemos representar un punto en el «espacio de estado» de Lorenz (en relación

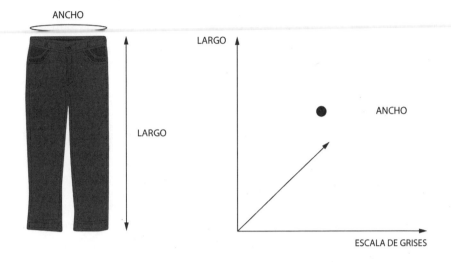

FIG. 4. Quieres comprarte unos pantalones. Tienes que saber qué medidas necesitas para el largo de la pierna, la talla de la cintura y el tono de gris que vas a comprar. Su elección corresponde a un punto del «espacio de estado del pantalón» tridimensional. Si, además, pudieras elegir un tipo de material, esto correspondería a una cuarta dimensión en el espacio de estado de los pantalones. Esto provocaría que el espacio de estado fuera imposible de ilustrar pero, como concepto, es muy fácil de entender.

con tres ejes en ángulo recto denominados X, Y y Z) del mismo modo que representaríamos un punto en el espacio físico tridimensional ordinario (en relación con tres ejes en ángulo recto denominados x, y y z, en minúsculas).

La noción de espacio de estado es muy importante en este libro, así que para empezar quiero dar un ejemplo sencillo. Supongamos que vamos a comprar unos pantalones. Lo primero que hay que hacer es decidir las medidas de largo y de cintura que necesitamos, así como el color de la tela. Supongamos que la única elección de color que tenemos es un tono de gris. Entonces, un pantalón concreto puede representarse como un punto en un espacio abstracto en el que una dirección describe las variaciones en la longitud de la pierna, una segunda describe las variaciones en el tamaño de la cintura y una tercera el tono de gris. Podemos llamar a este espacio tridimensional «espacio de estado de los pantalones» (véase la Fig. 4). El hecho de que el espacio de estado de los pantalones sea

55

tridimensional no tiene nada de particular. De hecho, si también tuviéramos la posibilidad de elegir el tipo de material utilizado (por ejemplo, lana, poliéster o alguna mezcla de ambos), entonces necesitaríamos una cuarta dimensión adicional a tener en cuenta, y el espacio de estado de los pantalones tenía cuatro dimensiones (y sería imposible de ilustrar en una sola figura en este libro físico). De este modo, la dimensión del espacio de estado es igual al número de variables independientes necesarias para especificar el objeto que nos interesa (por ejemplo, un par de pantalones).

En comparación con la teoría de la física conocida como teoría de cuerdas, que postula que el espacio físico en el que vivimos no es tridimensional sino de diez u once dimensiones, no hay nada raro, inusual o incomprensible en un espacio de estados multidimensional. Si no entiendes la diferencia entre espacio físico y espacio de estado, ¡piensa en los pantalones!

Pensemos en otro ejemplo: el espacio de estado de tres cuerpos que están ligados por la gravedad. Cada cuerpo posee una posición y una velocidad específicas. En el espacio físico tridimensional necesitamos tres números para especificar una posición y tres números más para especificar la velocidad (la velocidad del cuerpo respecto a los ejes x, y y z). Esto significa que el número de números independientes necesarios para especificar la posición y la velocidad de los tres cuerpos es de 3 lotes de 3 + 3, es decir, 18. Por lo tanto, la dimensión del espacio de estados de los 3 cuerpos es 18.[1] Aunque es imposible visualizar un espacio de 18 dimensiones, el concepto de un espacio de estados de 18 dimensiones quizá no sea especialmente difícil en principio.

En comparación, la dimensión del espacio de estados meteorológicos es enorme. Si tenemos en cuenta todos los remolinos que existen en la atmósfera en cualquier momento, el espacio de estados del tiempo es mayor que cualquier cosa que podamos representar en un ordenador, no solo los que poseemos en un futuro, sino también

---

1 Sin embargo, si medimos las posiciones y las velocidades relativas a uno de los cuerpos (por ejemplo, el Sol), la dimensión del espacio de estados se reduce a 12. Y resulta que hay varias restricciones adicionales implícitas en las leyes del movimiento de Newton que reducen la dimensión del espacio de estados a solo 7.

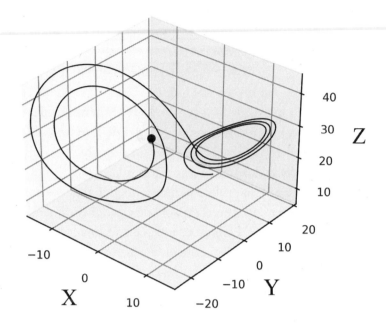

FIG. 5. Un segmento corto de trayectoria en el espacio de estados de Lorenz. El punto inicial está marcado con un punto que puede elegirse de forma arbitraria. La trayectoria da los valores de las variables **X**, **Y** y **Z** en tiempos futuros y se obtiene resolviendo las ecuaciones de Lorenz en un ordenador.

en el futuro. El espacio de estados de un modelo moderno de predicción meteorológica tiene más de mil millones de dimensiones. Se trata de un gran número, por supuesto, que puede manejar un superordenador moderno, pero sigue siendo una fracción minúscula de la dimensión del espacio de estados real del tiempo.[2] Imaginemos el espacio de estados de todo el universo, con todos los átomos que forman las estrellas, las galaxias y los cúmulos de galaxias. La dimensión de ese espacio de estados es abrumadora, increíblemente grande. Sin embargo, mientras sea un número finito, en principio

---

2 Técnicamente, el espacio de estados de la ecuación de Navier-Stokes es infinitamente dimensional. Sin embargo, esto supone que las escalas pueden ser infinitesimales. En la práctica, la ecuación de Navier-Stokes se rompería por efectos cuánticos antes de llegar a este límite. Aunque, incluso si suponemos que la ecuación solo se aplica a escalas macroscópicas no cuánticas, la dimensión del espacio de estados meteorológicos podría ser de hasta 1050, sin duda mucho mayor de lo que jamás podría representarse explícitamente en un modelo meteorológico.

no es más difícil de comprender que el espacio de estados de un pantalón de cuatro dimensiones.

Volvamos al espacio de estados tridimensional de Lorenz. Elijamos un punto en este espacio de estados. Este punto puede considerarse un estado inicial de las ecuaciones de Lorenz. Utilizando un ordenador, podemos resolver las ecuaciones de Lorenz a lo largo de un periodo de tiempo finito. Esta solución describe un conjunto de puntos en el espacio de estados, uno para cada momento del tiempo. Podemos representar la evolución temporal global de los valores de X, Y y Z como una curva en el espacio de estados tridimensional de Lorenz (véase la Fig. 5). Llamamos a esta curva una trayectoria en el espacio de estados, o simplemente «trayectoria».

Si el modelo de Lorenz tuviera un comportamiento periódico (es decir, repetitivo), y si la trayectoria del espacio de estados se continuara durante un tiempo lo suficientemente largo, acabaría uniéndose al punto de partida, representado por el punto. Los estados descritos por este bucle cerrado se repetirían una y otra vez.

La Fig. 6 muestra una imagen de cómo serían las trayectorias del modelo de Lorenz cuando se resuelven las ecuaciones durante un largo periodo de tiempo. Se trata de un diagrama bastante famoso. Para producir esta imagen, no importa el estado de partida. Al final, las trayectorias empiezan a seguir esta extraña forma de dos lóbulos, como si las trayectorias se sintieran atraídas por este objeto geométrico en el espacio de estados. Como resultado, este objeto geométrico se denomina «atractor». Curiosamente, se parece un poco a una mariposa, pero es una mera coincidencia.

La pregunta que se hizo Lorenz fue la siguiente: ¿Cuál es la geometría subyacente de este atractor? ¿Es algún tipo de geometría euclidiana? Una posibilidad es que, si el ordenador pudiera seguir ejecutando el modelo de Lorenz para siempre, todos los pequeños huecos que aparecen en la Fig. 6 se rellenarían, dejando un objeto tridimensional sólido que podríamos llegar a tallar a partir de un trozo de madera maciza.

Sin embargo, Lorenz se dio cuenta de que esto no podía ser así. Aquí es donde la irreversibilidad temporal del modelo de Lorenz es crucial. Como vimos en el capítulo anterior, Lorenz incluyó en su

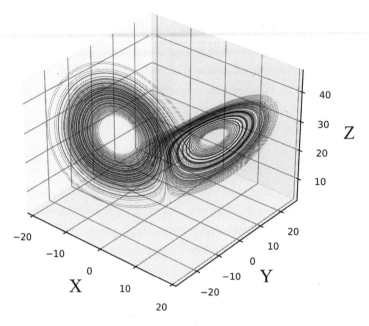

FIG. 6. Una aproximación del famoso atractor de Lorenz representado por ordenador. No importa dónde se empiece en el espacio de estados, las ecuaciones de Lorenz acabarán irremediablemente acercándose a este atractor. Se puede decir que el atractor es una propiedad emergente de las ecuaciones de Lorenz. La pregunta clave que se hizo Lorenz es la siguiente: ¿Cuál es la geometría de este atractor? ¿Es un objeto sólido o una superficie plegada compleja? Lorenz demostró que no podía ser ninguna de las dos cosas; tenía que ser un fractal.

modelo una representación muy simple de los efectos irreversibles de la disipación de energía; de ahí que las ecuaciones de Lorenz sean irreversibles en el tiempo. Y esto hace que estas ecuaciones sean fundamentalmente diferentes de las del movimiento planetario, las que había estudiado Poincaré. Bajo el efecto de la disipación irreversible de energía, una bola sólida tridimensional con unas condiciones iniciales en el espacio de estados acabaría encogiéndose hasta convertirse en un objeto de volumen cero, bajo la acción de las ecuaciones de Lorenz. Por otra parte, debido a la imprevisibilidad caótica de las ecuaciones de Lorenz, los distintos puntos de la bola tridimensional inicial acabarán cubriendo de forma uniforme todo el atractor de Lorenz. Como tal, el volumen del atractor tiene que ser siempre cero.

Ahora bien, una superficie bidimensional no tiene volumen, su volumen es cero. Entonces, ¿podría el atractor ser bidimensional? Por ejemplo, en lugar de tallar el objeto en un bloque de madera, quizá podríamos construir el atractor doblando cuidadosamente una hoja bidimensional, como una pieza de origami. Pues bien, Lorenz pudo descartar esto también, mediante un teorema matemático demostrado por el propio Poincaré. El teorema de Poincaré-Bendixson dice que si el atractor fuera bidimensional y tuviera la propiedad de depender de las condiciones iniciales (lo que demostramos en el último capítulo que era el caso) y estuviera en alguna región acotada del espacio de estados (lo que hace el atractor de Lorenz), entonces en algún lugar las trayectorias del espacio de estados se cruzarían entre sí. Sin embargo, si las ecuaciones son deterministas, entonces ese punto de cruce sería imposible: el determinismo implica que un punto inicial en el espacio de estados solo puede evolucionar en el tiempo hacia otro punto único, no hacia dos puntos diferentes.

Quizá puede ser que el atractor sea solo una curva unidimensional cerrada en la que una trayectoria acaba uniéndose a sí misma, como un círculo enrevesado. Sin embargo, si este fuera el caso, implicaría que el modelo es periódico, y los resultados informáticos del modelo sugieren lo contrario.[3] Entonces, ¿cuál es la geometría del atractor si no es ni un volumen tridimensional, ni una lámina bidimensional, ni una línea unidimensional? Lorenz agonizó sobre esta cuestión

---

3   En realidad, aquí hay una sutileza. Si utilizamos un ordenador para resolver las ecuaciones de Lorenz, las trayectorias serán curvas cerradas unidimensionales. Esto se debe a que, en un ordenador, los estados X, Y y Z están representados por un número ilimitado de dígitos binarios, o bits, como se conocen en la jerga informática. En informática científica, las variables X, Y y Z se representan normalmente con 64 bits. Con esta representación numérica, el atractor de Lorenz será una curva cerrada unidimensional bastante complicada. Si en cambio se permite representar X, Y y Z con 128 bits, la curva unidimensional será más larga antes de volver a unirse para ser una curva unidimensional cerrada. Si pasamos a 256 bits, la curva cerrada será aún más larga. ¿Qué ocurre en el límite cuando imaginamos un hipotético ordenador en el que X, Y y Z pueden representarse con un número ilimitado de bits? Al estar basadas en el cálculo, las formas matemáticas de las ecuaciones de Lorenz no imponen por sí mismas ninguna restricción al número de bits utilizados para representar X, Y y Z.

durante mucho tiempo. Puedo entender su frustración; sabía que tenía algo importante entre manos, pero no lograba descifrarlo.

La solución vino a causa del trabajo del matemático alemán del siglo XIX Georg Cantor. Cantor fue el fundador de un tipo de matemáticas conocidas como teoría de conjuntos. A primera vista, los conjuntos son matemáticas bastante triviales, ya que simplemente denotan colecciones de objetos. El conjunto {1, 2, 3, 4} es la colección de números enteros comprendidos entre 1 y 4, ambos inclusive. La colección de países del mundo es un conjunto cuyos elementos son países individuales. Sin embargo, las cosas se ponen matemáticamente interesantes cuando consideramos conjuntos que contienen un número ilimitado de objetos, como el conjunto de todos los números enteros positivos, que podemos escribir como {1, 2, 3...}. Ahora bien, aunque este conjunto es infinito, como Cantor pudo demostrar de forma precisa, no es tan grande como el conjunto de todos los números, que incluye no solo números enteros y fracciones como 2,4 y 6,97, sino también números como $\sqrt{2}$, la raíz cuadrada de 2, y π, el cociente entre la circunferencia de un círculo y su diámetro. Números como 2,4 y 6,97 pueden escribirse como fracciones (24/10 y 697/100), pero $\sqrt{2}$ y π no pueden escribirse de esta manera y se denominan «irracionales». Estos números irracionales no pueden representarse en un ordenador con un número finito de bits. Llamamos «números reales» al conjunto de todos los números, que incluye dichos números irracionales. El dominio absoluto de los números irracionales sobre los racionales es lo que hace que el conjunto de los números reales sea mucho mayor que el conjunto de los números enteros o racionales.

Existe una relación íntima entre los conjuntos de números reales y la geometría euclidiana. Si trazamos una línea, por ejemplo, de 10 cm de longitud, cada punto de la línea puede representar un número real, por ejemplo, entre 0 y 10. Los números enteros —0, 1, 2... 10— pueden representarse mediante puntos situados a una distancia de 0 cm, 1 cm... 10 cm de un extremo. El número π corresponde a un punto situado aproximadamente a 3,14 cm de un extremo de la recta.

Ahora bien, una recta es un conjunto unidimensional. Se podría decir que todos los conjuntos que contienen tantos puntos como el conjunto de los números reales son al menos unidimensionales. Sin embargo, Cantor construyó un conjunto, y a su vez una geometría, en los que esta idea intuitiva es falsa. Fue criticado por sus colegas por sus ideas; el gran Henri Poincaré dijo que en el futuro la gente vería el trabajo de Cantor como «una enfermedad de la que uno se ha recuperado».[4] Irónicamente, Poincaré no tenía ni idea de lo importante que sería el trabajo de Cantor para comprender el tema que él mismo había puesto en marcha: la teoría del caos. En última instancia, estas críticas sumieron a Cantor en una depresión de la que nunca se recuperó del todo. Cuarenta años después de su muerte, Lorenz comprendió por fin la importancia de sus ideas, y hoy en día Cantor es considerado un pionero de las matemáticas.

El conjunto de Cantor, que se muestra en la Fig. 7, puede describirse mediante un conjunto de pasos. Estos pasos son aplicaciones repetidas, o iteraciones, de una regla sencilla. Comienza con la línea de números reales entre 0 y 1. En el primer paso, desecha el tercio medio de esta línea (en teoría, hay que mantener los puntos finales de las dos líneas más pequeñas restantes). A continuación, en el segundo paso, desecha los tercios centrales de las dos líneas más pequeñas. Después, en el tercer paso, deseche los tercios centrales de las cuatro líneas restantes. Se puede continuar así de forma indefinida, eliminando en cada paso los tercios medios de las líneas restantes. El conjunto de Cantor es el conjunto de puntos comunes a todos los que repiten. Lo que demostró fue que su conjunto epónimo tenía tantos puntos como los puntos de la línea original, aunque hayamos desechado un conjunto infinito de puntos. En este sentido, el conjunto de Cantor es muy grande (mucho mayor que el conjunto de los números enteros). Sin embargo, en otro sentido, el conjunto de Cantor también es bastante pequeño. Una forma de verlo es imaginar que se elige al azar un punto de la recta original (entre 0 y 1). La probabilidad de que este punto elegido al azar pertenezca al conjunto de Cantor es igual a cero. Los matemáticos dicen que el conjunto de Cantor tiene «medida cero».

---

4   Vallin, R. W. *The elements of Cantor sets*. Wiley, 2013.

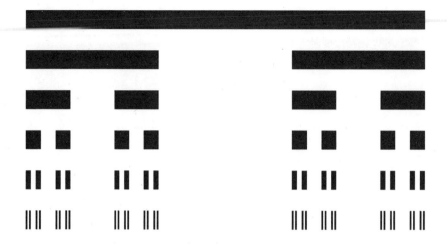

FIG. 7. El conjunto de Cantor se crea mediante una serie de pasos, que comienza con una línea entre 0 y 1. Primero se elimina el tercio medio. A continuación, se eliminan los tercios centrales de los dos trozos restantes y se continúa como se muestra. El conjunto de Cantor es el conjunto de puntos que pertenecen a todos los iterados (los que se repiten).

El conjunto de Cantor me recuerda a la nave espacial del Doctor Who, el viajero del tiempo de la serie de ciencia ficción de la BBC, y pido disculpas a los lectores que no hayan visto este programa. Desde fuera, la nave espacial del Doctor Who parece una cabina telefónica de la policía de los años cincuenta, pequeña e insustancial. Sin embargo, por dentro parece enorme, con habitaciones por todas partes. De la misma manera, la propiedad de medida cero del conjunto Cantor hace que parezca diminuto en un principio. Sin embargo, tiene tantos puntos como la línea real, por lo que, visto desde dentro, parece enorme. Esto tiene grandes consecuencias.

Podemos ver fácilmente que la geometría del conjunto de Cantor es diferente de las geometrías euclidianas que hemos analizado antes. Por mucho que ampliemos el conjunto de Cantor, encontraremos la misma estructura con la que empezamos: una serie de pequeños intervalos a los que les faltan piezas. Sea cual sea la geometría del conjunto de Cantor, no es euclidiana.

Entonces, ¿cómo podemos describir el conjunto de Cantor de forma que se distinga de la recta de los números reales? Resulta que una forma de hacerlo es mediante el concepto de dimensión. Un conjunto que contiene una colección finita de puntos es un conjunto de dimensión cero. Las líneas son conjuntos unidimensionales. Las superficies son conjuntos bidimensionales y los objetos sólidos son conjuntos tridimensionales. El espacio-tiempo en la teoría de la relatividad de Einstein es un conjunto de cuatro dimensiones y, como hemos visto, el espacio de estados sin restricciones del problema gravitatorio de los tres cuerpos es un conjunto de dieciocho dimensiones. Es posible generalizar esta noción de dimensión para describir el conjunto de Cantor. Con esta definición, resulta que el conjunto de Cantor tiene una dimensión que se sitúa entre 0 y 1, ni 0 ni 1, sino aproximadamente 0,631.[5] El tipo de geometría asociada al conjunto de Cantor se conoce como geometría fractal, denominada así por el matemático estadounidense de origen francés Benoit Mandelbrot.[6] De hecho, la palabra «fractal» es la abreviatura de «dimensión fraccional».

El conjunto de Cantor se encuentra en el corazón del atractor de Lorenz. Para explicar esto, voy a describir el atractor fractal de un conjunto de ecuaciones similares, pero ligeramente más sencillas que las ecuaciones de Lorenz: las ecuaciones de Rössler.

El bioquímico alemán Otto Rössler descubrió su conjunto de tres ecuaciones[7] como el resultado directo del trabajo de Lorenz. Se trata de un conjunto sencillo de ecuaciones que utiliza el cálculo para producir un atractor fractal. El atractor de Rössler se muestra en la Fig. 8 (un apunte: aunque he etiquetado los ejes X, Y y Z como antes, ahora estas variables satisfacen ecuaciones diferentes a las ecuaciones de Lorenz).

Para entender cómo las ecuaciones de Rössler generan un atractor fractal, empecemos imaginando parte del atractor como una

---

5   La llamada dimensión de Hausdorff es igual a $ln(2)$ / $ln(3)$, donde ln es el logaritmo en base natural de e. Se trata de un número irracional.

6   Que se inspiró en la obra de L.F. Richardson, que demostró que la línea costera de Gran Bretaña se aproximaba bien a un fractal (véase el capítulo 9).

7   Rössler, O. E. «An equation for continuous chaos». *Physics Letters A* (1976): 57(5), 397–398. doi: 10.1016/0375-9601(76)90101-8.

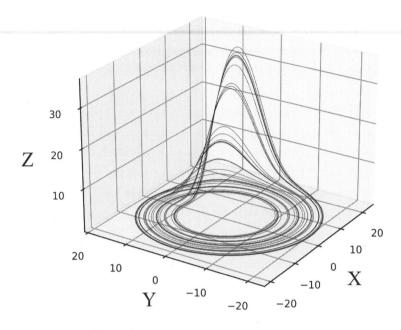

FIG. 8. Al igual que el atractor de Lorenz, el atractor de Rössler también es una geometría fractal. Su relación con el conjunto de Cantor es un poco más fácil de entender que la del atractor de Lorenz.

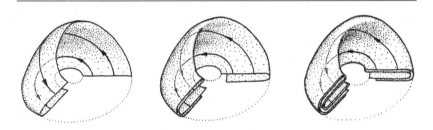

FIG. 9. Construcción del atractor de Rössler. De Abraham y Shaw (1984).

simple hoja bidimensional. La acción de las ecuaciones de Rössler consiste en doblar esa hoja, como en la imagen de la izquierda de la Fig. 9. Sin embargo, no podemos unir los dos extremos de la hoja porque un extremo está doblado y el otro no. Además, debido a la disipación, el área total del extremo plegado es un poco menor que la del extremo original desplegado. De nuevo, no podemos unir los dos extremos. Podríamos imaginar que empezamos con una lámina doblemente plegada, como en el panel derecho de la Fig. 9. Pero ahora la acción de las ecuaciones de Rössler es crear una lámina cuatro veces plegada. De nuevo, no podemos unir los extremos. Podemos repetir esto una y otra vez. De este modo, lo que empezó como una simple hoja bidimensional se convierte de hecho en un trozo de pasta filo de infinitas capas, El atractor de Rössler es como esta pasta filo en el límite donde hay un número infinito de pliegues, más bien, un conjunto de Cantor de pasta filo en capas.

Lorenz fue el primero en intuir que el conjunto de Cantor se encuentra en el corazón de su atractor. Estas son las palabras exactas de Lorenz en su famoso artículo de 1963:

> Cada superficie es en realidad un par de superficies, de modo que, donde parecen fusionarse, hay en realidad cuatro superficies. Si continuamos este proceso en otro circuito, vemos que en realidad hay ocho superficies, y así sucesivamente, hasta que finalmente concluimos que hay un complejo infinito de superficies, cada una de ellas muy cerca una de las dos superficies que se fusionan.

Lorenz se dio cuenta de que su atractor, al igual que el atractor de Rössler, podía considerarse un conjunto de Cantor de superficies en las que residen las trayectorias del espacio de estados. Fue este descubrimiento el que finalmente hizo que Lorenz se diera cuenta de que los estados de su modelo nunca se repetirían, que las trayectorias simplemente se desplazarían de una parte del conjunto de Cantor a otra diferente, sin repetirse. La dimensión fractal del atractor de Lorenz es de 2,06 con los valores típicos de los parámetros, apenas un poco más que una superficie bidimensional. Sin embargo, ese poco más es absolutamente crucial para comprender las propiedades no periódicas de las ecuaciones de Lorenz.

Es difícil sobrestimar la importancia de este descubrimiento. Antes de Lorenz, nadie[8] había teorizado que un conjunto de tres

---

8 Durante la Segunda Guerra Mundial, los matemáticos de Cambridge Mary Cartwright y J. L. Littlewood (el distinguido teórico de los números) habían encontrado indicios de caos en las llamadas ecuaciones del oscilador de van der Pol. En 1960, Norman Levinson, matemático del MIT, se puso en contacto con el célebre topólogo Steve Smale para informarle, ya que parecía contradecir una conjetura de Smale sobre el comportamiento de los sistemas dinámicos. A modo de aclaración, Smale se dio cuenta de que puede haber sistemas dinámicos que

ccuacioncs acopladas basadas en el cálculo de Newton pudiera generar una geometría tan extraordinaria. Como escribió el matemático Ian Stewart en 1997[9] del artículo de Lorenz de 1963: «Cuando leo esas palabras, se me eriza la piel de la nuca y se me ponen los pelos de punta. ¡Él ya lo sabía! Hace treinta y cuatro años, él ya lo sabía… En apenas doce páginas, Lorenz anticipó las ideas principales de la dinámica no lineal, antes de que se pusiera de moda, antes de que nadie más se hubiera dado cuenta de que existían fenómenos nuevos y desconcertantes como el caos». En realidad, tuvieron que pasar otros cuarenta años antes de que se demostrara rigurosamente que el atractor de Lorenz era fractal, es decir, según las exigentes normas de las matemáticas.[10]

Volvamos al experimento fortuito que realizó Lorenz: iniciar una ejecución de su modelo con un valor aproximado para las condiciones de partida ($X = 0,506$) en lugar del valor exacto del modelo ($X = 0,506127$). ¿Es de esperar que el error inicial crezca al mismo ritmo, independientemente de las condiciones iniciales? La Fig. 10 muestra que la respuesta a esta pregunta es un rotundo no. He aquí nuestra primera aplicación de la geometría del caos, una que tiene grandes consecuencias, como se analiza en la parte II de este libro.

En la Fig. 10 imaginamos que conocemos las condiciones iniciales solo de forma aproximada. Supongamos que el estado inicial real se encuentra en algún lugar dentro de un pequeño anillo de puntos, pero no sabemos dónde exactamente. La Fig. 10 muestra cómo evolucionaría este anillo inicial en el atractor de Lorenz a lo largo de un periodo de tiempo fijo, para tres posiciones diferentes del anillo en el atractor.

---

presenten el tipo de geometría plegable descrito en la Fig. 9. La construcción fractal de Smale se denomina herradura de Smale. Sin embargo, hasta Lorenz, Smale no conocía esas ecuaciones específicas que, basadas en el cálculo de Newton, generasen este tipo de estructura geométrica.

9 Stewart, I., *Does God play dice?* Penguin Books: 1997.

10 Stewart, I., «The Lorenz attractor exists». *Nature* (2000): 406, 948–949.

Con el anillo inicial en la posición del atractor que se muestra en la parte superior izquierda de la Fig. 10, no hay valor para la incertidumbre, aunque el anillo evolucione de un lóbulo del atractor al otro. En este caso podemos estar seguros de que el estado futuro real hará una transición del lóbulo izquierdo del atractor al lóbulo derecho. Con el anillo inicial en la parte superior derecha de la Fig. 10, la incertidumbre crece con el tiempo. Vemos que el anillo evoluciona hacia una forma distorsionada de un plátano o un bumerán. Si quisiéramos saber si el estado real hará una transición al lóbulo derecho del atractor, entonces solo podríamos decir que hay aproximadamente un 40% de probabilidades de que se produzca una transición y, por tanto, un 60% de probabilidades de que el estado real permanezca en el lóbulo izquierdo.

Sin embargo, cuando el anillo de incertidumbre inicial se encuentra en la posición sobre el atractor que se muestra en la parte inferior de la Fig. 10, entonces la incertidumbre crece. Aquí no tenemos ni idea de si el estado real se situará en el lóbulo izquierdo o derecho del atractor. Con un sistema de predicción determinista, es muy probable que preveamos el resultado de forma completamente incorrecta.

Volvamos a la parábola del clavo de herradura perdido, que comentamos en la introducción. Supongamos que podemos hacer un modelo del estado dinámico de los reinos utilizando una dinámica caótica. (Imaginemos que la incertidumbre inicial se refiere a la posibilidad de más clavos de herradura perdidos. Imaginemos también que para los estados situados en el lóbulo izquierdo del atractor de Lorenz, el rey ha conservado su reino, mientras que para los estados situados en el lóbulo derecho del atractor, el rey ha perdido su reino.

Entonces, para el ejemplo de la parte superior izquierda de la Fig. 10, el rey perderá su reino con toda seguridad. Aquí no importa realmente si faltan o no algunos clavos de herradura, el reino se perderá con toda seguridad (el rey seguramente era completamente incompetente). Por el contrario, en el ejemplo de la parte inferior de la Fig. 10, que el rey pierda o no su reino depende del estado incierto de los clavos de herradura. Es a este estado precario al que se refiere la parábola.

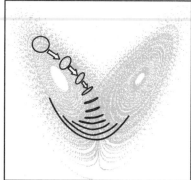

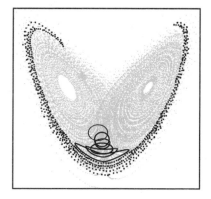

FIG. 10. El anillo inicial de puntos representa la incertidumbre en nuestro conocimiento del estado inicial real. La evolución del anillo depende de su posición en el atractor. En la parte superior izquierda, el anillo de incertidumbre no crece en absoluto. En la parte superior derecha, el anillo se distorsiona en forma de plátano o bumerán, lo que indica que no se sabe si la evolución temporal del estado real hará una transición del lóbulo izquierdo al lóbulo derecho. En la figura inferior, la posición de la evolución temporal del estado real en el atractor es muy incierta.

La Fig. 10 es una figura importante para este libro. El hecho de que la evolución de la incertidumbre dependa tan fuertemente de la posición del anillo inicial de incertidumbre en el atractor es consecuencia de la no linealidad de las ecuaciones subyacentes.[11] Explica

---

11 Si $dX / dt = F[X]$ es un sistema dinámico no lineal, de modo que F es al menos cuadrático en X, entonces el llamado operador Jacobiano (dF / dX) en la forma linealizada del sistema dinámico $d\delta X / dt = (dF / dX)\delta X$ depende al menos linealmente de X. De este modo, el crecimiento de pequeñas perturbaciones depende de las condiciones iniciales.

por qué hay ocasiones —como la tormenta de octubre de 1987 y, posiblemente, el crack financiero de 2008— que son tan difíciles de predecir de forma precisa. Sin embargo, un sistema de conjuntos puede advertirnos cuando el sistema está pasando a una situación muy inestable en la que podrían ocurrir cosas dramáticas, pero que no necesariamente ocurrirán.

Un matemático podría preguntarse si existe una ecuación única que describa cómo evolucionan estas formas de plátano o bumerán a partir de anillos simples, como se muestra en la Fig. 10. En efecto, la hay. Se llama ecuación de Liouville,[12] en honor al matemático francés del siglo XIX Joseph Liouville. La ecuación de Liouville es bastante similar a la ecuación de Schrödinger, la ecuación fundamental de la mecánica cuánticaAl igual que la ecuación de Schrödinger, la ecuación de Liouville es una ecuación lineal. ¿Qué significa esto? Antes afirmábamos que había un 100 % de probabilidades de que el «verdadero» estado se encontraba dentro del anillo inicial de incertidumbre. Supongamos, sin embargo, que solo hubiera un 80 % de probabilidades de que el estado verdadero se encontrara dentro del anillo inicial. Si esto fuera así, entonces solo habría un 80 % de probabilidades de que el futuro estado verdadero se encontrara dentro del anillo evolucionado en forma de plátano. Podemos reescalar las probabilidades de este modo porque la ecuación de Liouville es lineal.

En los primeros trabajos sobre predicción meteorológica probabilística, se sugirió[13] que los meteorólogos deberían intentar resolver la ecuación de Liouville para prever la incertidumbre en las predicciones meteorológicas. Sin embargo, resultó que esto es totalmente imposible en la práctica. De hecho, incluso para un modelo sencillo basado en las ecuaciones de Lorenz, resolver directamente la ecuación de Liouville es muy difícil. Esto se debe a que la forma de los contornos de probabilidad se vuelve cada vez más enrevesada y

---

12 La ecuación de Liouville para un sistema hamiltoniano reversible en el tiempo puede escribirse de la forma $\partial \varrho / \partial t = - [\varrho, H]$ donde $[..,..]$ es el llamado corchete de Poisson y H el hamiltoniano. En esta forma, la ecuación de Liouville es formalmente muy similar a la ecuación de Schrödinger de la teoría cuántica.

13 Epstein, E. S. «Stochastic-dynamic prediction». *Tellus* (1969): 21, 739–759.

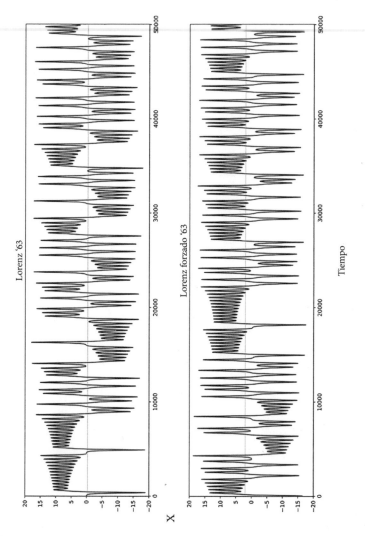

FIGURA 11. Arriba vemos la serie temporal de la variable X en el modelo original de Lorenz. Abajo las series temporales de la variable X del modelo de Lorenz forzado, en el que se añade un término constante adicional a las ecuaciones. La probabilidad de encontrarse en uno de los lóbulos del atractor es en sí misma predecible, aunque las fluctuaciones precisas de cualquiera de las series temporales no lo sean.

distorsionada cuanto mayor es el tiempo de predicción. Es mucho más fácil estimar las probabilidades mediante los conjuntos.

Veamos otra característica del atractor de Lorenz. La larga serie temporal de la parte superior de la Fig. 11 muestra la evolución de

71

la variable X en el modelo de Lorenz durante un largo periodo de tiempo. La variable X se mueve de forma irregular entre valores positivos y negativos (lo que corresponde a oscilaciones caóticas irregulares entre los lóbulos izquierdo y derecho del atractor de Lorenz). Estas oscilaciones irregulares son completamente imprevisibles para la mayoría de las escalas temporales mostradas. Sin embargo, independientemente de la condición inicial, en general el valor de la variable X es positivo tantas veces como negativo. Esto se debe a una simetría en la geometría del atractor de Lorenz: los lóbulos izquierdo y derecho del atractor (Fig. 6) tienen exactamente la misma forma y tamaño.

La larga serie temporal de la parte inferior de la Fig. 11 muestra la evolución de la variable X en una versión modificada de las ecuaciones de Lorenz. A continuación, he añadido un término constante al lado derecho de las ecuaciones.[14] Este término constante adicional representa una perturbación externa al sistema de Lorenz. En un sistema tan simple como el de Lorenz, lo más parecido a un forzamiento, como la duplicación de la concentración de dióxido de carbono en la atmósfera.

Las oscilaciones irregulares en las series temporales inferiores siguen siendo imprevisibles y dependen bastante de las condiciones de partida, como antes. Sin embargo, en las series temporales inferiores, ahora es más probable, por término medio, que la variable X tenga un valor positivo que negativo. El forzamiento externo ha cambiado la simetría de la geometría del atractor, haciendo que un lóbulo del atractor sea más grande y el otro más pequeño. Pensemos que los lóbulos del atractor de Lorenz corresponden a tipos opuestos de tiempo, como tiempo cálido o tiempo frío, o tiempo húmedo o tiempo seco. El forzamiento añadido a las ecuaciones cambia de forma predecible la probabilidad de tener tiempo cálido o frío, o tiempo húmedo o seco, aunque la forma detallada en que el tiempo evoluciona entre estos estados sea impredecible. Este es un punto conceptual importante a la hora de pensar en el cambio climático.

---

14 Aquí se ha añadido un «término de forzamiento» constante, C, a las ecuaciones de Lorenz originales, dando $dX/dt = \sigma(Y - X) + C$, $dY/dt = X(\rho - Z) - Y + C$, $dZ/dt = XY - \beta Z$.

Existen algunas conexiones profundas entre la geometría de los atractores fractales —la geometría del caos— y algunos de los teoremas matemáticos más profundos de las matemáticas de los siglos XX y XXI. Por ello, la geometría de Lorenz conecta la matemática newtoniana con algunos de los desarrollos matemáticos más modernos y apasionantes de los últimos años. Estas conexiones me convencieron de la importancia fundamental de la geometría fractal, no solo para las matemáticas, sino también para la física. Dejaré este último punto para la parte III del libro, pero aquí comentaré algunas de las conexiones matemáticas. Si no quieres seguir leyendo sobre esto, puedes pasar al capítulo siguiente.

Volvamos a la recta, el tipo más simple de geometría euclidiana. Como ya hemos dicho, si dibujamos una recta en una hoja de papel, podemos pensar que cada punto de la recta representa un número, como 1, $\sqrt{2}$ o π. Seguramente habrá algunos puntos de la recta que representen números como $1 + \sqrt{2}$, y $\sqrt{2} + \pi$, o incluso $\sqrt{2} \times \pi$. Puedes coger dos puntos cualesquiera de la recta y convertirlos en sus correspondientes números reales; después, suma o multiplica estos dos números reales para obtener un tercer número real, y por último vuelve a convertir este tercer número en un punto de la recta.

De este modo, podemos sumar o multiplicar dos puntos de la recta y obtener un tercer punto de la recta. Podemos hacer aritmética en la recta real utilizando números reales. Esto refleja el hecho de que existe una profunda conexión entre los números reales y la geometría euclidiana.

¿Se puede hacer aritmética con los puntos del conjunto de Cantor utilizando números reales? No. Si tomamos dos puntos del conjunto de Cantor, los convertimos en números reales y los sumamos o multiplicamos, este tercer número no corresponderá a un tercer punto del conjunto de Cantor. Sin embargo, esto no se debe a que no podamos realizar operaciones aritméticas en el conjunto de Cantor, sino que los números reales no están hechos para describir puntos del conjunto de Cantor. Como ya hemos dicho, la geometría fractal es fundamentalmente diferente de la geometría euclidiana. Por lo tanto, no debería sorprendernos que necesitemos un tipo diferente de sistema numérico para hacer aritmética en fractales.

Existe un sistema numérico —los números p-ádicos— que permite realizar operaciones aritméticas en fractales. Aquí p representa un número entero.[15] Es difícil imaginar que existan números que no estén descritos por números reales. Para que puedas hacerte una idea de la diferencia entre números reales y números p-ádicos, un número real como $\sqrt{2}$ puede escribirse en formato decimal como 1.41421356237... mientras que un posible número 10-ádico se escribe como ...739620285.643, donde los puntos se dirigen al infinito hacia la izquierda (correspondiendo a unos trozos cada vez más pequeños del fractal asociado). Es mejor pensar en un número p-ádico simplemente como un nuevo tipo de número, más adecuado para los conjuntos de Cantor que para las líneas. Las reglas para sumar y multiplicar números p-ádicos son muy similares a las de sumar y multiplicar números reales. Para el conjunto de Cantor mostrado en la Fig. 7, $p = 2$. De este modo, cada punto de un conjunto de Cantor puede representarse mediante un número 2-ádico.[16] Si sumamos o multiplicamos dos números 2-ádicos, la suma o el producto es un número 2-ádico y corresponde a un tercer punto del conjunto de Cantor.

Tenemos que generalizar la noción de conjunto de Cantor para que sea una representación geométrica de números 3-ádicos, o 5-ádicos, o más generalmente p-ádicos. Por ejemplo, la Fig. 12 muestra un conjunto de Cantor generalizado en el que empezamos con un disco bidimensional y, en la primera iteración, lo reducimos para crear 5 discos más pequeños dentro del disco original. Repetimos esta iteración una y otra vez para el conjunto de Cantor generalizado comprenda todos los puntos comunes a todas las iteraciones. Este conjunto de Cantor generalizado puede describirse matemáticamente mediante los números 5-ádicos.[17] Como antes, si tomamos dos puntos de este conjunto fractal, los convertimos en números 5-ádicos y sumamos o multiplicamos los números, el número

---

15 En matemáticas puras, suele ser un número primo: un número entero mayor que 1 solo divisible por sí mismo y por 1.

16 Técnicamente, un 2-ádico íntegro.

17 Un 5-ádico íntegro.

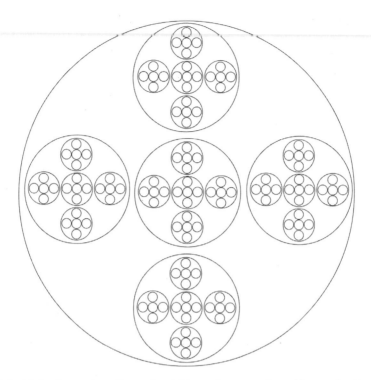

FIG. 12. La figura describe un fractal basado en una iteración que toma un disco bidimensional y lo mapea en 5 discos más pequeños. Generaliza el conjunto de Cantor con dos segmentos de línea iterados. Al igual que la recta real es una representación geométrica de los números reales, este disco fractal es una representación geométrica de los números 5-ádicos. Estos números desempeñan un papel fundamental en la teoría numérica moderna.

5-ádico resultante corresponde a otro punto del conjunto de Cantor generalizado. Es fácil generalizar esto para imaginar el aspecto de un fractal p-ádico para un p arbitrario.

Los números *p-ádicos* son el pan de cada día para los matemáticos puros y, en particular, para los teóricos de números. Un teórico de números es alguien interesado principalmente en comprender las propiedades de los números enteros {1, 2, 3...}. En cierto sentido, los números enteros son la «cantidad» de todos los números. El mayor matemático de todos los tiempos, el alemán del siglo XIX Carl Friedrich Gauss, describió las matemáticas como la reina de las ciencias y la teoría de números como la reina de las matemáticas. En su opinión, la teoría de números es la base de todo lo cuantitativo.

La importancia de los números p-ádicos era evidente para Andrew Wiles, que en 1995 demostró el famoso último teorema de Fermat. Pierre de Fermat fue un brillante matemático francés del siglo XVII. Su último teorema era en realidad una propiedad conjeturada[18] de los números enteros que el propio Fermat nunca fue capaz de demostrar. Esta conjetura cautivó a los matemáticos a lo largo de los siglos y se había convertido, hasta Wiles, en uno de los problemas sin resolver más famosos de las matemáticas.

Lo sorprendente de la demostración de Wiles es la variedad de ideas y técnicas matemáticas necesarias para descifrar el último teorema de Fermat. Sin embargo, una de las técnicas más importantes que utilizó Wiles gira en torno a la teoría de los números p-ádicos.

De cara al siglo XXI, uno de los más grandes teóricos contemporáneos de los números es el matemático alemán Peter Scholze. En 2018, Scholze ganó la Medalla Fields, el premio matemático más prestigioso para matemáticos menores de cuarenta años. Se la concedieron por «transformar la geometría algebraica aritmética sobre campos p-ádicos mediante su introducción de los espacios perfectoides». Estos perfectoides son ejemplos de geometría fractal. Teniendo en cuenta lo que he escrito, quizá no sorprenda que Scholze utilice números p-ádicos para describir sus espacios perfectoides. En una entrevista, Scholze dijo:[19] «Me parece que los números reales son mucho, mucho más confusos que los números p-ádicos. Me he acostumbrado tanto a ellos que ahora los números reales me parecen muy extraños».

Tal vez cabría imaginar que existen muchos tipos diferentes de geometría, además de la geometría euclidiana y la fractal. Sin embargo, hay un teorema de la teoría de números, el teorema de Ostrowski, que dice que no. Si la geometría que estás usando tiene una función de distancia asociada, como una métrica, entonces, según el teorema de Ostrowski, la métrica debe ser euclidiana o fractal,

---

18 No hay números enteros X, Y y Z mayores que 2, con $X^n + Y^n = Z^n$.

19 Quarmyne, Nyani. «El oráculo de la aritmética». *Revista Quanta* (2016) www.quantamagazine.org/peter-scholze-and-the-future-of-arithmetic-geometry-20160628.

representada por los números reales o los números p-ádicos, respectivamente.

Creo que la teoría de números y los números p-ádicos en particular desempeñarán un papel central en la física de los próximos años, y reflejarán la importancia de la geometría del caos.

Un teorema matemático del siglo XX que rivaliza en fama con la prueba de Wiles del último teorema de Fermat es el teorema de incompletitud de Gödel. También en este caso comparte un vínculo con la geometría fractal.

El lógico, matemático y filósofo Kurt Gödel nació en una parte del Imperio austrohúngaro (ahora la República Checa) en 1906 y comenzó su trabajo en Viena, antes de emigrar a Estados Unidos y convertirse en colega y amigo de Einstein. El resultado clave del teorema de Gödel es una fórmula que puede construirse a partir de las reglas de cualquier sistema lógico que sea lo suficientemente potente. Sin embargo, se trata de una fórmula extraña y autorreferencial. Gödel afirma que, si esta fórmula podía demostrarse, sería falsa.[20] Suponemos que la aplicación coherente de las reglas de cualquier sistema lógico solo producirá resultados verdaderos, así que la única forma de salir del dilema es reconocer que la fórmula de Gödel, aunque sea verdadera, no puede demostrarse.

En los años 30, el matemático británico Alan Turing, que posteriormente dirigió los trabajos de descifrado de códigos en Bletchley Park durante la Segunda Guerra Mundial, se dio cuenta de que el teorema de Gödel implicaba que ciertos problemas matemáticos no puedan resolverse mediante algoritmos: son «no computables». Como ejemplo, Turing demostró que un ordenador universal —un concepto que Turing definió— sería, en principio, incapaz de resolver un problema planteado por el matemático alemán David Hilbert unos años antes. El problema de Hilbert consistía en construir un algoritmo que, al introducir una proposición matemática, se detuviera si esta era verdadera. Cuando planteó el problema, Hilbert creía que no existía ningún problema irresoluble, mientras que Turing demostró que ningún algoritmo puede resolver el problema de detención.

---

20 Penrose, R. *The emperor's new mind*. Oxford: Oxford University Press, 1989.

Roger Penrose ha especulado con que la indecidibilidad de Gödel/Turing sustentará la teoría de la gravedad cuántica,[21] la teoría aún por descubrir que sintetiza la física cuántica y la gravitatoria. El propio Penrose obtuvo el Premio Nobel por su trabajo pionero sobre las singularidades espacio-temporales en la teoría geométrica de la gravedad de Einstein, la relatividad general. De hecho, al estudiar las propiedades del famoso conjunto fractal de Mandelbrot, Penrose especuló sobre el vínculo entre la indecidibilidad y la geometría fractal y, por ende, entre los fractales y la gravedad cuántica.[22] En 1993, el informático Simant Dube demostró el vínculo entre la indecidibilidad y la geometría fractal.[23] Lo demostró construyendo el ordenador universal de Turing con geometría fractal. De este modo, los problemas indecidibles como el problema de Hilbert pueden expresarse como problemas de geometría fractal. Dube hizo esto utilizando sistemas dinámicos llamados sistemas iterativos de funciones,[24] que son incluso más simples que las ecuaciones de Lorenz.[25] Un sistema iterativo de funcione puede producir figuras fractales como el triángulo de Sierpinski, que se muestra en la Fig. 13.

---

21 Penrose (1989). Algunos han argumentado que, puesto que la no computabilidad se refiere a propiedades de conjuntos innatos, no debería desempeñar ningún papel en la física. No estoy de acuerdo. La no computabilidad puede considerarse como un caso límite de los sistemas finitos que se denominan irreducibles computacionalmente. La irreducibilidad computacional es un concepto propuesto por Wolfram (2002). La idea es que no se puede describir completamente el comportamiento de un sistema computacionalmente irreducible utilizando un modelo computacionalmente más simple de ese sistema. En tal situación, el sistema computacionalmente más simple siempre será una representación incompleta del sistema completo. Se puede considerar que la no computabilidad describe el carácter incompleto de un sistema cuya representación más simple es algorítmica pero, por lo demás, tan compleja como queramos

22 Penrose, *The emperor's new mind*.

23 Dube, S. «Undecidable problems in fractal geometry». *Complex Systems* (1993): 7, 423–444.

24 Barnsley, M. F. *Superfractals*. Cambridge: Cambridge University Press, 2006.

25 Sin embargo, Blum *et al.* (1998) fueron capaces de demostrar directamente que el problema de encontrar un algoritmo que se detenga si un punto elegido en el espacio de estados se encuentra en un atractor fractal, como el atractor de Lorenz, es algorítmicamente imposible.

Este triángulo fractal es para el sistema de funciones iteradas lo que el atractor de Lorenz es para las tres ecuaciones de Lorenz. Es decir, no importa de qué punto del plano se parta, el sistema iterativo de funciones acaba operando solo en los puntos del triángulo de Sierpinski; el triángulo es un atractor fractal del sistema iterativo de funciones. Dube demostró que un problema similar al problema de detención de Hilbert era equivalente a preguntarse si una línea dada cruza el atractor fractal del sistema iterativo de funciones. Si se pudiera determinar mediante un algoritmo si una línea dada cruza un fractal, entonces un punto de intersección, o la ausencia del mismo, podría utilizarse para determinar si la máquina de Turing correspondiente se había detenido (en el estado correspondiente al punto de intersección). Como no podemos conocer por ningún algoritmo si tal máquina de Turing se detendrá, no podemos conocer por algoritmo si la línea cruzará o no el fractal.

La idea de que la geometría fractal proporciona una forma de entender los misterios de la física cuántica será un punto de discusión en la parte III de este libro.

FIG. 13. El triángulo de Sierpinski, el atractor fractal de un sistema iterativo de funciones.

3

MARIPOSAS RUIDOSAS Y MILLONARIAS

Observar cómo fluye el agua por una cascada puede ser fascinante. El flujo en la parte superior es bastante suave, «laminada», como se dice a veces. Pero, a medida que desciende, el agua se rompe en mil pedazos. Aunque intentásemos seguir la trayectoria de una pequeña parcela de agua, el agua se rompe en trozos tan pequeños que pronto se vuelven demasiado pequeños para seguirlos de forma individual. ¿Es la ciencia del caos para sistemas tan complejos similar o diferente a lo que Lorenz había descubierto con su modelo de tres variables? Pronto descubriremos que el crecimiento de la incertidumbre en estos sistemas complejos es como el caos con esteroides, tanto que nuestros modelos matemáticos deterministas parecen fallarnos. Esto tiene importantes consecuencias, cuyas implicaciones van mucho más allá de las cataratas.

El carácter omnipresente de la turbulencia ha fascinado y dejado perplejos a los científicos durante años. Werner Heisenberg, uno de los padres fundadores de la mecánica cuántica, hizo una famosa observación: «Cuando me encuentre con Dios, le haré dos preguntas. ¿Por qué la teoría de la relatividad de Einstein? ¿Y por qué la turbulencia? Creo que solo tendrá una respuesta para la primera».

Como veremos más adelante, la turbulencia sigue siendo una incógnita para los matemáticos. Uno de los problemas matemáticos más importantes sin resolver se refiere a la cuestión de hasta qué punto es predecible el flujo de un fluido turbulento. ¿Hasta dónde podría predecir el demonio de Laplace el movimiento de un pequeño fragmento de agua en una cascada? ¿El fondo? ¿Una décima parte? La persona que pueda resolver este problema sin duda recibirá grandes premios y elogios. Como explicaré en este capítulo, es posible que el fenómeno del caos descrito en los dos últimos capítulos no sea lo bastante impredecible como para describir la turbulencia de forma adecuada.

En la década de 1940, el matemático ruso Andrey Kolmogorov desarrolló un modelo matemático de la turbulencia. En su modelo, un fluido turbulento se caracteriza por un espectro de remolinos o torbellinos que interactúan, algunos grandes, otros medianos y otros pequeños. La energía se inyecta a mayor escala, por ejemplo, al agitar un tanque de agua con una gran paleta o, en el caso de la atmósfera, por el sol, que calienta las regiones ecuatoriales de la Tierra. A continuación, la energía desciende en cascada[1] a escalas cada vez más pequeñas, donde acaba disipándose al aumentar el movimiento irregular de las moléculas individuales, que se manifiesta en el calentamiento general del fluido. Como hemos visto, este efecto de disipación se caracteriza por una propiedad de fricción interna del fluido denominada viscosidad. A continuación, tenemos una breve descripción de la cascada de energía de Kolmogorov por el polímata Lewis Fry Richardson (con quien nos encontraremos varias veces en este libro):[2]

---

1 Debido a la rotación de la Tierra, la teoría de Kolmogorov debe modificarse ligeramente para describir las turbulencias a gran escala en la atmósfera.

2 Inspirado en un poema satírico de Jonathan Swift sobre la política de su época.

FIG. 14. Simulación por ordenador de una turbulencia, caracterizada por un espectro de remolinos, algunos grandes y otros pequeños. Volveremos a referirnos a esta simulación en varias ocasiones.

Los grandes remolinos tienen pequeños remolinos
que se alimentan de su velocidad,
y los pequeños remolinos tienen menos remolinos
Y así hasta la viscosidad.

En la Fig. 14 se muestra un ejemplo de flujo de fluido turbulento con múltiples torbellinos de diferentes escalas.

La propia atmósfera es un sistema de fluidos turbulentos. Los remolinos más grandes de la atmósfera son las corrientes en chorro,[3] unos ríos de aire que se mueven rápidamente en la estratosfera. Los aviones evitan las corrientes en chorro cuando vuelan de este a oeste, e intentan alcanzarlas cuando vuelan de oeste a este. La ubicación de las corrientes en chorro no es fija, sino que varía de un día a otro, de un mes a otro y de una estación a otra. Además, no siempre fluyen directamente de oeste a este, sino que pueden presentar grandes meandros o curvas hacia latitudes más altas y más bajas (como los meandros de un río de agua en su camino hacia el mar). Estos meandros pueden extenderse hasta 10 000 km aproximadamente y

---

3   Woollings, T. *Jet stream: A journey through our changing climate.* Oxford: Oxford University Press, 2019.

pueden provocar largos periodos de tiempo inusual. En febrero de 2021, un meandro de la corriente en chorro provocó en Texas un récord de frío durante unos diez días. En julio de 2021, otro meandro provocó temperaturas máximas récord en algunas zonas de la Columbia Británica, que alcanzaron casi los 50 °C (122 °F).

Las corrientes en chorro, a su vez, determinan la evolución de los sistemas meteorológicos de bajas presiones —o ciclones de latitudes medias, como se les suele llamar— que habitualmente traen lluvias y fuertes vientos a quienes vivimos en regiones de latitudes medias. Estos ciclones de latitudes medias pueden llegar a tener una escala de unos 1 000 km (620 millas), por lo que su escala espacial es menor que la de los meandros de las corrientes en chorro. En el interior de un ciclón, las regiones de aire cálido y frío están separadas por frentes, cerca de los cuales se agrupan muchas nubes de tormenta. Las grandes nubes de tormenta pueden tener escalas de entre 10 y 100 km (6,2 y 62 millas). En el interior de cada nube, el aire puede ser especialmente turbulento, razón por la cual volar a través de las nubes puede ser una experiencia desagradable. *In extremis*, estos remolinos turbulentos pueden hacer que un avión se estrelle. Además, en uno de estos remolinos puede haber torbellinos aún más pequeños que, aunque no sean lo bastante enérgicos como para golpear a un avión, pueden ser detectados por algunos globos. Y así hasta llegar a la viscosidad.

El movimiento de los fluidos se describe matemáticamente mediante una ecuación que fue descubierta de forma independiente en el siglo XIX por el matemático francés Claude Navier y el irlandés George Stokes. Basada en las leyes del movimiento de Newton, la ecuación no lineal de Navier-Stokes[4] describe, con veintitrés símbolos, el movimiento de cada torbellino de la atmósfera, desde el más pequeño al más grande (véase la Fig. 15). Al estar basada en las leyes de Newton, la ecuación de Navier-Stokes es determinista; no contiene términos indeterminados o aleatorios.

---

4   A menudo se hace referencia a la ecuación de Navier-Stokes en plural, es decir, como «ecuaciones». Sin embargo, se trata esencialmente de la misma ecuación para cada una de las tres direcciones diferentes del espacio físico. Para el concepto de simplicidad conceptual, la describiré en singular.

FIG. 15. La ecuación de Navier-Stokes como una obra de arte.

Esta ecuación parece generar un tipo de imprevisibilidad e incertidumbre que es mucho más radical que el tipo de caos que hemos conocido hasta ahora: el demonio de Laplace no solo no puede predecir el futuro, sino que no puede predecir más allá de un horizonte temporal finito fijo. Este notable resultado fue expuesto en un artículo publicado por Ed Lorenz (sí, él otra vez) en 1969,[5] seis años después de que se publicara su famoso artículo sobre la geometría del caos. He aquí parte del resumen del artículo de Lorenz de 1969:

---

5 Lorenz, E. N. «The predictability of a flow which possesses many scales of motion», *Tellus* 3 (1969): 290-307.

Se propone que ciertos sistemas de fluidos deterministas que poseen muchas escalas de movimiento son indistinguibles en términos de observación de los sistemas indeterministas; en concreto, dos estados del sistema que difieren inicialmente en un pequeño «error observacional» pueden evolucionar a dos estados completamente diferentes del sistema elegidos al azar en un intervalo de tiempo finito *que no puede alargarse, aunque se reduzca la amplitud del error inicial.*

La última cláusula (la cursiva es mía) es la que importa. En el tipo de caos descrito en el último capítulo: cuanto más podamos reducir la incertidumbre en el estado inicial, más lejos podremos predecir. Dicho de otro modo, dime con cuánta antelación quieres predecir y te diré con cuánta precisión necesitas conocer las condiciones iniciales. Sin embargo, según el artículo de Lorenz de 1969, en un sistema complejo que contiene muchas escalas de movimiento que interactúan entre sí, no se podrá predecir más allá de un horizonte de predictibilidad fijo, por muy bien que se conozcan las condiciones iniciales. En este caso, el límite en el que la incertidumbre en las condiciones iniciales es estrictamente cero es lo que se denomina límite singular. Según Lorenz, aunque la incertidumbre fuera distinta de cero de forma infinita, no podríamos predecir más allá de un horizonte finito en el tiempo. Volveremos a encontrarnos con los límites singulares cuando hablemos de física cuántica.

Lorenz dio una de sus populares ponencias de 1969 en una reunión de 1971 de la Academia Americana para el Avance de la Ciencia. Esta charla de 1971 se ha hecho famosa por el título: «¿El aleteo de las alas de una mariposa en Brasil puede provocar un tornado en Texas?», que es el origen de la frase «el efecto mariposa». Lo que voy a describir es el significado original de la frase «el efecto mariposa».[6] Es más radical que el significado que se le suele atribuir hoy en día, descrito en el capítulo 1.

Para resolver la ecuación de Navier-Stokes, necesitamos un ordenador muy potente. Para utilizarlo, primero hay que transformar la ecuación de Navier-Stokes en una forma que sea compatible con el ordenador. Para ello, se crea una representación matemática finita

---

6   Palmer *et al.* «The real butterfly effect», *Non-linearity* 27 (2014): R1234-R141.

de la atmósfera dividiéndola en una serie de volúmenes pequeños pero finitos que se denominan «cuadrículas» (véase la Fig. 16). En esta representación matemática, se supone que la atmósfera es homogénea y, por lo tanto, invariable a escalas menores que la escala de la cuadrícula. Es decir, en esta representación matemática finita, todas las escalas turbulentas de movimiento que son más pequeñas que la escala de la caja de rejilla no tienen importancia y por lo tanto se eliminan de la representación informática de la ecuación de Navier-Stokes. Por lo tanto, la representación de la ecuación de Navier-Stokes que ve el ordenador no es la ecuación original, sino el modelo matemático basado en esta atmósfera simplificada.

Cuanto menor sea el tamaño de la cuadrícula, más precisa será la representación informática de la ecuación de Navier-Stokes. Sin embargo, cuanto más pequeña sea la cuadricula, más potente será el ordenador que necesitemos para resolver la ecuación. Supongamos que las cuadrículas de nuestro modelo tienen una dimensión horizontal de 100 km,[7] que podría describir un modelo de previsión meteorológica de hace unas décadas.

Para estimar el tiempo futuro, necesitaremos un conjunto de condiciones iniciales correspondientes al tiempo actual.[8] Estas condiciones iniciales (temperatura, presión, velocidad del viento, humedad, etc., en todo el mundo) se determinan mediante observaciones del tiempo actual. Estas proceden de una combinación de mediciones a distancia por satélite y de instrumentos *in situ* instalados en globos meteorológicos.

Supongamos que disponemos de abundantes observaciones precisas de la atmósfera en todo el planeta. Esto no significa que las condiciones iniciales de nuestro modelo de previsión meteorológica sean perfectas y sin errores. Como ya se ha mencionado, en los estados iniciales del modelo no se perciben los remolinos de la atmósfera a escalas inferiores a 100 km, aunque tengamos observaciones de

---

7 Esto significa que los dos lados horizontales tienen un tamaño de 100 km. El lado vertical del volumen sería mucho más pequeño que esto, digamos 1 km.

8 La ecuación de Navier-Stokes no es la única ecuación necesaria para predecir el tiempo, pero sin duda es fundamental.

estos remolinos a pequeña escala. Debido al tamaño finito de las cuadrículas del modelo, no podemos «asimilar»[9] toda la información por debajo de los 100 km proporcionada por las observaciones en el estado inicial del modelo.

Supongamos ahora que nos interesa predecir sistemas meteorológicos solo a escalas de, digamos, 1 000 km o más. Podríamos pensar que, en consecuencia, no tenemos que preocuparnos de que falten las escalas inferiores a 100 km en las condiciones iniciales del modelo. Sin embargo, nos equivocaríamos al pensar esto. Debido a la naturaleza no lineal de la turbulencia, estos errores iniciales a escala inferior a 100 km crecerán en amplitud y en escala espacial a medida que avance la previsión. Al cabo de unos días, se convertirán en grandes errores de previsión a una escala de 1 000 km. Con el tiempo, incluso las previsiones de los meandros de 10 000 km de la corriente en chorro serán erróneas debido a la ausencia de escalas inferiores a 100 km.

Con un modelo de cuadrícula de 100 km, podemos predecir, por término medio, patrones meteorológicos de 1 000 km con una semana de antelación. No está mal, pero supongamos que queremos predecir la evolución diaria del tiempo con tres semanas de antelación. Una forma de mejorar la previsión sería reducir el tamaño de la cuadrícula de, por ejemplo, 100 km a 50 km. Esto aumentaría el número de cuadrículas de nuestro modelo, lo que significa que necesitaremos un ordenador más potente para hacer las previsiones.

Supongamos que disponemos de un nuevo ordenador. Con el nuevo modelo, los errores en las condiciones iniciales del modelo informático se limitarán ahora a escalas inferiores a 50 km, en lugar de 100 km. Esto reducirá el error de las condiciones iniciales y nos permitirá predecir el tiempo para más de siete días. ¿Pero por cuánto tiempo?

En su artículo de 1969, Lorenz llegó a la conclusión de que duplicar la resolución del modelo no supondría conocer siete días más

---

9   El proceso de utilizar observaciones para construir el estado inicial de un modelo meteorológico se denomina «asimilación de datos». Se trata de un procedimiento matemáticamente complejo.

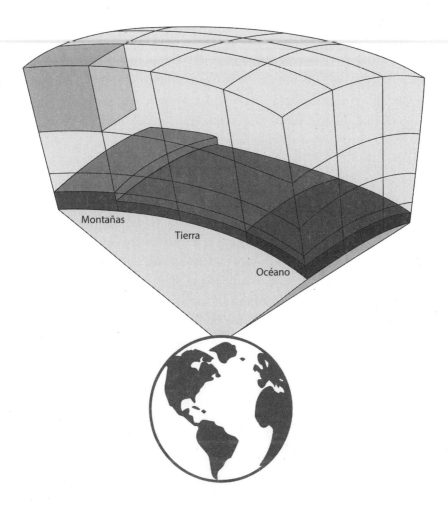

FIG. 16. Esquema de las cuadrículas de un modelo atmosférico.

de tiempo de previsión. Utilizando la teoría desarrollada por Kolmogorov, estimó que una duplicación de la resolución solo nos daría $7 / 2 = 3,5$ días más de tiempo de predicción. La razón fundamental es que, según la teoría de Kolmogorov, los errores crecen más rápido a escalas más pequeñas. Por ejemplo, un pequeño error en la estructura de un sistema meteorológico a escala de 1 000 km se duplicará al cabo de uno o dos días de previsión, mientras que un pequeño error en la estructura de una nube a escala de 1 km se duplicará al cabo de solo una o dos horas.

Siguiendo con este razonamiento, Lorenz argumentó que cada duplicación de la resolución del modelo aumentará nuestro tiempo de predicción solo en la mitad de lo que consiguió la duplicación anterior. Así, si reducimos el tamaño de una cuadrícula de nuestro modelo en una serie de pasos de 100 km a 50 km, de 25 km a 12,5 km, nuestro tiempo de predicción aumentará de 7 días a $7(1 + \frac{1}{2}) = 10,5$ días, a $7(1 + \frac{1}{2} + \frac{1}{4}) = 12,25$ días, a $7(1 + \frac{1}{2} + \frac{1}{4} + 1/8) = 13,125$ días. Se trata claramente de una ley de rendimientos decrecientes, ya que cada duplicación de la resolución del modelo proporciona una ganancia cada vez menor en el tiempo de predicción.[10]¿Ves el problema? Si seguimos aumentando la resolución del modelo una y otra y otra vez hasta que las cuadrículas sean infinitesimalmente pequeñas —en cuyo caso, con nuestras observaciones perfectas, el error inicial también será infinitesimalmente pequeño—, nunca seremos capaces de predecir el futuro, como podríamos pensar que deberíamos ser capaces, dado el determinismo de la ecuación de Navier-Stokes. En lugar de eso, solo podremos predecir un máximo de $7(1 + \frac{1}{2} + \frac{1}{4} + 1/8 + 1/16…)$ días, donde ahora hay un número infinito de fracciones dentro de los paréntesis, cada una la mitad de la anterior. En este límite, la escala temporal de predictibilidad suma $7 \times 2 = 14$ días, porque $1 + \frac{1}{2} + \frac{1}{4} + 1/8 + 1/16… = 2$. Es decir, aun con observaciones perfectas del tiempo, solo podemos predecir con antelación unos 14 días. En esta situación, la idea de predecir con 3 semanas de antelación sería en principio imposible, incluso para un ser omnisciente como el demonio de Laplace. Este es el verdadero significado del efecto mariposa.

Sin embargo, ¿existe el efecto mariposa? Bueno, la ecuación de Navier-Stokes no tiene en cuenta la física cuántica, por lo que llegar al límite de los errores a escala infinitesimal es artificial. Una pregunta mejor sería esta: ¿Presenta la ecuación de Navier-Stokes un horizonte de predictibilidad finito? La verdad es que no lo sabemos con certeza. En su artículo de 1969, Lorenz era plenamente

---

10 De hecho, duplicar la resolución de este modo suele requerir hasta dieciséis veces más recursos informáticos: ocho veces porque un volumen es tridimensional, y además hay que reducir los pasos temporales en los que se calcula la solución para evitar que el modelo se vuelva inestable desde el punto de vista informático.

consciente de que no había demostrado rigurosamente que el problema de los valores iniciales de la ecuación de Navier-Stokes tuviera un horizonte de predictibilidad finito; sus argumentos eran plausibles, pero no alcanzaban el nivel riguroso de las pruebas matemáticas. Por eso en el resumen antes citado dice «se *propone* que», no «se *demuestra* que». De hecho, más de cincuenta años después, seguimos sin saber si el efecto mariposa existe de verdad o no. Comprender esta propiedad de la ecuación de Navier-Stokes sigue siendo uno de los problemas sin resolver más importantes de las matemáticas: es uno de los problemas del Premio del Milenio del Instituto Clay de Matemáticas, establecido a principios del siglo XXI.[11] Esta lista de problemas es la versión actualizada de un conjunto de problemas matemáticos planteados por el matemático alemán David Hilbert a principios del siglo XX.[12] El que resuelva cualquiera de los problemas del Premio del Milenio ganará un premio de un millón de dólares, de ahí el título de este capítulo. El único problema del Premio del Milenio que ha sido resuelto en el momento de escribir estas líneas es uno planteado por Poincaré en el campo de la topología.

Por otro lado, las pruebas de los modelos informáticos sugieren que el efecto mariposa sí existe en la práctica. No disponemos de ordenadores lo bastante potentes como para reducir el tamaño de las cuadrículas a la escala de las mariposas, pero, si reducimos el tamaño de las cuadrículas al de las nubes individuales, podemos observar que las previsiones meteorológicas a gran escala pueden ser muy sensibles a las incertidumbres de estas estructuras nubosas a pequeña escala. Y no solo eso: catorce días parecen ser el límite hasta el que podemos predecir el movimiento detallado de los sistemas meteorológicos, por término medio.

Esto nos remite al debate del capítulo 1 sobre por qué el tiempo es imprevisible. En los años cincuenta, los expertos decían que era impredecible porque la atmósfera es turbulenta y contiene muchos

---

11 Clay Mathematics Institute, n.d.: Millennium problems. www.claymath.org/millennium-problems

12 Uno de los problemas, la famosa hipótesis de Riemann, se encuentra en ambas listas.

remolinos y torbellinos de diferentes escalas. He mencionado que la intuición de Lorenz en aquella época era que la atmósfera sería impredecible, aunque tuviera tan solo tres grados de libertad.

Ambos puntos de vista son correctos. En 1963, Lorenz demostró que un modelo con solo tres variables podía ser caóticamente impredecible. Sin embargo, en 1969 Lorenz demostró que los expertos también tenían razón: un sistema con un número muy elevado de variables (remolinos grandes y remolinos pequeños) podía ser *mucho* más impredecible que un sistema con un número muy reducido de variables. En la práctica, esta última es la razón principal por la que la atmósfera es impredecible.

Por ello, hay que distinguir entre lo que se denomina caos de baja dimensión y caos de alta dimensión). Aquí la palabra «dimensión» se refiere a la dimensión del espacio de estados, es decir, al número de variables necesarias para describir el sistema estudiado. Recordemos como ejemplo el espacio de estados de los pantalones. El número de variables de un sistema descriptible mediante caos de bajo orden es lo suficientemente pequeño como para que todas ellas puedan representarse en un ordenador. En cambio, el número de variables de un sistema descriptible por caos de alta dimensión es tan grande que no todas pueden representarse en un ordenador. El modelo de Lorenz descrito en los capítulos 1 y 2 es un ejemplo de caos de baja dimensión. La turbulencia, descrita por la ecuación de Navier-Stokes, es un ejemplo de caos de alta dimensión.

Sin embargo, ahora nos encontramos ante un dilema. Por un lado, debemos limitar el número de torbellinos para poder resolver la ecuación de Navier-Stokes, ya que debemos reducir la dimensión del espacio de estados meteorológicos a una escala que pueda manejar un superordenador potente, unos mil millones. Sin embargo, al hacerlo, el modelo ha perdido todo conocimiento de las mariposas (es decir, pequeños remolinos) de la atmósfera. Como hemos visto, estas mariposas pueden hacer, y harán, que la previsión meteorológica se descarrile por completo al cabo de un tiempo finito. Un modelo sin estas mariposas podría producir previsiones detalladas que, en realidad, podrían ser un completo disparate. Y si es así, las previsiones nos llevarán a predecir cosas que quizá nunca ocurran o, en el caso de Michael Fish, a no predecir cosas que sí ocurrirán.

Podemos resolver este problema representando estas mariposas que aletean mediante números aleatorios. Es decir, hacemos que nuestros modelos contengan ruido deliberadamente.[13] Una palabra elegante para designar la arbitrariedad es la «estocasticidad». De este modo, los modelos modernos de previsión meteorológica (y, cada vez más, los modelos climáticos; véase el capítulo 6 para saber más) son estocásticos por naturaleza. Si ejecutamos un conjunto de previsiones utilizando nuestro modelo meteorológico estocástico, aunque cada miembro del conjunto tenga condiciones iniciales absolutamente idénticas, los miembros individuales del conjunto seguirán distanciándose entre sí, porque cada miembro del conjunto tiene diferentes realizaciones del ruido aleatorio en las ecuaciones del modelo. Dicho de otro modo, para representar un sistema caótico de alta dimensión en un ordenador, primero debemos truncar el sistema para que sea un sistema caótico de baja dimensión y luego añadir el ruido para representar las escalas de movimiento (los pequeños remolinos) que han sido eliminados por el truncamiento.

Las consecuencias de utilizar el ruido para modelar los sistemas caóticos de alta dimensión van mucho más allá de la predicción meteorológica, como veremos.

Si los números aleatorios crean el ruido, entonces surge la pregunta: ¿Qué son los números aleatorios? Es una pregunta difícil de responder; al menos se puede decir que no es arbitrario. La secuencia de números (0, 1, 2, 3, 4,5…) no es aleatoria porque hay un patrón obvio en la secuencia: el siguiente número es uno más que el anterior. Así que, ciertamente, una secuencia de números aleatorios no debería mostrar ningún patrón como este.

En informática, los números aleatorios se crean mediante «generadores de números pseudoaleatorios» (GPAN, en español, o PRNG,

---

13 Palmer, T. N., «Stochastic weather and climate models», *Nature Reviews Physics* 1 (2019): 463-471.

por sus siglas en inglés). Los PRNG son, de hecho, piezas deterministas de código informático que producen secuencias de números sin ningún patrón obvio. Esto puede parecer contradictorio: ¿Cómo se puede generar arbitrariedad a partir del determinismo? De hecho, es una contradicción, y la contradicción tiene consecuencias. Un PRNG barato desde el punto de vista computacional arrojará números que pueden parecer aleatorios, pero que, cuando se analizan con más detalle, revelan patrones. Lo peor de todo es que los números de un PRNG empezarán a repetirse con el tiempo, una garantía segura de que este no es aleatorio en absoluto. La solución consiste en aumentar la complejidad del código informático del PRNG. Sin embargo, si seguimos aumentando su complejidad, acabará siendo tan caro computacionalmente como representar las mariposas que truncamos en primer lugar. Por lo tanto, tenemos que tomar una decisión. Necesitamos un PRNG que sea lo suficientemente complejo como para emular la aleatoriedad lo suficientemente bien, pero que siga siendo barato en comparación con la simulación de los procesos que representa la arbitrariedad.

Sin embargo, puede haber una alternativa fascinante a los PRNG en el futuro de los ordenadores: utilizar el ruido creado directamente del *hardware* del ordenador. Por ejemplo, como se mencionó en la introducción, si bajamos el voltaje de un transistor de un ordenador, su funcionamiento empezará a ser bastante «ruidoso». El transistor se volverá sensible al movimiento aparentemente aleatorio de átomos y moléculas asociado a su energía térmica. De hecho, si los transistores son lo suficientemente pequeños, el ruido empezará a asociarse directamente con la física cuántica (por ejemplo, a través del proceso llamado efecto túnel). De este modo, la fuente última de ese ruido basado en el hardware es el ruido cuántico, que se cree que es la forma más pura de aleatoriedad posible en el universo.

De este modo, puede ser posible generar un ruido más o menos aleatorio para truncar nuestros modelos caóticos de alta dimensión, no con un pequeño coste computacional como sería el caso con un PRNG, sino con un coste negativo. Es decir, bajando los voltajes, podemos hacer funcionar el ordenador utilizando menos energía que cuando funcionaba de forma determinista. Espero que así funcionen algunos superordenadores de la próxima generación[14] —muchos de sus chips podrían ser procesadores indeterministas de bajo consumo energético—.

Un momento. ¿Por qué intentamos generar ruido? Normalmente pensamos en el ruido como una molestia, algo que hay que eliminar o que tenemos que minimizar. En la teoría de la detección de señales solemos hablar de la relación «señal/ruido» y nos esforzamos por maximizarla o aumentando la señal o reduciendo el ruido todo lo posible.

Sin embargo, en los sistemas caóticos, el ruido puede ser un recurso positivo y útil, y no algo que debamos intentar eliminar o minimizar. Quizá sea un mensaje paradójico, pero se encuentra en el corazón de la filosofía no lineal que sustenta este libro. Se trata de un punto tan importante que quiero dar algunos ejemplos de cuándo el ruido puede desempeñar un papel importante, sin que la señal se vea implicada —la imagen intuitiva que tenemos del ruido—, y que incluso provoque que la señal sea más fácil de reconocer. En todos los ejemplos siguientes, la no linealidad desempeña un papel crucial.

Fíjate en las cifras de porcentaje de la izquierda de la Fig. 17. Los píxeles de las cifras están hechos de diferentes tonos de gris (el negro sólido correspondería al 100 % y el blanco liso al 0 %).

Supongamos que queremos transmitir el gris de una de las figuras, pero solo podemos transmitir un bit de información por píxel: 0 (blanco) o 1 (negro). Para los porcentajes del centro de la Fig. 17, los tonos de gris más claros se truncan simplemente en 0, y los más oscuros en 1. Está claro que hemos perdido mucha información. De hecho, ahora no podemos ver la mitad de las cifras, porque se han truncado a la misma blancura que la de la página.

Sin embargo, hay una forma alternativa de truncar un tono de gris a 1 bit, y es utilizar ruido. Los resultados son casi mágicos: véanse las figuras de la derecha en la Fig. 17. Como ejemplo, piensa en un elemento de píxel en la figura del «30 %». En lugar de truncarlo a 0, primero elegimos aleatoriamente una fracción entre 0 y 1 (por ejemplo, utilizando un PRNG) asumiendo que todas las

---

14 Palmer, T. N., «Build imprecise computers», *Nature* 526 (2015): 32-33.

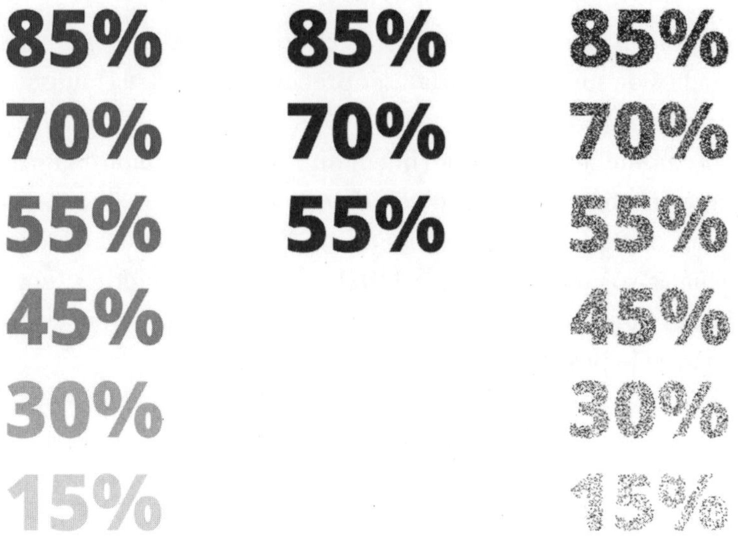

85% **85%** **85%**
70% **70%** **70%**
55% **55%** **55%**
45% **45%**
30% **30%**
15% **15%**

Redondeo
determinista

Redondeo
estocástico

FIG. 17. Redondeo estocástico. A la izquierda se muestran cifras porcentuales en diferentes tonos de gris. En el centro, el tono de gris se redondea a un bit (blanco o negro) de forma sistemática. A la derecha, el tono de gris también se redondea a un bit (blanco o negro), pero de forma más estocástica, es decir, utilizando ruido aleatorio. Está claro que hay más información en el lado derecho que en el central.

fracciones tienen la misma probabilidad. Si el número elegido al azar es mayor que 0,3, entonces truncamos el sombreado del píxel a 0 (blanco). Si el número elegido al azar es menor (o igual) que 0,3, entonces truncamos el valor del píxel a 1 (negro). Hay un 70% de posibilidades de que el número elegido al azar sea mayor que 0,3. Por lo tanto, es más probable que el píxel se trunque en blanco. Por el contrario, si consideramos un elemento de píxel en la cifra del «70%», lo truncaremos a blanco si el número elegido al azar es mayor que 0,7. Es más probable que el píxel se trunque en negro.

Si utilizamos un procedimiento similar, realizando este «redondeo estocástico» a todos los píxeles y eligiendo números aleatorios independientes para cada píxel, acabamos con algo parecido a la parte derecha de la Fig. 17. Vaya, ¡los porcentajes que faltaban han reaparecido! El ruido ha amplificado la señal.

Float64

Float16

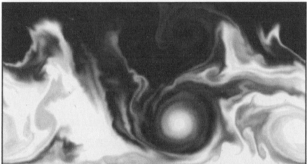

Float16 + redondeo estocástico

FIG. 18. Arriba, una copia de la simulación de la turbulencia del fluido mostrada en la Fig. 14. Aquí, las variables individuales del fluido en la simulación están representadas por números de 64 bits. Esta representación es la predeterminada en el cálculo científico, pero consume muchos recursos informáticos. En la imagen del medio, el número de dígitos binarios que representan las variables de fluido individuales en la simulación se ha reducido de 64 a 16. Los torbellinos turbulentos de la simulación pierden realismo en comparación con la figura superior. Abajo, la imagen de misma simulación, pero en este caso se ha utilizado la técnica de redondeo estocástico al truncar a 16 bits. Ahora la simulación es prácticamente idéntica a la de la figura de arriba. El ruido ha hecho que la simulación sea más precisa. De Paxton *et al.* (2022).

El redondeo estocástico está empezando a desempeñar un papel importante en la modelización meteorológica.[15] La Fig. 18 es una simulación de turbulencia, como la Fig. 14, pero en este caso cada variable de fluido está representada por 16 bits en lugar de la «precisión» numérica por defecto en el cálculo científico, que es de 64 bits. Hay una buena razón para intentar utilizar el menor número de bits posible al realizar un cálculo. La mayor parte de la energía de un superordenador moderno se emplea en transportar bits de información dentro del ordenador, por ejemplo, de la memoria a una unidad de procesamiento. Si se puede condensar la información en paquetes de 16 bits en lugar de 64, se ahorrarán unas tres cuartas partes de la energía que de otro modo se emplearía en mover los datos. El problema es que el cálculo de 16 bits no es tan preciso como el de 64 bits, porque se pierde algo de información en el cálculo de 16 bits. Sin embargo, al aplicar el redondeo estocástico a las representaciones de 16 bits de las variables, como se muestra en el panel inferior de la Fig. 18, el resultado es casi idéntico al cálculo original de 64 bits.

Creo firmemente que los futuros ordenadores electrónicos deben desarrollar este tipo de capacidad de redondeo estocástico en el hardware.[16] Con varios miles de millones de variables en un modelo meteorológico, decenas de miles de millones de bits se transportan innecesariamente dentro del ordenador cuando cada variable se representa con 64 bits. Esto es ineficiente desde el punto de vista energético y limita la velocidad a la que el ordenador puede realizar los cálculos.

Estos no son los únicos ejemplos en los que se puede demostrar que el ruido es un recurso bastante valioso.

Supongamos que queremos encontrar el punto más alto de una curva complicada, como la que se muestra en la Fig. 19. Un algoritmo determinista para encontrar este punto más alto normalmente empezaría en algún punto inicial arbitrariamente elegido en

15 Paxton, E. Adam, *et al.* «Climate modeling in low precision: Effects of both deterministic y stochastic rounding». *Journal of Climate* (2022): vol. 35, no 4, 1215-1229.

16 Después de escribir esto, he descubierto que una empresa llamada Graphcore está fabricando un procesador de ordenador con esa capacidad.

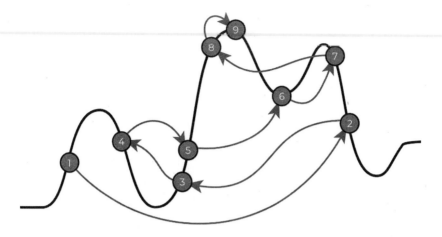

FIG. 19. El algoritmo de recocido simulado, también llamado temple simulado, cristalización simulada o enfriamiento simulado, es un algoritmo que utiliza el ruido para encontrar el punto más alto de un conjunto complicado de picos y valles. Aquí se muestra el algoritmo progresando hasta el pico más alto en nueve pasos.

la curva y luego simplemente se movería un paso a la izquierda o un paso a la derecha dependiendo de la dirección hacia arriba. Sin embargo, un algoritmo de este tipo se atascaría en un pico local. Una vez en este pico local, ambas direcciones serían «hacia abajo» y el algoritmo pensará erróneamente que ha alcanzado el punto más alto y se detendrá.

Sin embargo, existe un algoritmo (llamado recocido simulado, temple simulado, cristalización simulada o enfriamiento simulado,) que utiliza números aleatorios para encontrar el punto más alto. Imaginemos que el algoritmo lleva un rato funcionando y ha llegado a un punto de la curva que todavía no es el punto más alto: veamos qué ocurre en el siguiente paso del algoritmo.

En primer lugar, el algoritmo consulta un PRNG, que sugiere aleatoriamente un nuevo punto en el gráfico para que el algoritmo lo tenga en cuenta. En primer lugar, el algoritmo comprueba si el punto sugerido está en una posición superior en la curva que el punto anterior. Si está más arriba, entonces el algoritmo acepta la sugerencia del PRNG y pasamos al siguiente paso del algoritmo. Si, por el contrario, el nuevo punto es más bajo que el punto original, el algoritmo no rechaza la sugerencia del PRNG de forma automática. A medida que avanza el algoritmo, cada vez es menos probable que se acepte un punto que sea sustancialmente más bajo que el punto actual. Es decir, en las primeras etapas, el algoritmo no será demasiado quisquilloso a la hora de aceptar un punto sustancialmente inferior, pero más adelante se vuelve más exigente a la hora de aceptar tal degradación. Esta última característica recuerda al recocido de metales, de ahí el nombre del algoritmo: cuando un metal está caliente, en las primeras fases el metal es bastante maleable; sin embargo, a medida que el metal se enfría, se vuelve más rígido.

La Fig. 19 muestra el algoritmo de templado simulado en funcionamiento. Los pasos del 1 al 9 corresponden a los pasos sugeridos por el PRNG y aceptados por el algoritmo. Los pasos rechazados no se muestran. El paso de 1 a 2 se acepta porque 2 es mayor que 1. El paso de 2 a 3 se acepta porque, aunque 3 es menor que 2, estamos en las primeras fases del algoritmo; como ya se ha dicho, hay una buena probabilidad de que los pasos más bajos se acepten al principio. El paso de 4 a 5 se acepta porque 5 es solo ligeramente inferior a 4. La probabilidad de encontrar el punto más alto del gráfico depende del tiempo de ejecución del algoritmo. Para un tiempo determinado, sin embargo, el algoritmo parece muy eficiente en la estimación del punto más alto en comparación con otros algoritmos más deterministas.

En el último ejemplo, añadimos ruido (un ruido no demasiado débil o demasiado fuerte) al modelo caótico de Lorenz. El resultado, mostrado en la Fig. 20, es sorprendente. En lugar de borrar la estructura de los dos lóbulos del modelo de Lorenz, el ruido los exagera; el sistema parece pasar más tiempo en un lóbulo antes de hacer una transición impredecible al otro lóbulo. Se trata de un ejemplo bastante profundo de cómo la no linealidad puede estabilizar parcialmente un sistema no lineal, haciéndolo más predecible.

En conclusión, para los sistemas no lineales, el ruido puede ser tu amigo. No es necesariamente la molestia que a menudo pensamos que es. Quizá la naturaleza haga uso de este hecho en casos que nos tocan más de cerca que los modelos meteorológicos. Hablaré de ello en la parte III del libro.

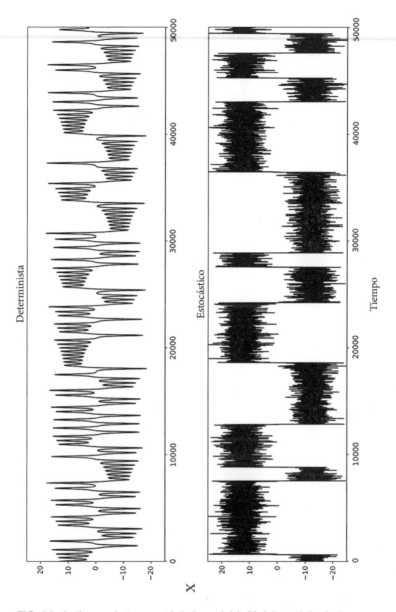

FIG. 20. Arriba: serie temporal de la variable X del modelo de Lorenz estándar. Abajo: serie temporal de la variable X del modelo de Lorenz al que se ha añadido ruido a las ecuaciones. La presencia de ruido hace que la estructura de «régimen» del modelo sea mucho más pronunciada, ya que el sistema pasa más tiempo en uno de los lóbulos.[17] Las transiciones entre los regímenes X positivo y negativo siguen siendo completamente imprevisibles.

---

17 Este efecto se describió por primera vez en Kwasniok (2014).

4

LA INCERTIDUMBRE CUÁNTICA

¿La realidad está destinada al fracaso?

E l efecto mariposa forma parte de lo que se denomina física «clásica». La física clásica describe todo lo que es anterior a la mecánica cuántica, tal y como fue formulada a mediados de la década de 1920 por Niels Bohr, Werner Heisenberg, Erwin Schrödinger y otros (Fig. 21). De ahí que la teoría de la relatividad de Einstein se considere «clásica» aunque se formulara en el siglo XX. Dado que las ecuaciones del caos de Lorenz se basan en última instancia en las leyes del movimiento de Newton, estas ecuaciones también se describen como «clásicas». ¿Deberíamos describir la geometría fractal algorítmicamente indecidible de los sistemas caóticos como «clásica»? Yo diría que no: el descubrimiento de esta geometría es posterior a la mecánica cuántica. Pero nos estamos precipitando.

La incertidumbre se encuentra en el corazón de la física cuántica, en concreto, en un principio: el de la incertidumbre de Heisenberg. Según el principio de incertidumbre, las propiedades de una partícula cuántica, por ejemplo, su posición y su momento, vienen

FIG. 21. La ecuación de Schrödinger es el núcleo de la mecánica cuántica. Al igual que las leyes del movimiento de Newton, se basa en el cálculo de Newton y Leibniz, pero, a diferencia de las leyes de Newton, describe una imagen de la realidad física sobre la que tantos físicos como filósofos continúan discutiendo hasta el día de hoy.

en pares, y si uno conoce una de estas propiedades, entonces desconoce la otra. Hay un chiste (y no muy bueno que digamos) sobre un policía de tráfico que detiene a Heisenberg y le pregunta si sabe a qué velocidad iba. «No», responde Heisenberg, «pero sé dónde estoy». «Pues iba usted exactamente a cien kilómetros por hora», dice el policía. «Oh, genial», dice Heisenberg, «pues ahora estoy completamente perdido».

Según el principio de incertidumbre de Heisenberg, si la posición exacta de la partícula está matemáticamente determinada, su dinámica es matemáticamente indeterminada. ¿Qué significa esto? Creo que es justo decir que nadie entiende realmente lo que significa. Sin embargo, ha suscitado un debate que se originó con el nacimiento de la mecánica cuántica y continúa hasta nuestros días. ¿La incertidumbre cuántica es de naturaleza «epistémica» u «ontológica»? Podemos definir estas palabras del siguiente modo. Si es epistémica, la incertidumbre cuántica solo es capaz de describir nuestra incertidumbre sobre un sistema definido con precisión. Si es ontológica, entonces la incertidumbre cuántica puede describir alguna propiedad inherente de un sistema cuántico, independientemente de si estamos intentando estudiarlo o no. La mayoría de los físicos creen que la incertidumbre cuántica es ontológica por las razones que expondré más adelante en este capítulo. Dado que lo que llamamos realidad se compone de miríadas de partículas elementales, esto significa que el propio concepto de realidad —que la mayoría de nosotros damos por sentado— es en sí mismo incierto.

El debate sobre la naturaleza de la incertidumbre cuántica viene de lejos. En su libro de 1930, *Los principios físicos de la teoría cuántica*, Werner Heisenberg intentó explicar su principio epónimo al imaginar la localización de una partícula (denominada «objeto-partícula») a través de un microscopio. Argumentaba que, cuanto menor fuera la longitud de onda de la luz utilizada por el microscopio, mejor se podría determinar la posición del objeto-partícula. De hecho, los microscopios modernos utilizan electrones con unas longitudes de onda hasta 100 000 veces más pequeñas que la luz visible para ver objetos pequeños con una resolución muy elevada. Sin embargo, cuanto menor es esta longitud de onda, más energéticos son los fotones (o electrones) y, por tanto, más retrocederán de forma impredecible con el objeto-partícula que se está midiendo, lo que provoca que sea cada vez más difícil determinar el momento del objeto-partícula.

Parece una buena explicación del principio de incertidumbre, pero no es correcta, al menos según Niels Bohr, el mentor de Heisenberg. Bohr sostenía que las variables como la posición y la cantidad de movimiento son intrínsecamente «complementarias»: un experimento para medir una excluye necesariamente la posibilidad de medir la otra. La explicación de Heisenberg sugiere que la incertidumbre cuántica en el momento de la partícula describe nuestra incertidumbre, que surge cuando intentamos medir las propiedades cuánticas del objeto-partícula al iluminarlo con luz u otras partículas. Bohr se quejó de que la incertidumbre cuántica es más profunda que esto, y que de alguna manera se refiere a la propia incertidumbre de la partícula.

Bohr llegó a esta conclusión a causa de la llamada dualidad onda -partícula: la idea de que para explicar la realidad cuántica a veces debemos utilizar el lenguaje de las ondas, mientras que otras veces debemos utilizar el lenguaje de las partículas. Un buen ejemplo es el llamado experimento de la doble rendija, como se muestra en la Fig. 22. En el siglo XIX, el polímata británico Thomas Young demostró la naturaleza ondulatoria de la luz haciendo pasar ondas luminosas a través de una pantalla con dos rendijas muy próximas entre sí. Al otro lado de la pantalla, las ondas se propagaban desde las dos rendijas individuales e interferían entre sí. En algunas regiones, la intensidad de la luz aumentaba por este efecto de interferencia; en otras, disminuía. En el siglo XX pudimos hacer pasar unos fotones individuales a través de la misma pantalla de doble rendija. Siempre que no se intente observar por qué rendija pasa un fotón, los fotones individuales tienden a detectarse en lugares donde las ondas de luz interfirieren de forma positiva para crear regiones de mayor brillo, y tienden a no detectarse en regiones donde las ondas interfirieron de forma negativa para crear regiones de oscuridad. Por otro lado, si se intenta observar por qué rendija pasa un fotón, entonces el patrón de interferencia desaparece y los fotones se comportan como pequeñas partículas clásicas. De este modo, podemos describir el experimento cuántico de la doble rendija utilizando tanto la descripción ondulatoria como la de partículas de la luz. Pero ninguna de las dos descripciones es suficiente por sí sola. Bohr caracterizó estas descripciones de onda y de partícula como complementarias entre sí. La razón de que la física cuántica sea así es un misterio.[1]

---

[1] De hecho, Richard Feynman dijo que era el único misterio cuántico, aunque no todos los investigadores de fundamentos cuánticos están de acuerdo con él en esto (Catani *et al.*, 2021).

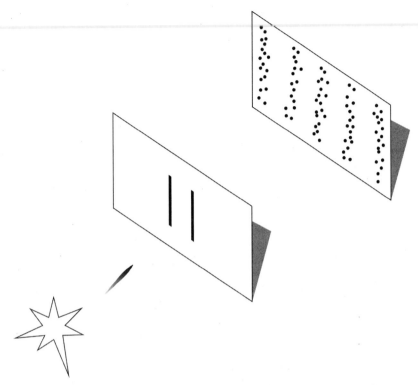

FIG. 22. Los fotones individuales que pasan a través de dos rendijas producen un patrón de interferencia ondulatorio en una pantalla situada detrás de la pantalla, pero solo a menos que no intentemos observar por qué rendija pasa un fotón. Por qué ocurre esto sigue siendo un profundo misterio e ilustra la dualidad onda-partícula en la física cuántica.

Einstein se enfrentó a Bohr por esta cuestión. Creía que la interpretación estándar de la mecánica cuántica, en la que las leyes de la física contienen algunas incertidumbres inherentes, no tenía sentido. En la famosa Conferencia de Solvay, celebrada en Bruselas en 1927, Einstein planteó un sencillo experimento mental para desafiar a Bohr y a los demás defensores de la mecánica cuántica, donde ilustró sus dos principales objeciones a la mecánica cuántica. La primera es su indeterminismo inherente, famoso por la frase de Einstein «¿Juega Dios a los dados?». La segunda se refiere a lo que él llamó «una espeluznante acción a distancia». El experimento mental de Einstein sigue planteando un profundo desafío a los defensores actuales de la mecánica cuántica.

Consideremos un único fotón emitido por una fuente luminosa (Fig. 23). La partícula pasa a través de un pequeño agujero en una pantalla y se envía a un punto arbitrario en un hemisferio recubierto con material fosforescente. Como se sugiere en la Fig. 23, parece razonable imaginar que el fotón viaja hacia la semiesfera en alguna dirección particular, que nosotros no conocemos, pero el fotón sí, hasta que el fotón alcanza el punto q de la semiesfera. Entonces, tanto nosotros como el fotón sabemos dónde se encuentra el fotón y, por tanto, qué camino siguió desde la fuente. Parece que es la explicación más sensata a lo que está ocurriendo.

Sin embargo, en realidad no es así. Según la mecánica cuántica, antes de que el material fotoluminiscente se revele, el fotón puede describirse mediante una cantidad matemática denominada «función de onda». La función de onda está representada por la letra griega ψ en la galería de arte de la Fig. 21. La función de onda describe matemáticamente las características ondulatorias de los sistemas cuánticos; se propaga en todas direcciones desde el agujero de la pantalla como una onda que se propaga desde una fuente. En los libros científicos, a menudo la función de onda se denomina «onda de probabilidad. Sin embargo, se trata de una descripción simplista que no hace justicia a la incomprensibilidad de la mecánica cuántica. Según la mecánica cuántica, la función de onda no afirma que haya (digamos) un 40% de probabilidades de que el fotón esté en un lado y un 60% de probabilidades de que esté en el otro. Más bien, la función de onda describe un fotón que de alguna manera está simultáneamente en ambos lados, con el grado de pertenecer a un lado y otro ponderado por unas cantidades que parecen posibilidades[2] (como 40% y 60%), pero no lo son. Esto suele denominarse «superposición». Por ejemplo, en el experimento cuántico de las dos rendijas, no decimos que hay una probabilidad del 50-50 de que un fotón pase por una rendija o por la otra, sino que la función de onda parece exigirnos que digamos que el fotón pasó, por igual, por las dos rendijas a la vez. ¿Estás confundido? Únete al club.

---

2   Sus raíces cuadradas, para ser más precisos.

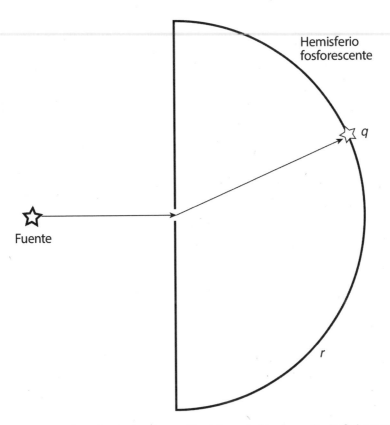

FIG. 23. Un ejemplo planteado por Einstein en la Conferencia de Solvay en 1927. Un fotón incide en un punto de una semiesfera recubierta de material fosforescente. Según la mecánica cuántica, la función de onda asociada a la partícula se colapsa en un punto aleatorio en q para revelar una partícula. En todos los demás puntos, como r, la función de onda colapsa para no revelar una partícula. Cómo consigue esto la función de onda sin una «espeluznante acción a distancia» es un misterio.

Y apenas estamos calentando. Cuando el fotón incide en la esfera y hace que el material fotoluminiscente brille en q, de repente el fotón solo existe en q, y en ningún otro lugar. La superposición deja de ser válida. En la mecánica cuántica estándar, este proceso se describe mediante el «colapso de la función de onda» y se asocia a lo que se denomina «medida»: el proceso por el que llegamos a conocer la información cuántica. Durante el colapso, el fotón pasa de repente (y de forma misteriosa) de estar en todas partes a la vez, describible por una función de onda, a existir solo en q. Dicho de

109

otro modo, la función de onda pasa misteriosamente de parecer una onda a parecer una partícula. Según la mecánica cuántica estándar, la posición del punto q, donde la función de onda colapsa para revelar una partícula definida, es inherentemente aleatoria.

Quizá estemos dispuestos a aceptar esa arbitrariedad en las leyes de la física. Sin embargo, antes de hacerlo, debemos ser conscientes de que esto no resuelve el dilema conceptual asociado a este experimento mental. Si el lugar q, donde la función de onda colapsa para revelar la partícula, es aleatorio, también lo son los otros lugares de la esfera donde la función de onda colapsa para no revelar ninguna partícula. Esto significa que todos estos procesos aleatorios en la esfera no pueden estar operando de forma independiente unos de otros; si esto fuera así, entonces existiría la posibilidad de que viéramos más de un destello en la pantalla fotoluminiscente, pero no es así. Por ello, los procesos aleatorios del hemisferio tienen que estar correlacionados entre sí. ¿Cómo puede surgir esta correlación en la práctica? ¿Puede ser que, cuando la función de onda colapsa de forma aleatoria en q para revelar un fotón, se envía de algún modo una información cuántica a todos los demás puntos de la esfera diciéndole a la función de onda en estos otros puntos que no colapse para revelar un fotón, o que colapse para no revelar ningún fotón? Si es así, ¿con qué rapidez se propaga esta aparente información? Tendría que ser una respuesta inmediata; de lo contrario, existiría la posibilidad de que en el preciso instante en que la función de onda q se colapsa para revelar un fotón, en algún otro punto r de la esfera la función de onda se colapsara para producir un segundo fotón antes de que la información de q llegara diciendo a la función de onda r que no colapsara de esta manera. De nuevo, esto no puede ocurrir porque sabemos que la fuente produjo un único fotón y, de hecho, solo vemos un único fotón. Y así, incluso si la semiesfera tuviera años luz de radio, la aparente información cuántica que dice a la función de onda en r que no colapse para revelar un fotón tendría que haberse propagado instantáneamente desde q. Si la incertidumbre cuántica fuera epistémica, es decir, si fuera nuestra incertidumbre, entonces este proceso no sería problemático en teoría. En el momento en que sabemos que la partícula

110

está en q, también sabemos que no puede estar en ningún otro lugar. Si nos enterásemos de que nos ha tocado la lotería y de que en la lotería solo hay un ganador, entonces sabremos al instante que a nadie más le ha tocado el premio gordo. Pero si la función de onda describe realmente la naturaleza evolutiva de la realidad cuántica en distintos lugares del espacio-tiempo —y esa es la forma estándar de pensar—, entonces esta propagación instantánea de la información cuántica plantea graves problemas conceptuales. De hecho, si todo esto te parece una locura, tienes muy buena compañía, ya que Einstein también pensaba lo mismo.

La teoría de la gravedad de Newton (que es, al menos en la Tierra, una teoría física muy precisa) también muestra este tipo de propagación instantánea, llamada «acción a distancia». Imaginemos que, en un lugar distante del universo, dos estrellas de neutrones chocan entre sí. ¿Cuánto tardaría en llegar a la Tierra la información sobre el cambio del campo gravitatorio de las dos estrellas? Según la teoría de Newton, no tardaría nada, ya que la información se propagaría instantáneamente. El propio Newton se dio cuenta de que esto no podía ser cierto, pero tuvo que ser Einstein quien resolviera el problema. En la teoría general de la relatividad, la información gravitacional se propaga a la velocidad de la luz, en forma de ondas gravitacionales.[3] Al encontrar que la acción a distancia aparecía de nuevo en la mecánica cuántica, Einstein llegó a la conclusión de que debía haber algo mal en la teoría, al igual que lo había en la teoría de la gravedad de Newton. El ejemplo del pensamiento de Einstein es importante porque muchos físicos piensan que la acción cuántica a distancia —o la no localidad, como se denomina ahora— es una característica de tener dos o más partículas interactuando.[4] Sin embargo, no es así. Si podemos entender lo que ocurre con una sola partícula cuántica, probablemente podremos entender lo que ocurre con más de una.

---

3 Ahora descubierto por el Observatorio de Ondas Gravitacionales por Interferómetro Láser (LIGO).

4 Es decir, muchos investigadores creen que Einstein se refería al entrelazamiento cuando se quejaba de la «espeluznante» acción cuántica a distancia. Este ejemplo demuestra que no es así.

Esto es lo que dijo Einstein sobre la mecánica cuántica:[5]«El intento de concebir la descripción teórico-cuántica como la descripción completa de los sistemas individuales conduce a interpretaciones teóricas poco naturales, que se vuelven inmediatamente innecesarias si se acepta la interpretación de que la descripción se refiere a *conjuntos* de sistemas y no a sistemas individuales» (el énfasis es mío).

La cuestión de si es posible interpretar la función de onda cuántica como una descripción de un conjunto de sistemas es primordial en el debate sobre si la incertidumbre cuántica es epistémica u ontológica. Según Einstein, existe una teoría más profunda de la física en la que el fotón, en efecto, solo va de la fuente a q. Desde el punto de vista de esta teoría, la función de onda simplemente se aproxima a una descripción probabilística de un conjunto de mundos posibles pero hipotéticos, en uno de los cuales el fotón viaja a q, en otro viaja a r y en otros mundos el fotón viaja a otros puntos de la esfera. Hasta que el fotón no llega a la esfera, los *humanos* no podemos estar seguros de cuál de los miembros del conjunto corresponde a la realidad. En la imagen de Einstein, el propio fotón sabe dónde está y a qué punto de la esfera se dirige. La realidad es algo definido, corresponde a uno de los miembros del conjunto, y el fotón sabe qué miembro del conjunto corresponde a la realidad. En esta interpretación, la incertidumbre en el movimiento de la partícula no es fundamentalmente diferente de la incertidumbre en cómo evolucionará el tiempo: no sabemos cómo evolucionará el tiempo, aunque el propio tiempo (o, al menos, el conjunto de ecuaciones que describen el tiempo) sí lo sepa. Según la interpretación de conjunto de Einstein, la incertidumbre cuántica es toda nuestra (incertidumbre epistémica), no de la partícula (incertidumbre ontológica).

Los conjuntos son la solución y la incertidumbre cuántica es epistémica. Se puede entender por qué la física cuántica encaja tan bien en un libro que se centra en la predicción por conjuntos del tiempo y el clima.

Si Einstein tenía razón en que la idea de que la incertidumbre cuántica solo refleja nuestra incertidumbre, entonces, en lo que

---

5   Becker, A., *What is real?* New York: Basic Books, 2018.

respecta a las partículas, sus propiedades y comportamiento deben estar determinados por reglas y leyes precisas. Puede que las formas precisas de estas reglas estén ocultas para nosotros, pero no lo están para las propias partículas. Una teoría que supone un conjunto de reglas de este tipo se denomina «teoría de variables ocultas».

Uno de los pioneros de la física cuántica, el físico francés Louis de Broglie, realizó el primer intento de esto en la década de 1920. El propio Einstein intentó desarrollar un modelo de variables ocultas, pero lo abandonó al ver que no era coherente con su teoría de la relatividad. El físico más conocido por desarrollar los modelos de variables ocultas de la física cuántica (y, al hacerlo, redescubrir el trabajo anterior de Broglie) es el físico estadounidense David Bohm. Bohm fue uno de los físicos teóricos más destacados de la década de 1950. Sin embargo, después de haber escrito uno de los libros de texto más fundamentales sobre mecánica cuántica, tuvo que abandonar teoría. Bohm sufrió mucho a manos de la caza de brujas de McCarthy y se vio obligado a abandonar el país, estableciéndose al final en Inglaterra. Sin embargo, también sufrió a manos de sus colegas físicos, que lo consideraban un simple aficionado por cuestionar la mecánica cuántica.

Los físicos no suelen creer que la física cuántica pueda describirse mediante teorías de variables ocultas y, como resultado, casi todo el mundo considera que Einstein se equivocó en su interpretación la mecánica cuántica. Para entender el origen de esto, tenemos que indagar un poco más en el mundo de la física cuántica. Para ello, presentaré un experimento cuántico que utiliza lo que se denomina un dispositivo Stern-Gerlach, o SG para abreviar, llamado así por los físicos alemanes Otto Stern y Walther Gerlach. Utilizaré los dispositivos SG para dos propósitos diferentes, pero relacionados en última instancia, que quiero relatar.

Imaginemos de nuevo una fuente de partículas. En lugar de escupir fotones, la fuente escupe electrones.[6] Un electrón tiene una

---

6 Originalmente, el experimento se realizaba con átomos de plata con un solo electrón en su capa exterior. Es mucho más difícil hacer el experimento con electrones libres. Sin embargo, a efectos conceptuales, imaginemos que las partículas son electrones libres.

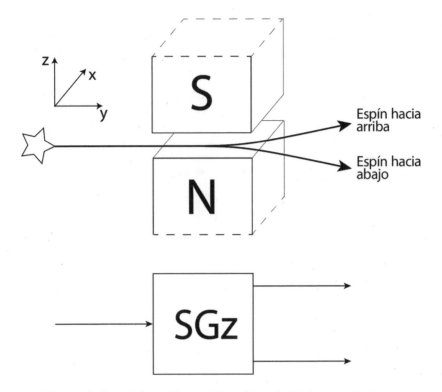

FIG. 24. Arriba: el dispositivo de Stern-Gerlach. Un haz de electrones pasa a través de un imán (que muestra los polos norte y sur) orientado en una dirección determinada, z, y se divide en dos haces, tradicionalmente denominados «up» (arriba) y «down» (abajo). Abajo: el mismo dispositivo de Stern-Gerlach representado de forma más esquemática.

propiedad que suele denominarse «espín». El espín puede medirse haciendo pasar el electrón a través de un imán cuyos polos norte y sur estén alineados en una dirección elegida por el experimentador. Al pasar por el imán, el electrón se desvía hacia arriba o hacia abajo con respecto a la dirección elegida. Si el electrón se desvía hacia arriba, decimos que «gira hacia arriba» respecto a la dirección elegida. Si se desvía hacia abajo, decimos que el electrón «gira hacia abajo». En lo sucesivo, el dispositivo SGz tiene un imán orientado en la dirección z (como en la Fig. 24), y otro dispositivo SGx tiene un imán orientado en ángulo recto en la dirección x. Supondremos que los electrones se mueven en la dirección y, la tercera dirección ortogonal en el espacio físico.

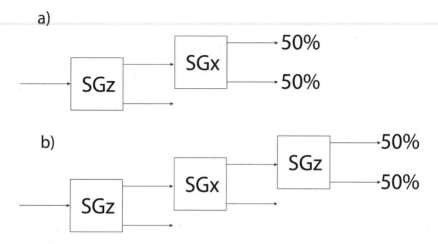

FIG. 25. Dos experimentos SG secuenciales realizados con un conjunto de partículas: a) SGz-SGx y b) SGz-SGx-SGz. Se muestra la fracción de partículas en cada uno de los dos canales de salida del dispositivo final. El segundo de ellos no es fácil de explicar: Dado que el primer SGz filtra todas las partículas con un espín negativo, ¿cómo es que vuelven a salir en el segundo SGz?

Podemos enlazar dos o más de estos dispositivos SG entre sí, como en la Fig. 25. Estos experimentos se denominan «experimentos SG secuenciales». Analicemos primero el experimento de doble SG de la Fig. 25a. El primer dispositivo SG de la Fig. 25a es un SGz. Tomamos el «giro hacia arriba» de este dispositivo y la introducimos en un segundo dispositivo SG orientado en la dirección x ortogonal: un SGx.

De acuerdo con la mecánica cuántica, no se puede saber si un electrón se desviará a los canales de salida de arriba o abajo del segundo dispositivo SGx. Todo lo que podemos decir es que hay un 50% de probabilidades de que un electrón se desvíe al canal de arriba un 50% de probabilidades de que se desvíe al canal de abajo.

Una teoría de variables ocultas de la física cuántica puede explicar fácilmente este comportamiento. En dicha teoría, la reacción de una partícula está predeterminada al ser enviada a través de imanes alineados en distintas direcciones. Esto implica una hipotética «tabla de consulta» que dice, por ejemplo, que una partícula concreta tendrá un espín hacia arriba cuando pase por un imán orientado en la dirección *z*, y un espín hacia abajo cuando pase por un imán orientado en la dirección *x*. La tabla 1, que tiene dos filas y doce columnas, es un ejemplo de esa tabla de consulta, en la que cada columna corresponde a un electrón diferente. La primera fila (+ para un espín hacia arriba, − para un espín hacia abajo) muestra el espín de los doce electrones cuando se mide en la dirección *z*. La segunda fila muestra el espín de los doce electrones cuando se mide en la *dirección x*, como implica la teoría de las variables ocultas, mientras que la tabla explica los resultados mostrados en la Fig. 25a.

Aunque el modelo de variables ocultas es capaz de describir los resultados de los experimentos de SG con dos dispositivos SG secuenciales, aparecen problemas si acoplamos tres dispositivos SG. En la Fig. 25b hemos añadido un tercer dispositivo SG, orientado de nuevo en la dirección *z* como SGz. ¿Qué esperaríamos ver salir de este segundo SGz? Bueno, ya que el primer dispositivo SGz ha filtrado todas las partículas −, es decir, las partículas con un espín hacia abajo en la dirección *z*, seguramente esperaríamos ver solo partículas de espín hacia arriba emergiendo del segundo SGz. Pero eso no es lo que vemos. En realidad, la mitad de las partículas que salen de la segunda SGz son de espín arriba y la otra mitad de espín hacia abajo. Entonces, ¿de dónde han salido estos electrones de espín negativo, si el primer SGz supuestamente los había filtrado todos de antemano?

Explicar el experimento de la triple SG es problemático para un modelo de variables ocultas, aunque es posible urdir algún tipo de explicación.[7] Sin embargo, hay otro experimento, que también puede describirse mediante los dispositivos SG, que se considera que proporciona el golpe mortal a las teorías de variables ocultas y, con ello, a la interpretación de conjunto de Einstein de la física cuántica. Se trata del llamado experimento de Bell. Voy a describir el experimento de Bell a continuación y volveré a él en el capítulo 11. En este experimento, la noción de no localidad asoma de una forma que parece incluso más inevitable que en el experimento mental

---

7   Podríamos decir, por ejemplo, que el dispositivo intermedio SGx aleatoriza de algún modo las variables ocultas de las partículas.

z	+	-	+	+	-	+	-	-	-	+	-	+
x	+	+	-	-	-	+	+	+	-	+	-	-

TABLA 1. Las doce columnas representan a doce electrones diferentes, que muestran una parte de una hipotética tabla de búsqueda de los espines de estas doce partículas para dos orientaciones posibles diferentes del imán SG. Esta tabla está basada en la idea de que la física cuántica puede explicarse mediante una teoría determinista de variables ocultas. Para cada partícula, la primera fila da el resultado de una posible medida del SG en la dirección z. La segunda fila representa el resultado de una posible medición SG en la dirección x. La tabla es coherente con las probabilidades mostradas en la Fig. 25a. En particular, tomando todas las columnas que son + en la primera fila, la mitad son + en la segunda fila y la mitad son –.

de Einstein mostrado en la Fig. 23. Por el contrario, el experimento triple-SG de la Fig. 25b no parece tener nada que ver con la no localidad. A pesar de ello, en el capítulo 11 intentaré explicar cómo tanto el experimento de Bell como el triple-SG pueden entenderse utilizando conjuntos de la misma manera.

El experimento de Bell utiliza el fenómeno del «entrelazamiento», una palabra acuñada por Schrödinger para describir los sistemas cuánticos en interacción. La importancia del entrelazamiento para probar experimentalmente las teorías de variables ocultas fue descubierta en la década de 1960 por el físico irlandés John Bell,[8] cuyo trabajo diario era como físico de altas energías en el CERN.[9] Bell demostró que, bajo supuestos aparentemente inaceptables, las teorías de variables ocultas que no tienen acción a distancia deben satisfacer una cierta desigualdad estadística que se viola en la mecánica cuántica. En el momento en que Bell publicó su artículo, nadie había comprobado experimentalmente si se violaba la desigualdad. Sin embargo, había muy pocas dudas de si la mecánica cuántica predecía que se violaba la desigualdad, entonces se violaría en la realidad.

8   Bell, J. S. *Speakable and unspeakable in quantum mechanics*. Cambridge: Cambridge University Press, 1993.

9   Organización Europea para la Investigación Nuclear, sede del Gran Colisionador de Hadrones.

117

1	+	-	-	+	+	+	-	+	+	+	+	+
2	-	+	-	+	-	-	-	+	-	-	-	-
3	-	+	-	-	+	-	+	-	+	+	+	+

TABLA 2. Rellenamos +s y –s en una tabla con tres filas y tantas columnas como queramos (en este caso doce). Las estadísticas de estos +s y –s satisfacen necesariamente una desigualdad matemática, conocida como desigualdad de Bell, descrita en el texto.

Para entender la desigualdad de Bell, construimos otra tabla como la Tabla 1, hecha de +s y −s. Esta vez, sin embargo, tenemos tres filas en lugar de dos (véase la Tabla 2). Al igual que en la Tabla 1, he utilizado doce columnas a modo de ilustración, aunque en principio podemos tener tantas columnas como queramos. No hay nada especial en la forma en que he rellenado las casillas de la Tabla 2 con + y −. Puedes hacerla como tú quieras; incluso, por el momento, intenta imaginar la tabla como algo que no tiene ninguna conexión particular con la física.

Ahora cuenta el número de columnas en las que hay un + en la primera fila y un + en la segunda fila, y llámalo A. En la tabla 2, $A =$ 2 (correspondientes a la cuarta y octava columnas). Ahora cuenta el número de columnas en las que hay un − en la segunda fila y un + en la tercera fila; esto será B. De la tabla 2, $B = 6$. Por último, cuenta el número de columnas en las que hay un + en la primera fila y un + en la tercera fila, y llámalo C. De la tabla 2, $C = 5$. En este ejemplo, $A + B = 8$ es claramente mayor que $C = 5$.

Como demostró Bell en 1964,[10] $A + B$ siempre será mayor o igual que C, independientemente de cómo rellenemos las entradas de esta tabla con +s y −s. Este resultado se conoce como desigualdad de Bell.[11]

---

10 Bell, *Speakable and unspeakable in quantum mechanics*.

11 He aquí una prueba de la desigualdad de Bell, tomada de Rae (1986).

Sea $n(+ , −, .)$ el número de veces que en una tabla, como la Tabla 2, hay un símbolo + en la primera fila, un símbolo − en la segunda fila y cualquier símbolo en la tercera fila. Del mismo modo, por ejemplo, $n(−, . , +)$ indica el número de

FIG. 26. El famoso experimento de Bell, que utiliza pares de partículas entrelazadas que se mueven en direcciones opuestas. En este experimento, los dispositivos SG de Alice y Bob pueden orientarse de forma arbitraria. Sin embargo, si están orientados en la misma dirección y Alice mide su partícula con un espín hacia arriba, Bob medirá su partícula con un espín hacia abajo. En la práctica, el experimento se realiza normalmente con fotones y polarizadores en lugar de electrones y dispositivos SG.

Bell aplicó su desigualdad a una situación en la que una fuente emite pares de partículas entrelazadas, como electrones,[12] que se mueven en direcciones opuestas, como se muestra en la Fig. 26. Aquí las partículas se envían a dos dispositivos SG que miden los espines de las partículas y cada dispositivo SG es orientado por el experimentador. Tradicionalmente, «Alice» orienta el dispositivo SG de la izquierda y por lo tanto mide el espín de la partícula que se mueve a la izquierda, y «Bob» orienta el dispositivo SG de la derecha y mide el espín de la partícula que se mueve a la derecha. Como antes, denotaremos el espín hacia arriba por un símbolo $+$ y el espín hacia abajo por un símbolo $-$. Sin embargo, ahora imaginamos que cada dispositivo SG puede orientarse en cualquier dirección que Alice o Bob elijan y no solo en las direcciones z y x.

---

veces que hay un símbolo - en la primera fila, un símbolo - en la segunda fila y un símbolo + en la tercera fila. Generalizando de forma obvia, tenemos

$A = n(+, +, .\,) = n(+, +, +) + n(+, +, -)$

$B = n(\,.\,, -, +) = n(+, -, +) + n(-, -, +)$

$C = n(+, .\,, +) = n(+, +, +) + n(+, -, +)$

Sumando las dos primeras ecuaciones obtenemos

$A + B = n(+, +, +) + n(+, +, -) + n(+, -, +) + n(-, -, +)$

Ahora los términos primero y tercero de esta ecuación, sumados, dan C. Por tanto,

$A + B = C + n(+, +, -) + n(-, -, +)$

Como los dos últimos términos nunca son negativos

$A + B \geq C$

QED.

12   En la práctica, el experimento se realiza con fotones. Los dispositivos SG corresponden a polarizadores de fotones.

Una propiedad de crucial importancia de estos pares de partículas entrelazadas es que si los dispositivos SG de Alice y Bob están orientados en la misma dirección, y si un dispositivo emite un +, entonces el otro dispositivo, que mide el espín de la otra partícula enredada, tendrá que emitir un −, o viceversa. Esto en sí no es un hecho sorprendente y puede explicarse fácilmente con variables ocultas.[13] Está relacionado con el hecho de que el espín combinado de las dos partículas que salen de la fuente debe ser siempre cero.

Si los espines de las partículas están determinados por variables ocultas, podemos imaginar que los dos conjuntos de partículas de Alice y Bob tienen cada uno una tabla de consulta. De hecho, en la Tabla 2 se muestra un ejemplo de este tipo de tabla. Podemos imaginar que es una tabla de consulta para doce de las partículas de Alice, donde el «1», «2» y «3» de las filas de la tabla corresponden a las tres posibles orientaciones para el dispositivo SG de Alice. La tabla de consulta de Bob para las doce partículas que están entrelazadas con las de Alice, y para las mismas tres orientaciones, sería la misma que la tabla de consulta de Alice, excepto que cada + en la tabla de consulta de Alice sería un − en la de Bob, y cada − un +. De este modo, la desigualdad matemática (que $A + B$ es mayor o igual que C) se convierte en una propiedad intrínseca de este tipo de teoría de variables ocultas de la física cuántica.

La pregunta que se hizo Bell fue la siguiente: ¿Podemos probar en un experimento la predicción del modelo de variable oculta de que $A + B$ es mayor o igual que C, en la tabla de Alice (o Bob)? Resulta que hay una manera, utilizando pares de partículas entrelazadas del mundo real. Por ejemplo, como se ha mencionado, la cantidad A describe el número de columnas en las que hay un + en la primera fila y un + en la segunda fila de la tabla de Alice. Podemos estimar A experimentalmente midiendo los espines de un conjunto de partículas entrelazadas, donde para cada pareja, Alice mide su partícula en la dirección 1 y Bob mide la suya en la

---

13   Por ejemplo, si una fuente envía una bola roja en una dirección y una bola azul en la dirección opuesta, y yo veo que la bola roja viene hacia mí, entonces sabré con certeza que la bola azul se aleja de mí, aunque no la vea.

dirección 2. Ahora utilizamos la propiedad del «espín cero» para inferir que si la partícula de Bob se midió con un +, entonces la partícula de Alice, si se hubiera medido en la dirección 2, habría dado necesariamente un resultado −, y viceversa. De esta manera podemos estimar la cantidad A en la tabla de Alice a partir de un experimento en un conjunto de pares de partículas enredadas utilizando las mediciones que Alice y Bob realmente hacen. Del mismo modo, podemos estimar B y C en conjuntos separados de pares de partículas enredadas.

Entonces, ¿qué teoría es correcta en la realidad: el modelo de variables ocultas basado en conjuntos deterministas, en el que $A + B$ es necesariamente mayor o igual que C, o la teoría cuántica, en la que se puede violar la desigualdad? El experimento a realizar es un poco más complejo que el sugerido y pone a prueba una variación de la desigualdad de Bell conocida como desigualdad CHSH.[14] Sin embargo, la respuesta no es buena para las variables ocultas y, por tanto, para la interpretación de conjunto de Einstein de la física cuántica. La desigualdad de Bell no funciona en la práctica,[15] exactamente como predice la mecánica cuántica.

Entonces, ¿qué falla en nuestro modelo de variables ocultas para no predecir la violación experimental de la desigualdad de Bell? Algo falla en la suposición de que las partículas de Alice y Bob tienen cada una su propia tabla de consulta. Pero ¿qué es lo que falla?

Se puede llegar a la conclusión de que el concepto de tabla de consulta no funciona porque en la física cuántica no existe la realidad definida. Eso es lo que creen la mayoría de los físicos (aunque es difícil saber qué significa esto en la física), y esa es la razón por la que la mayoría de los físicos creen que Einstein estaba equivocado al pensar que la incertidumbre en la física cuántica puede explicarse mediante conjuntos.

---

14 Clauser, J. F., M. A. Horne, A. Shimony y R. A. Holt. «Proposed experiments to test local hidden-variable theories». *Physical Review Letters* 23 (1969): 880–884.

15 En la actualidad existe un conjunto abrumador de resultados experimentales sobre la violación de la desigualdad de Bell, empezando por Clauser y Horne (1974) y Aspect *et al.* (1981).

Es importante entender que esto no es lo mismo que decir que la física cuántica contiene algo de arbitrariedad. Como se explica en el experimento mental de Einstein, también es necesario plantear algún tipo de acción a distancia para garantizar que la arbitrariedad esté debidamente correlacionada en el espacio. Lo mismo ocurre con la desigualdad de Bell. Se puede suponer que el modelo de variables ocultas contiene algunos términos estocásticos que hacen que los resultados del espín se definan solo en un sentido probabilístico. Sin embargo, este modelo estocástico de variables ocultas sigue estando limitado por la desigualdad de Bell (esencialmente porque las cantidades A, B y C son cantidades estadísticas definidas a partir de las estadísticas de las tablas de consulta). La arbitrariedad por sí sola no explica la violación experimental de la desigualdad de Bell.

Una forma diferente de invalidar la existencia de las tablas de consulta separadas para las partículas de Alice y Bob sería suponer que la realidad es definida, pero que los espines de los electrones de Alice están determinados no solo por la orientación del dispositivo SG de Alice, sino también por la orientación del dispositivo SG de Bob. Esto significaría rechazar la idea de que las partículas de Alice y Bob tienen sus propias tablas de consulta separadas, como en la Tabla 2. Esto es lo que los físicos suelen querer decir con el concepto «no localidad». Pero, en mi opinión, es una idea realmente horrible. Si Bob decidiera cómo configurar su dispositivo SG justo en el momento en que llega su electrón, su decisión tendría que ser comunicada instantáneamente a Alice. Es la misma idea de la acción a distancia que vimos antes y que Einstein (con razón, en mi opinión) tanto odiaba. Por otro lado, la no localidad es un asunto sutil. Igual que en el experimento mental de Einstein, no podemos utilizar la no localidad para enviar información instantáneamente de Alice a Bob. Por ejemplo, Bob no puede comunicar el resultado de una carrera de caballos superlumínicamente a Alice utilizando estas partículas entrelazadas. Si pudiera hacerlo, entonces la teoría de la variable oculta violaría explícitamente una propiedad básica de la causalidad en la teoría de la relatividad: que las causas siempre preceden a los efectos. Si se viola esta idea, entonces Alice y Bob podrían empezar a ganar mucho dinero en las casas de apuestas.

Como no es posible emitir señales superlumínicas con este tipo de experimentos, la mayoría de los físicos opinan que entender lo que ocurre en el experimento de Bell no es algo que quite el sueño, por ejemplo, cuando se hacen experimentos a baja temperatura o de computación cuántica.

Sin embargo, para la física fundamental creo que es algo que sí debería quitarnos el sueño. Aunque la no localidad cuántica no permita la señalización superlumínica de la información clásica, esta comunicación superlumínica de la información cuántica va en contra del espíritu de la teoría de la relatividad. Quizá nuestra incapacidad para comprender la no localidad cuántica sea la razón principal por la que seguimos luchando por unificar la mecánica cuántica y la teoría general de la relatividad en una única teoría unificada de la física, como sugiere la cita de Penrose al principio de la parte III de este libro.

Entonces, ¿la violación experimental de la desigualdad de Bell nos obliga a abandonar nuestro concepto intuitivo de la realidad o a aceptar la espeluznante acción a distancia? Si se les presiona mucho, la mayoría de los físicos admitirán que probablemente esté ocurriendo algo más profundo, que aún no hemos comprendido. En el capítulo 11, sugeriré que puede haber otra manera de explicar tanto el experimento de Bell de la Fig. 26 como el experimento de SG secuencial de la Fig. 25b. La explicación es consistente con la especulación de Penrose de que la teoría de la indecidibilidad de Gödel y Turing puede jugar un papel clave en una teoría futura de la gravedad cuántica. En particular, la explicación requiere que explotemos la geometría del caos. Si la explicación es correcta —sin pruebas experimentales claras no puedo estar seguro— entonces será posible describir los misterios de la física cuántica utilizando la interpretación de conjunto de Einstein. En concreto, Dios no jugaría a los dados, no habría acción a distancia, la incertidumbre cuántica sería epistémica y la realidad sería algo definitivo. Al afirmar esto, no estoy proponiendo un retorno a la física clásica pre-cuántica: como se mencionó al principio del capítulo, no debemos pensar en la geometría algorítmicamente indecidible del caos como clásica.

Sin embargo, antes de desarrollar estas ideas, tenemos que hablar de cuestiones más prácticas.

PARTE II

PREDECIR NUESTRO MUNDO CAÓTICO

Te daré un talismán. Cada vez que tengas dudas o cuando
el yo se apodere demasiado de ti, aplica la siguiente
prueba. Recuerda el rostro del hombre más pobre y débil
que hayas visto, y pregúntate si el paso que contemplas
va a serle de alguna utilidad. ¿Ganará algo con ello?
¿Le devolverá el control sobre su vida y su destino?

UNA DE LAS ÚLTIMAS NOTAS DEJADAS POR MAHATMA GANDHI

Las directrices, que May describió como «lo más
importante que he hecho», establecen tres principios
para el asesoramiento científico al Gobierno: reconocer
plenamente las incertidumbres (a veces, la respuesta
es «no lo sabemos»); buscar una amplia gama de
opiniones (es raro que la comunidad científica y
otras comunidades estén totalmente de acuerdo
sobre las pruebas); ser totalmente transparente sobre
el proceso y el resultado del asesoramiento. Estos
principios son sencillos, pero tan importantes hoy
como cuando se publicaron por primera vez.

DE LA MEMORIA BIOGRÁFICA DE LA ROYAL SOCIETY DE LORD
ROBERT MAY, PIONERO DE LA TEORÍA DEL CAOS Y PRINCIPAL
ASESOR CIENTÍFICO DEL GOBIERNO DEL REINO UNIDO

Aplicaremos las ideas expuestas en la parte I para desarrollar las herramientas prácticas de predicción de sistemas complejos e intrínsecamente inciertos. La idea clave es la predicción por conjuntos: ejecutar nuestros modelos varias veces, variando las condiciones iniciales inciertas y las ecuaciones del modelo. Cuando la dispersión de un sistema fiable es pequeña, podemos hacer previsiones bastante precisas con confianza. En cambio, cuando la dispersión es grande, solo podemos hacer previsiones mediante el lenguaje de la probabilidad. De este modo, la geometría del caos se manifiesta en la dispersión variable del conjunto. Los métodos de predicción por conjuntos se aplican a la meteorología y el clima (donde las técnicas llevan siendo utilizadas durante mucho tiempo y están bien validadas), y a las enfermedades, la economía y los conflictos (donde las técnicas aún están en fase de desarrollo). Al tratarse de sistemas tan complejos, los mejores modelos utilizados para realizar predicciones de conjunto son, en consonancia con las ideas expuestas en la parte I, intrínsecamente ruidosos. Demostraremos que el valor para el usuario de un sistema de predicción por conjuntos fiable y ruidoso puede superar con creces el de una predicción determinista más precisa pero menos fiable.

5

LOS DOS CAMINOS A MONTECARLO

os cuatro capítulos anteriores han sido muy intensos y
han desarrollado conceptos en los que se basa nuestra
comprensión de la incertidumbre en el mundo que nos
rodea. Ha llegado el momento de aplicar estos conocimientos a cuestiones más prácticas, a los esfuerzos por predecir
nuestro mundo caótico.

Debo hacer una advertencia. No soy un experto en algunos de
los temas tratados en esta parte del libro, en particular, la predicción
de enfermedades, la economía y los conflictos. No obstante, me he
tomado la libertad de expresar mi opinión sobre lo que considero el
estado de la cuestión en estos ámbitos, basándome en mi experiencia en las áreas de la ciencia predictiva en las que sí poseo algunos
conocimientos técnicos profundos. Supongo que algunos expertos
se sentirán exasperados por mi intromisión. Comprendo perfectamente este sentimiento, ya que yo mismo he sido el blanco de las
críticas de quienes me expresaban su opinión sobre la insuficien-
cia de la ciencia climática. La verdad es que es bueno tener múltiples puntos de vista de distintos campos sobre un tema y, según mi

127

experiencia, a menudo se avanza tomando las ideas existentes de un campo y aplicándolas a otro.

El surgimiento de la ciencia moderna, propiciado por el renacimiento científico, parecía haber pasado de largo ante el oscuro arte de la predicción meteorológica. La desesperada situación que se vivía a principios del siglo XX quedó bien descrita en la novela de Thomas Hardy *El alcalde de Casterbridge*, publicada en 1886. El protagonista de la novela, un comerciante de heno y grano, atraviesa tiempos difíciles. En un intento por recuperar parte de su riqueza perdida, decide consultar a un «profeta meteorológico» sobre el tiempo de la cosecha. El autoproclamado profeta le dice:

«Por el sol, la luna y las estrellas, por las nubes, los vientos, los árboles y la hierba, la llama de las velas y las golondrinas, el olor de las hierbas; asimismo por los ojos de los gatos, los cuervos, las sanguijuelas, las arañas y los montones de estiércol, la última quincena de agosto será: lluvia y tempestad». Por desgracia para el comerciante de grano, el pronóstico resulta erróneo y acaba arruinándose.

De hecho, pocos años antes de que se publicara el libro de Hardy, habían comenzado los primeros intentos de conseguir una predicción meteorológica más científica. Este desarrollo se vio espoleado por un trágico suceso. El 25 de octubre de 1859, el clíper de vapor Royal Charter se encontraba en la última etapa de su viaje de sesenta días de Melbourne a Liverpool, tras haber cruzado el Pacífico y habiendo navegado por el infame Cabo de Hornos. A bordo viajaban cuatrocientos pasajeros, muchos de los cuales traían a Gran Bretaña las fortunas que habían amasado en Australia. A su paso por Anglesey, se desató una tormenta excepcionalmente violenta. El capitán del Royal Charter no pudo controlarlo y se precipitó contra las rocas de un promontorio de Anglesey. Solo sobrevivieron 41 pasajeros, ninguno de ellos mujeres ni niños. La Gran Bretaña victoriana quedó traumatizada.

Mientras que otros se lamentaban, un hombre pensó que podía hacer algo para evitar que se repitiera una tragedia semejante.

Robert Fitzroy era un oficial de la marina que se había hecho un nombre capitaneando el barco que llevó a Charles Darwin en su épico viaje a las Galápagos, el HMS Beagle, que inspiró la teoría de la evolución por selección natural que revolucionaría la biología. Cuatro años antes de la catástrofe del Royal Charter, Fitzroy había sido nombrado responsable de la Oficina Meteorológica. En aquella época, la Oficina Meteorológica no hacía previsiones. De hecho, la palabra «predicción» no existía: Fitzroy la inventaría más tarde. Fitzroy tuvo una idea brillante; utilizando el telégrafo eléctrico que había sido inventado unos años antes, se dio cuenta de que si todas las estaciones costeras que tomaban lecturas del tiempo podían transmitir su información a una oficina central, entonces Fitzroy, con su conocimiento meteorológico experto, podría analizar la información para crear una imagen espacial de los patrones climáticos actuales, y con esa imagen hacer una predicción del tiempo esperado para los próximos días.

El primer aviso de tormenta se realizó el 6 de febrero de 1861. Fue un éxito y *The Times* felicitó a Fitzroy por su labor pionera. Durante los años siguientes, las cosas fueron bien en general. El número de naufragios disminuyó y tanto los medios de comunicación como el público quedaron impresionados por las previsiones de Fitzroy. Sin embargo, empezaron a hacerse varias predicciones inexactas. Como consecuencia, se cuestionó el gasto de la red telegráfica de Fitzroy y algunos de sus colegas científicos empezaron a quejarse de que el método que Fitzroy utilizaba para hacer sus predicciones carecía de base científica. Hacia 1865, la salud de Fitzroy empezaba a fallarle y perdió las ganas y la energía, y se sumió en uno de los sombríos estados de ánimo que sufría de vez en cuando. El domingo 30 de abril de 1865, justo antes de ir a la iglesia, sacó una navaja y se cortó el cuello.

Fitzroy había identificado correctamente un aspecto clave para realizar previsiones meteorológicas acertadas: la necesidad de disponer de abundantes observaciones, no solo en un lugar, sino en todo un ámbito geográfico. En esencia, se dio cuenta de la importancia de unas «condiciones iniciales» precisas. Sin embargo, conocer las condiciones iniciales era solo una parte de la solución.

Por la misma época, en una parte del Imperio británico alejada de las tormentosas costas de Gran Bretaña, la meteorología daba otro paso adelante.

A medida que el invierno se convierte en primavera, el sol derrite gran parte de la nieve que ha caído sobre la masa terrestre asiática, la meseta tibetana en particular. Cuando la nieve se ha derretido en su mayor parte, la tierra se calienta y las temperaturas superficiales comienzan a subir. Al sur, el océano Índico también siente la energía cambiante del sol, pero aquí la energía solar evapora la humedad de la superficie del mar y este se calienta menos que la tierra.[1] Como resultado, se desarrolla un fuerte cambio de temperatura superficial entre el océano Índico y la masa terrestre del norte. El cambio es inverso al que se encuentra normalmente, donde las latitudes bajas son más cálidas que las altas. A su vez, una vasta corriente de aire húmedo comienza a fluir hacia el norte sobre el subcontinente indio: una brisa marina de proporciones masivas. A medida que el aire es forzado a subir sobre las montañas Ghats occidentales de la India, el aire se enfría y libera su humedad a través de un torrente de lluvia. El monzón de verano ha llegado. Muchos dan gracias porque el calor y la humedad sofocantes de principios de verano han desaparecido por fin. Bajo las abundantes precipitaciones, crecen las cosechas y los alimentos sustentan a los habitantes del subcontinente indio un año más.

Sin embargo, el caos del sistema climático hace que la fuerza del monzón no sea la misma año tras año. Algunos años, el monzón falla por completo, provocando la sequía y la miseria a la población.

En la década de 1870, se produjeron una serie de fracasos monzónicos. La sequía, agravada por la política imperial británica, provocó muchas hambrunas y muertes. Las autoridades británicas recurrieron a sus científicos para ver si se podían predecir estos fracasos monzónicos. En 1882, el Departamento Meteorológico de la India, creado unos años antes y bajo el control de su primer director,

---

1 Los océanos también suelen calentarse menos en superficie que la tierra porque los remolinos oceánicos calientan el agua de la subsuperficie con mucha más eficacia que en tierra.

Henry Blanford, empezó a hacer las primeras previsiones sobre los monzones en la India. A diferencia de las previsiones meteorológicas para unos pocos días, se trataba de un intento de predicción estacional a largo plazo de las precipitaciones en toda la India, promediadas para los meses de verano de junio a septiembre, y realizadas antes de la llegada del monzón de verano.

Blanford estaba convencido de que la clave para predecir con éxito el monzón residía en estimar la cantidad de nieve caída sobre la meseta tibetana durante el invierno anterior: cuanta menos nieve caiga durante el invierno, menos habrá que derretir en primavera y más podrá calentar el sol la meseta. A partir de ahí, cuanto mayor sea la diferencia de temperatura entre la masa continental terrestre y las temperaturas más constantes del océano al sur, más fuerte será el monzón asiático de verano.

Blanford utilizó las observaciones de la cantidad de nieve en las cumbres del Himalaya como indicador de la capa de nieve en la meseta tibetana al norte. Al igual que las primeras predicciones de Robert Fitzroy en Gran Bretaña, las primeras predicciones de Blanford tuvieron un éxito razonable. Sin embargo, tras una serie de fracasos en las predicciones, se hizo evidente que debían estar pasando otras cosas.

Las cosas dieron un gran paso adelante cuando en 1904 Gilbert Walker se convirtió en el tercer director del Departamento Meteorológico de la India.

Walker intentó mejorar las técnicas de previsión a largo plazo de sus predecesores correlacionando la fuerza de los monzones con las observaciones de la presión atmosférica en la superficie de las estaciones meteorológicas de todo el mundo. Descubrió que la fuerza del monzón indio compartía una conexión con la diferencia en las observaciones de la presión de superficie tomadas en Tahití y Darwin (Australia) unos meses antes. Un barómetro mide la masa de aire en una columna situada por encima del instrumento. Las variaciones sistemáticas de masa entre un lugar y otro son un indicio de la existencia de una circulación a gran escala en la atmósfera. Walker dedujo de ello que la intensidad del monzón indio estaba correlacionada con los indicadores de una circulación atmosférica a gran escala en las cuencas tropicales del Pacífico y del Índico, y que podía predecirse a partir de ellos.

Walker se refería a las variaciones de la diferencia de presión entre Tahití y Darwin como la «oscilación del Sur», en contraste con otra oscilación de presión que había descubierto en las estaciones de la región del Atlántico Norte, a la que denominó «oscilación del Atlántico Norte». Pero ¿cuál era la causa de estas supuestas oscilaciones? Walker no tenía ni idea.

De Fitzroy a Walker, los meteorólogos victorianos habían identificado que las observaciones del tiempo eran vitales para hacer buenas previsiones, pero por sí solas no bastaban.

Hacia finales del siglo XX, dos meteorólogos, el estadounidense Cleveland Abbe y el noruego Vilhelm Bjerknes, quien estudió con Poincaré, sugirieron de forma independiente que se podrían previsiones mucho mejores si se aplicara las leyes de la física a estas observaciones. En concreto, sugirieron que se intentara resolver la ecuación de Navier-Stokes (entre otras), tal y como se explica en el capítulo 3. Propusieron que las previsiones meteorológicas se vieran como un problema científico de valor inicial: utilizando las leyes de la física para determinar el estado futuro de la atmósfera, dadas las condiciones iniciales del presente.

La primera persona a la que generalmente se atribuye el intento de hacer un pronóstico utilizando estas ideas fue Lewis Fry Richardson.[2] Richardson nació en 1881 en el seno de una familia cuáquera, lo que le inculcó unas profundas creencias pacifistas que marcaron fuertemente su vida. Se licenció en Cambridge en 1903 y trabajó en varios lugares, entre ellos, justo antes del estallido de la Primera Guerra Mundial, en la Oficina Meteorológica (ahora llamada Met Office). Cuando estalló la guerra, se negó a luchar, dimitió de la Oficina Meteorológica y en su lugar sirvió en la Unidad de Ambulancias

---

2 También hay que reconocer el mérito del meteorólogo austriaco Felix Exner, que en esa época también desarrolló sistemas de predicción basados en modelos físicos.

de los Amigos, cerca del frente. En los ratos libres de ese periodo, realizó sus primeros cálculos de predicción meteorológica.

En la práctica, Richardson no hacía ninguna predicción, porque los cálculos de cómo evolucionaría el tiempo en unas horas le llevaban muchos meses de duro trabajo. Sin embargo, el método que desarrolló para resolver la ecuación de Navier-Stokes sigue siendo, a grandes rasgos, la forma en que se hace hoy en día. El método de Richardson se describió en el capítulo 3 y se basa en dividir la atmósfera en una serie de cuadrículas, dentro de las cuales se supone que la atmósfera es uniforme e inmutable. Tras semanas de tediosos cálculos, Richardson llegó por fin al punto final de su cálculo de previsiones: una estimación del cambio de la presión en superficie a lo largo de seis horas para una de las cuadrículas. Fue un desastre. Su estimación era más de cien veces mayor de lo que ocurría en la realidad.

El error introducido por Richardson, que condujo a una predicción errónea desastrosa, era en realidad sutil. El problema no radicaba en la forma de calcular las previsiones. Más bien radicaba en cómo se creaban las condiciones iniciales a partir de las limitadas observaciones disponibles. Hace relativamente poco, el meteorólogo irlandés Peter Lynch desarrolló un algoritmo para mejorar la forma en que se podían utilizar las observaciones disponibles para crear las condiciones iniciales de las cuadrículas de los modelos. Tras aplicar este algoritmo, Lynch demostró que la previsión retrospectiva de Richardson se volvía notablemente precisa después de todo.[3] El problema más grave del método de Richardson era que

---

3   Peter Lynch me envió una vez un correo electrónico en el que había puesto en verso la historia de la meteorología. Pidió más contribuciones. Le envié esto sobre Lewis Fry Richardson:

Aunque LFR era bastante brillante
Algunos decían que sus previsiones eran una mierda.
Hasta que Lynch fue y construyó
Un filtro digital inteligente
que hizo las predicciones correctas.

con la esperanza de que se incluyera en su antología. Desgraciadamente, creo que no lo consiguió debido a una elección imprudente de palabras en la segunda línea. Lo incluyo aquí como reconocimiento al trabajo de Peter en este campo (Lynch, P. y X.-Y. Huang. «Initialization of the HIRLAM model using a digital filter». *Monthly Weather Review* (1992): 120, 1019–1034).

los cálculos avanzaban mucho más despacio de lo que avanzaba el propio tiempo. Por lo tanto, en la práctica, el método era inútil. Richardson soñaba con una futura fábrica de predicciones meteorológicas en la que miles de «ordenadores» humanos se afanaran en realizar cálculos aritméticos sin sentido a una velocidad de vértigo, en un intento de adelantarse al tiempo. Esta visión era extraordinariamente clarividente si, en lugar de un ordenador humano, pensamos en una unidad de procesamiento individual dentro de un superordenador electrónico masivamente paralelo.

Hubo que esperar al final de la Segunda Guerra Mundial para hacer realidad el sueño de Richardson, gracias, en efecto, al desarrollo de los primeros ordenadores digitales electrónicos. El matemático y físico John von Neumann, afincado en la Universidad de Princeton, reunió a un equipo de meteorólogos dirigido por Jule Charney. Dado que estos modelos se basaban en leyes físicas como la ecuación de Navier-Stokes, en adelante los llamaré «basados en la física», para distinguirlos de los modelos estadístico-empíricos (a veces llamados modelos basados en datos) del tipo que desarrollaron Fitzroy, Blanford y Walker. Para ejecutar sus modelos basados en la física, el equipo de Charney utilizó el primer ordenador digital electrónico totalmente programable, conocido como ENIAC, siglas de «Electronic Numerical Integrator and Computer» (ordenador e integrador numérico electrónico).

La predicción meteorológica no era el uso principal del ENIAC. Aunque se concibió originalmente como una herramienta para ayudar en el cálculo de tablas de consulta de artillería, uno de los principales usos del ENIAC fue para los cálculos de bombas de hidrógeno.[4] Von Neumann y su colega Stanislaw Ulam fueron los principales usuarios del ordenador.

Estos cálculos eran complicados porque la bomba de hidrógeno es a la vez un dispositivo clásico, que se puede describir utilizando las leyes clásicas de la física, y un dispositivo cuántico; después de

---

4 Desafortunadamente, el uso principal de los superordenadores más potentes hoy en día es el ensayo de armas nucleares. Más adelante sostendré que estos superordenadores de alta gama deberían dedicarse a la predicción meteorológica y climática.

todo, la liberación de energía se debe a la fusión de núcleos del átomo de hidrógeno. Como vimos en el capítulo 4, la mecánica cuántica trata con cantidades abstractas que, en las circunstancias adecuadas, pueden interpretarse como probabilidades.

Ulam era muy consciente de lo difícil que resultaba hacer cálculos cuando algunas de las variables básicas eran probabilísticas y otras no. Cuando se recuperaba de una enfermedad, empezó a jugar al solitario, que perdía muchas más veces de las que ganaba. Empezó a pensar en cómo se podría calcular desde el inicio la probabilidad de ganar este juego. Al igual que sus cálculos sobre la bomba atómica, se trataba de un problema matemático difícil. Sin embargo, en el caso del solitario había una alternativa: se podía jugar varias veces y contar el número de veces que se ganaba. Así se obtiene la probabilidad buscada.

Este fue un momento eureka para Ulam. Se dio cuenta de que, en lugar de tratar la difusión de neutrones en términos de probabilidades, podía utilizar generadores de números pseudoaleatorios (PRNG) para crear un conjunto de posibles trayectorias deterministas para los neutrones, hacer que el ENIAC realizara los cálculos por separado para cada una de estas trayectorias deterministas y, finalmente, promediar los resultados de todos estos cálculos. Esto era mucho más sencillo que tratar con probabilidades. En esencia, la idea era dejar que el ordenador hiciera el trabajo duro: a ENIAC no le importaría repetir, una y otra vez, los cálculos sobre cómo podrían difundirse los neutrones.

Este nuevo método se consideró tan importante que Ulam y von Neumann decidieron que necesitaban darle algún tipo de nombre secreto, y surgió el nombre en clave «Montecarlo», basado en el casino de Mónaco donde había apostado el tío de Ulam.

He aquí un ejemplo sencillo de cómo funciona el método de Montecarlo. Supongamos que quieres estimar el valor de $\pi / 4$ sin utilizar una calculadora. El área de un círculo es $(\pi / 4) \times D^2$ donde D es su diámetro. El método de Montecarlo de estimar π sería tomar una hoja de papel y dibujar en ella un cuadrado (de área D^2) que solo contenga el círculo (véase la Fig. 27). A continuación, esparce de forma aleatoria una serie de pequeñas semillas sobre la hoja de papel. La dispersión aleatoria de pequeñas semillas es la operación repetida mencionada anteriormente. Ahora cuenta el número total, N_1, de semillas que se encuentran dentro del cuadrado. De estas, cuenta el número, N_2, que también se encuentran dentro del círculo. Si efectivamente las semillas están distribuidas al azar dentro del cuadrado, entonces la relación N_2 / N_1 se acercará cada vez más a $\pi / 4$ cuanto mayor sea el número de semillas esparcidas por la hoja de papel.

Las circunstancias del *momento eureka* de Ulam son similares a las de muchos otros eminentes científicos. Los momentos se produjeron mientras se relajaban, jugando al solitario en el caso de Ulam. ¿Por qué los momentos eureka parecen ocurrir en momentos de relajación? Más adelante hablaré de ello.

Chuck Leith, físico y matemático estadounidense que también trabajó en la bomba de hidrógeno después de la guerra, conocía los métodos de Ulam y von Neumann. Sin embargo, en la década de 1950, Leith decidió cambiar de rumbo y trabajar en el campo de los modelos climáticos, de reciente desarrollo. Gracias a sus conocimientos de los trabajos de Ulam y von Neumann, Leith escribió en 1974 un artículo en el que sugería que el método de Montecarlo también podía aplicarse a la previsión meteorológica. Leith propuso que en lugar de ejecutar un modelo de predicción meteorológica una vez, se ejecutara varias veces a partir de condiciones iniciales ligeramente diferentes, siendo cada condición inicial coherente con las observaciones ligeramente imperfectas que se tuvieran en el momento inicial. Al igual que en las simulaciones de Montecarlo para la bomba, se calcula la media de todas las previsiones.

Supongamos que un sistema de bajas presiones es bastante imprevisible. Entonces, mientras que un miembro de una predicción del método de Montecarlo podría predecir una caída del sistema de presión, otro miembro podría predecir un aumento de la presión en el mismo punto. Al promediar las dos previsiones, la predicción promediada sería que no se produciría ningún cambio en la presión, ni positivo ni negativo. De este modo, la predicción promediada de Montecarlo filtraría las partes impredecibles del tiempo, dejando solo la parte predecible: la parte común a todos los miembros de Montecarlo. Leith calcula que, para obtener el máximo

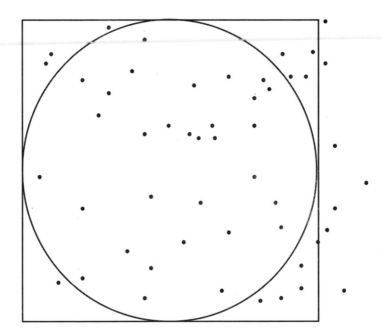

FIG. 27. Ilustración del método de Montecarlo. Esparcimos aleatoriamente pequeñas semillas sobre una hoja de papel en la que se hemos dibujado un cuadrado y el círculo más grande que quepa dentro del cuadrado. La relación entre el número total de semillas que se encuentran dentro del círculo y las que se encuentran dentro del cuadrado proporciona una estimación del número (irracional) π / 4.

beneficio de una previsión de Montecarlo, basta con promediar unas diez previsiones.

La idea de que promediar muchas previsiones inciertas de forma individual puede mejorar las predicciones no era nueva. En 1906, el estadístico británico Francis Galton observó un fenómeno que hoy se conoce como «sabiduría de la multitud». En una feria rural, ochocientas personas participaron en un concurso para adivinar el peso de un buey. Galton observó que la estimación media de las ochocientas conjeturas inciertas estaba dentro del 1 % del peso real. En otro ejemplo, en la década de 1980, el profesor de finanzas Jack Treynor pidió a sus cincuenta y seis alumnos que adivinaran el número de gominolas que había en un tarro. El número real era 850. Solo un estudiante acertó mejor que la media de 871, lo que supone un error del 2 %.

Si von Neumann y Ulam hubieran hablado más con Charney y su equipo de Princeton, la predicción meteorológica de Montecarlo podría haberse realizado por primera vez en el ENIAC. Pero el método de Montecarlo era secreto y por eso no hablaron. Esta síntesis tardaría otros cuarenta años en producirse.

En cambio, los primeros modelos de predicción meteorológica intentaban predecir el tiempo de mañana basándose en una única ejecución determinista del modelo de predicción. Pasarían varias décadas antes de que los meteorólogos operativos confiaran plenamente en estos modelos de predicción y abandonaran por completo sus propias reglas empíricas de predicción meteorológica.

A medida que estas predicciones por ordenador que utilizaban modelos basados en la física empezaron a tener cada vez más éxito, los meteorólogos empezaron a preguntarse con cuánta antelación se podía predecir la evolución cotidiana del tiempo. Ciertamente, el artículo de Ed Lorenz de 1963, comentado en el capítulo 1, había dejado claro que no se podía predecir de forma indefinida y con mucha antelación. Sin embargo, a finales de la década de 1960, existía la opinión generalizada, respaldada por algunos estudios, de que la evolución diaria del tiempo podía predecirse con unas dos semanas de antelación, de acuerdo con el análisis que describí en el capítulo 3. Estas dos semanas pasaron a conocerse como el «límite de la predictibilidad determinista».

En 1975, los países europeos se unieron para poner en común sus recursos humanos e informáticos y crearon el Centro Europeo de Predicción Meteorológica a Plazo Medio (ECMWF). El objetivo principal de esta nueva organización, situada en Reading, en el sur de Inglaterra, era realizar un sistema de previsión que pudiera predecir la evolución detallada del tiempo hasta el límite de dos semanas de la predictibilidad determinista.

En los primeros tiempos del ENIAC, cuando las previsiones solo se hacían con un día de antelación y para una región concreta del mundo —Estados Unidos—, no era necesario hacer un modelo del tiempo en los trópicos o en el hemisferio sur. De ahí que los primeros modelos basados en la física tuvieran dominios regionales con límites laterales. Sin embargo, cuando se hacen previsiones con dos semanas de antelación, el tiempo en cualquier parte del globo puede afectar al tiempo en cualquier otro lugar. Se hizo evidente que, para alcanzar poder predecir con dos semanas de antelación, había que desarrollar modelos basados en la física de forma global.

Al crear el ECMWF, los países europeos se dieron cuenta, con razón, de que no tenía sentido que cada Estado miembro desarrollara su propio modelo global, por lo que el esfuerzo se centró en desarrollar un único sistema de predicción global que beneficiara por igual a todos los ciudadanos de Europa. Desde el día en que empezó a elaborar previsiones, el ECMWF se convirtió de facto en el centro más hábil del mundo en la llamada predicción meteorológica de medio alcance. Este sistema de predicción beneficia ahora a todos los ciudadanos del mundo, especialmente a los que corren el riesgo de sufrir las formas más extremas del tiempo.

En los años 60, el hijo de Wilhelm Bjerknes, Jacob, empezó a reflexionar sobre el hallazgo de Gilbert Walker, que defendía que la intensidad del monzón indio podía predecirse a partir del índice de oscilación del sur (la diferencia de presión en superficie entre Tahití y Darwin, en Australia). Bjerknes hijo había emigrado en 1940 a Estados Unidos, donde fundó el Departamento de Meteorología de la Universidad de California en Los Ángeles. Allí se planteó una pregunta: ¿qué hace que el índice de oscilación del sur varíe de un año a otro? Empezó a darse cuenta de que la respuesta dependía de un fenómeno oceánico conocido desde hacía muchos siglos por los pescadores peruanos.

En circunstancias normales, las temperaturas del mar a lo largo del océano Pacífico ecuatorial son relativamente cálidas en el oeste y frías en el este. Esto es consecuencia de los vientos alisios que soplan de este a oeste a través del océano Pacífico ecuatorial. Los vientos que soplan sobre el océano cerca de la costa sudamericana hacen que el agua fría suba desde las partes más profundas del océano. Sin embargo, los pescadores sabían que en algunos años esta situación había cambiado, una vez más, debido a la caótica variabilidad del clima. Cuando se producen estas alteraciones, los vientos alisios y el afloramiento frío en el Pacífico oriental se debilitan y el agua se calienta. Esto es una mala noticia para los pescadores, ya que las aguas suelen transportar nutrientes como nitratos y fosfatos, producto de la descomposición de la materia orgánica que se hunde. Cuando cesa el afloramiento, los nutrientes no llegan y los peces mueren o se trasladan a otro lugar. Estas alteraciones solían notarse por primera vez en Navidad, por lo que se denominaban fenómenos de El Niño, es decir, «el Niño Jesús».[5] Jacob Bjerknes se dio cuenta de que estas alteraciones ocasionales de la temperatura del mar en el Pacífico oriental ecuatorial estaban íntimamente relacionadas con las variaciones de la oscilación del sur de Walker. Bjerknes postuló entonces un proceso dinámico de retroalimentación entre el océano Pacífico tropical y la atmósfera que lo rodeaba para explicar tanto el fenómeno de El Niño como la oscilación del sur. Gracias a los trabajos de Bjerknes, ahora conocemos el vínculo entre El Niño con la oscilación del sur mediante el acrónimo conjunto ENSO. De hecho, en parte gracias a Bjerknes, ahora pensamos en la atmósfera y los océanos como componentes de una única entidad dinámicamente acoplada.

En la década de 1970, se empezó a entender que cuando se produce un fenómeno ENSO, sus efectos no solo influyen en el monzón indio, sino que también pueden transmitirse a todo el planeta a través de lo que se denominan las teleconexiones atmosféricas.[6] Resulta que, a través de estas teleconexiones, El Niño también puede influir en la oscilación del Atlántico norte de Gilbert Walker y, por tanto, en el tiempo de Europa.[7] De este modo, la interacción entre la atmósfera y el océano subyacente (y, en menor medida, la tierra)

---

5   Recuerdo una reunión científica en la que discutíamos un fenómeno que habíamos descubierto recientemente: hacía algunos años, el afloramiento era más fuerte de lo normal. Le dimos el nombre de «Anti-El Niño», hasta que un colega señaló que si «El Niño» significaba «el Niño Jesús», «Anti-El Niño» significaría «el Niño Anticristo». A partir de entonces, adoptamos el término «La Niña».

6   Horel, J. D. y J. M. Wallace. «Planetary scale phenomena associated with the Southern Oscillation». *Monthly Weather Review* 109 (1981): 813–829.

7   Por otra parte, con Europa tan lejos del Pacífico tropical, estas teleconexiones pueden ser bastante ruidosas, como lo es intentar oír a alguien que habla en el extremo opuesto de una habitación en una fiesta llena de gente.

proporciona una fuente de predictibilidad para la atmósfera en escalas de tiempo mucho más largas que el límite de predictibilidad meteorológica determinista de dos semanas.

La posible existencia de esta previsibilidad a largo plazo, ¿entra en conflicto con el efecto mariposa analizado en el capítulo 3? No. El ENSO modifica las características estadísticas del tiempo durante una estación en concreto. Por ejemplo, si conocemos el ENSO, podemos predecir el número probable de huracanes atlánticos que se producirán durante una temporada, y su intensidad y trayectoria típicas, aunque la intensidad y trayectoria de cualquier huracán atlántico pueda ser bastante impredecible con más de unos pocos días de antelación. A finales de los años setenta, surgió una especie de cisma meteorológico. Se habían desarrollado unos modelos complejos basados en la física para predecir el tiempo dentro del límite de dos semanas de predictibilidad determinista, mientras que se utilizaban modelos estadístico-empíricos simples para predecir el tiempo en escalas de tiempo de mes a estación. Las previsiones de los modelos físicos eran precisas y deterministas («hará sol» o «no habrá huracanes»), mientras que las de los modelos estadístico-empíricos se basaban en probabilidades y, por tanto, eran inciertas.

Los dos grupos de meteorólogos que desarrollaban estos diferentes sistemas de previsión apenas se hablaban, así que sus metodologías no tenían casi nada en común.

Tras conseguir el doctorado en teoría general de la relatividad, entré a trabajar en la Oficina Meteorológica del Reino Unido en los años setenta. Tras pasar unos años trabajando en la dinámica no lineal de la región superior de la atmósfera conocida como estratosfera,[8] en 1982 me destinaron a la rama encargada de las previsiones

---

8   Uno de los logros de los que me siento más orgulloso durante este periodo fue trabajar con el experto de dinámica de fluidos Michael McIntyre, de Cambridge, y descubrir las mayores ondas rompientes de la atmósfera. Estas se producen en la estratosfera del hemisferio norte y mucho menos en la del hemisferio sur —debido principalmente a la diferente distribución de las montañas en los dos hemisferios—, lo que explica por qué el agujero de ozono se descubrió en el hemisferio sur y no en el hemisferio norte.

meteorológicas a largo plazo. En aquel momento no me entusiasmó el destino, pero en la función pública científica no siempre se puede elegir. En realidad, fue probablemente lo mejor que me pasó en mi carrera científica.

El meteorólogo estadounidense de origen indio Jagadish Shukla, de la NASA, y el meteorólogo estadounidense de origen japonés Kiku Miyakoda, de Princeton, empezaron a realizar trabajos pioneros de predicción mensual con modelos atmosféricos basados en la física. En los estudios de Shukla, las temperaturas de la superficie del mar que variaban lentamente proporcionaban lo que se denomina las «condiciones de contorno inferiores» para los modelos atmosféricos, y estas condiciones de contorno generaban unas circulaciones atmosféricas predecibles dentro de los modelos en las escalas temporales mensuales.[9] Estos estudios me hicieron darme cuenta de que los modelos basados en la física podían desempeñar un importante papel en la previsión meteorológica a largo plazo, junto con los modelos estadístico-empíricos más tradicionales. Mis colegas Chris Folland y David Parker habían desarrollado unos modelos estadístico-empíricos para la predicción meteorológica media mensual en el Reino Unido. Estos modelos estadísticos predecían las probabilidades de distintos tipos de patrones de circulación atmosférica en el tiempo, y los pronósticos se vendían a las empresas de servicios públicos —agua, electricidad y gas— para ayudarles a planificar las semanas y meses venideros.

Empezamos a preguntarnos: ¿podrían utilizarse los modelos basados en la física para reforzar la destreza de estos modelos estadístico-empíricos en las predicciones a largo plazo sobre el Reino Unido? Tal vez, pero, para combinar el enfoque de los modelos estadístico-empíricos con el de los modelos basados en la física, estos últimos tendrían que ser probabilísticos de algún modo.

Estaba claro que se necesitaba algún tipo de método Montecarlo de la clase que Leith había defendido unos años antes. Sin embargo, en lugar de promediar las previsiones como había sugerido Leith,

---

9 Shukla, J. «Dynamical predictability of monthly means». *Journal of the Atmospheric Sciences* 38 (1981): 2547–2572.

habría que estimar las probabilidades de previsión de los distintos tipos de patrones meteorológicos a partir de los miembros del conjunto. De este modo, en noviembre de 1985, mi colega James Murphy y yo pusimos en marcha el primer sistema de previsión meteorológica por conjuntos del mundo, basado en la última generación de modelos basados en la física.[10] Para los estándares actuales, era un sistema muy rudimentario.

Recuerdo que en aquel momento pensé: ¿por qué hacemos estas previsiones de conjunto solo para las escalas temporales mensuales? ¿Por qué no realizamos también estas previsiones de conjunto para predicciones a escalas temporales más cortas, es decir, dentro del límite de las dos semanas de la predictibilidad determinista? Me incorporé al ECMWF en 1986 con el objetivo de intentar hacer algo al respecto. Quería tomar el sistema de conjuntos que James Murphy y yo habíamos desarrollado recientemente e implantar algo similar dentro del intervalo de predicción de dos semanas, en el que se centraba el trabajo del ECMWF.

Sin embargo, me encontré con la reticencia de mis colegas investigadores y de los meteorólogos que hacían las previsiones para los medios de comunicación. Consideraban que el límite de dos semanas de la predictibilidad determinista era una línea divisoria natural entre la predicción determinista y la predicción probabilística. La opinión de mis colegas era que, al predecir el tiempo en escalas temporales inferiores a dos semanas, lo único que hay que hacer es una única predicción a partir de un único estado inicial utilizando un único modelo. Por lo tanto, estos colegas argumentaron que cuando se dispusiera de nuevos recursos informáticos —esta era la época en que la velocidad de los ordenadores aumentaba exponencialmente con el tiempo— deberían centrarse en mejorar el modelo de mejor predicción y el estado inicial de mejor predicción, y no en realizar múltiples predicciones de conjunto para estimar la incertidumbre de la predicción. Además, a los meteorólogos no les gustaba la idea

---

10 Murphy, J. M. y T. N. Palmer. «Experimental monthly long-range forecasts for the United Kingdom. A real-time long-range forecast by an ensemble of numerical integrations». *Meteorological Magazine* 115 (1986): 337–349.

de los conjuntos porque consideraban que, al estimar de forma explícita la incertidumbre, estas predicciones estaban socavando de algún modo su profesionalidad. En su opinión, su trabajo consistía en decir las cosas como son y no como podrían ser o no ser.

No estoy de acuerdo. Dado que la atmósfera no es lineal, su predictibilidad varía de un día para otro. Esta variación puede observarse en modelos caóticos sencillos (véase la Fig. 10). En muchos días, la atmósfera puede ser tan predecible que las predicciones deterministas sean bastante precisas durante mucho tiempo (como en la parte superior izquierda de la Fig. 10). Sin embargo, habrá días en los que la atmósfera sea tan caótica que las predicciones deterministas resulten inexactas incluso después de unos pocos días de previsión (como la parte inferior de la Fig. 10). Y, sin embargo, todos los días lanzamos al público estas previsiones deterministas, sin tener ni idea de si la atmósfera se encuentra en un estado predecible o caótico. En este último caso, las previsiones podrían ser más que inútiles si la gente las utilizara para tomar decisiones importantes. ¿Qué es lo que distingue a la ciencia de la pseudociencia? Sin duda, una característica clave es la capacidad de manejar la incertidumbre, de estimar las barras de error. Las previsiones meteorológicas dentro del límite de la predictibilidad determinista carecían de los medios fiables para estimar esas barras de error.

Sin embargo, para estimar estas barras de error de forma fiable, los sistemas de conjuntos tendrían que tener muchos más miembros que los diez estimados por Leith. Este método iba a requerir mucho tiempo de ordenador, y a mis colegas deterministas no les hacía gracia.

La tormenta de 1987, de la que hablamos en la introducción, fue una especie de regalo del cielo. Podemos analizar retrospectivamente esta tormenta; en la simulación informática, inicializamos el conjunto poco más de dos días antes de que la tormenta azotara el Reino Unido. Los cincuenta miembros del conjunto empezaron con unas condiciones iniciales prácticamente idénticas, aunque no del todo. Dos días más tarde, los cincuenta miembros del conjunto divergían más de lo que yo hubiera creído posible (véase la Fig. 28). Algunos conjuntos avecinaban unas tormentas intensas, mientras

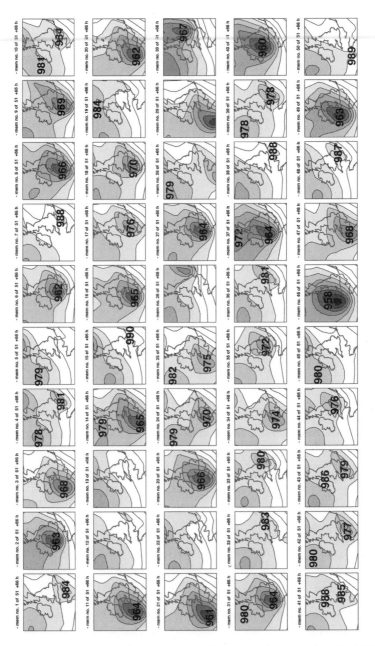

FIG. 28. Predicción de conjunto para la mañana del 16 de octubre de 1987, a partir de las condiciones iniciales del mediodía del 13 de octubre. Se ilustran cincuenta «mapas de sellos» de la presión en la superficie prevista. Las incertidumbres en las condiciones iniciales y en las ecuaciones del modelo han conducido a una enorme divergencia en los posibles estados de previsión para el día dieciséis. Algunas avecinan unas enormes tormentas, mientras que otras presentan un tiempo benigno de altas presiones.

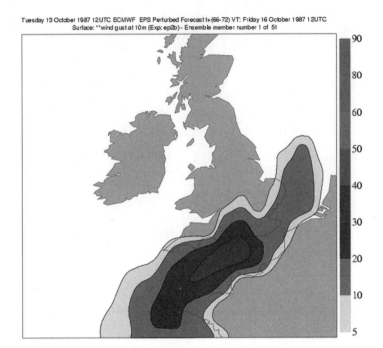

FIG. 29. Mapa que muestra la probabilidad de vientos huracanados el 16 de octubre de 1987, basado en el pronóstico de conjunto mostrado en la Fig. 28.

que otros mostraban un tiempo más bien benigno. La atmósfera se encontraba en un estado excepcionalmente imprevisible y caótico durante este periodo y la diversidad de soluciones posibles era enorme. Esto equivale en el mundo real al crecimiento explosivo de la incertidumbre que se muestra en la parte inferior de la Fig. 10 para el sistema Lorenz.

¿Qué se puede hacer con esas cincuenta predicciones? Lo último que uno querría hacer sería promediar estas de la forma que sugiere Leith. Si se hiciera así, las medidas preventivas contra las tormentas se suavizarían y no se podría predecir la posibilidad de los vientos huracanados.

En su lugar, uno puede simplemente contar el número de miembros del conjunto con tormentas excepcionales y tratar esto como una estimación frecuencial de la probabilidad de una tormenta excepcional. La Fig. 29 es un mapa que muestra precisamente esto: una predicción de la probabilidad de vientos huracanados. En la

Fig. 29 se puede ver que existe una probabilidad de alrededor del 30 % de que aparezcan estos vientos sobre el sur de Inglaterra. Dado que «en Hertford, Hereford y Hampshire, los huracanes casi nunca ocurren»,[11] una probabilidad del 30 % es bastante grande en comparación con las expectativas previas de huracanes sobre el sur de Inglaterra. Como mínimo, conociendo tal probabilidad, sería prudente aparcar ese coche nuevo en el garaje y no bajo un gran roble.

Si alguna vez ha habido un ejemplo claro de la necesidad de las previsiones conjuntas, ha sido este. Las discusiones estaban fuera de lugar. El sistema de previsión por conjuntos del ECMWF[12] entró en funcionamiento a finales de 1992. Al mismo tiempo, Eugenia Kalnay y Zoltan Toth pusieron en marcha un sistema similar en el Servicio Meteorológico Nacional de Estados Unidos y, en los años siguientes, todos los centros de previsión meteorológica operativa del mundo pondrían en marcha varios sistemas de predicción por conjuntos de uno u otro tipo.

Por supuesto, estos sistemas serían inútiles si predijeran huracanes todo el tiempo. La Fig. 30 ilustra un conjunto de «mapas de sello» para una situación bastante típica (una previsión de conjunto a tres días en el momento de escribir estas líneas). En comparación con la Fig. 28, los cincuenta mapas de presión se parecen bastante entre sí y sugieren una probabilidad bastante alta de una corriente de aire frío del norte a través de partes de Europa central y occidental. No hay ningún rastro de un posible huracán.

Por supuesto, estos sistemas por conjuntos no solo son beneficiosas para las latitudes medias. La Fig. 31, por ejemplo, muestra las trayectorias semanales de tres previsiones de ciclones y huracanes tropicales. La parte superior muestra las cincuenta trayectorias previstas para el ciclón Sidr, que azotó Bangladesh en 2007. Se trata de un ejemplo en el que la trayectoria de la tormenta era bastante previsible. Las autoridades de Bangladesh enviaron avisos claros de

---

11 De *My Fair Lady*, película de 1964 basada en un musical de 1956, a su vez basado en la obra *Pygmalion* de George Bernard Shaw.

12 El desarrollo de este sistema ha sido obra de muchos colegas: véanse los agradecimientos de este libro.

la tormenta y se perdieron pocas vidas. En el centro se muestra la trayectoria prevista del tristemente célebre huracán Katrina cinco días antes de que azotara Nueva Orleans. Aquí la trayectoria de la tormenta era mucho menos predecible. A esta distancia, la trayectoria más probable era sobre Florida, y las probabilidades de que la tormenta rondara sobre el golfo de México y hacia Nueva Orleans eran débiles. Esta trayectoria se hizo cada vez más probable a medida que se aproximaba a tierra. El Katrina es un ejemplo de un acontecimiento solo parcialmente previsible. La parte inferior muestra una previsión de conjunto para el huracán Nadine en el Atlántico en 2012; en este caso, la dirección que tomaría Nadine era completamente incierta.

Los pronósticos de las aplicaciones del tiempo, tan populares hoy en día, ofrecen sus predicciones probabilísticas basadas en conjuntos a escala de código postal. Para ello, se aplica un *software* adicional de «reducción de escala» a los resultados del modelo basado en la física. Se trata de un ámbito en el que las técnicas de IA son cada vez más importantes.

Pero ¿qué significa una predicción de probabilidad? Merece la pena pararse a pensarlo. Después de todo, es fácil hacer una predicción probabilística, de forma que parece que no te puedes equivocar. Basta con decir: «Hay un 80% de probabilidades de que llueva mañana». Si llueve, decimos: «Bueno, dije que era muy probable que lloviera», y si no llueve, decimos: «Bueno, dije que era posible que no lloviera». Así que, si estamos dedicando muchos recursos informáticos a estimar estas probabilidades, más vale que estemos seguros de lo que significa realmente una previsión del 80% de probabilidades y de si nuestro sistema de previsión lo capta correctamente.

Supongamos que la aplicación del tiempo dice que la probabilidad de que llueva en la ciudad el martes entre las 18.00 y las 19.00 horas es del 80%. Esto no significa que vaya a llover en el 80% de la ciudad el martes entre las 18.00 y las 19.00 horas. Tampoco significa que vaya a llover el 80% del tiempo entre las 18.00 y las 19.00 horas en la ciudad el martes. Y, por último, no significa que solo el 80% de las predicciones meteorológicas piensen que va a llover el martes entre las 18.00 y las 19.00 horas. Entonces, ¿qué significa?

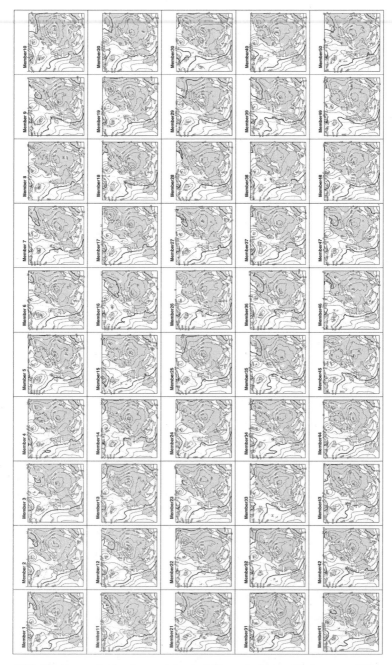

FIG. 30. Un conjunto de «mapas de sellos» de la presión en superficie sobre Europa para una previsión meteorológica de tres días a partir del 26 de noviembre de 2021. En comparación con la Fig. 28, las previsiones del conjunto no han divergido mucho. Esta es una situación más típica que se da en la predicción meteorológica.

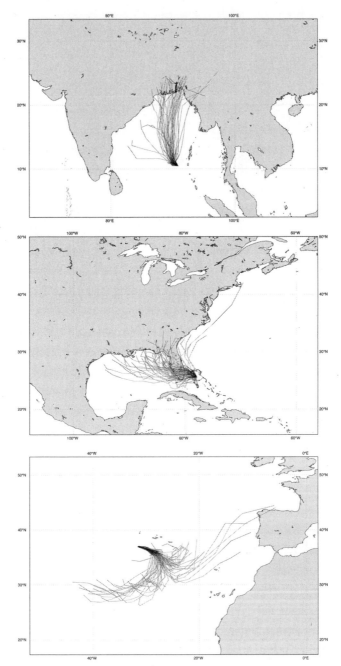

FIG. 31. Conjuntos de predicciones semanales de las trayectorias de los ciclones tropicales, realizados con el sistema de previsión ECMWF.
Arriba: Lateral, bastante predecible.
Medio: Katrina, bastante impredecible.
Abajo: Nadine, totalmente impredecible.

150

Supongamos que tenemos acceso a todos los conjuntos de pre dicciones meteorológicas que se han realizado en el último año (de un proveedor meteorológico concreto, como ECMWF). Es decir, tenemos a nuestro alcance unas dos predicciones conjuntas al día durante 365 días, lo que hace un total de 730 predicciones conjuntas. Ahora extraemos de todas estas predicciones de conjunto las que predijeron lluvia entre las 6 y las 7 de la tarde en mi ciudad con un 80 % de probabilidad. Es decir, con un conjunto formado por 50 pronósticos individuales, buscamos los conjuntos en los que 40 de los 50 miembros (es decir, el 80 % de ellos) han pronosticado lluvia entre las 18.00 y las 19.00 horas de la tarde.

Supongamos que el año pasado hubo 35 días en los que la probabilidad de lluvia prevista fue del 80 %. Ahora bien, si estas probabilidades de predicción fueron fiables, deberíamos esperar que en realidad lloviera en el 80 % de estas 35 fechas previstas; es decir, que lloviera realmente en 28 de las 35 ocasiones. Si, por ejemplo, solo hubiera llovido en 3 de las fechas en las que se había pronosticado una probabilidad del 80 %, es probable[13] que nuestro sistema de previsión de conjuntos no sea fiable y tendríamos que volver a la mesa de dibujo de investigación y desarrollo para intentar averiguar por qué no estamos representando adecuadamente las incertidumbres de previsión en nuestro sistema de conjuntos.

En términos más sencillos, si el sistema de conjuntos produce unas probabilidades de predicción fiables, entonces, de todas las ocasiones en que se predice un fenómeno meteorológico con una probabilidad del «p por ciento», el fenómeno meteorológico debería producirse realmente en el «p por ciento» de esas ocasiones. Lo que estamos haciendo aquí es tomar una probabilidad de la predicción de conjunto y compararla con una frecuencia de ocurrencia del mundo real. La primera vez que me referí al «p por ciento», lo hice como una probabilidad de predicción. La segunda vez era una frecuencia de ocurrencia en el mundo real. Este vínculo entre las

---

13 Siempre existe la posibilidad de lanzar 10 caras seguidas con una moneda, cuya cara y cruz tienen la misma probabilidad. Sin embargo, cuanto más a menudo ocurre esto, más probable es que la moneda esté sesgada.

probabilidades estimadas y las frecuencias reales es lo que hace útil la previsión por conjuntos.

Desarrollar un sistema de previsión de conjuntos cuyas probabilidades sean fiables de esta manera (es decir, calibradas con precisión con frecuencias de ocurrencia) es muy difícil, especialmente para los tipos de tiempo más extremos. La mera adición de perturbaciones aleatorias a las condiciones iniciales no da lugar a conjuntos fiables en absoluto: con tales perturbaciones, los miembros del conjunto no suelen divergir entre sí tan rápidamente como deberían. Como resultado, estos conjuntos subestiman la incertidumbre de la previsión y las correspondientes probabilidades de previsión son demasiado fiables. Las decisiones sobre cuándo evacuar una ciudad basadas en las probabilidades poco fiables de vientos huracanados podrían ser desastrosas. Para pronosticar la incertidumbre de forma fiable, hay que comprender realmente la naturaleza de las incertidumbres con las que se está tratando: otra vez la primacía de la duda.

Intentar representar adecuadamente el efecto mariposa en un sistema operativo de predicción meteorológica por conjuntos llevó muchos años de duro trabajo, entre otras cosas, porque las características de error de muchos procesos relevantes para determinar el estado inicial de la predicción son difíciles de medir y cuantificar (por ejemplo, se pierde mucha información de las observaciones al asimilarlas a modelos truncados de la atmósfera). Para compensar esa «incertidumbre sobre la incertidumbre», debemos aplicar las técnicas de la llamada teoría de la estabilidad, que trata de concentrar las perturbaciones iniciales del conjunto en las direcciones del espacio de estados en las que las circulaciones atmosféricas son más inestables. Estas perturbaciones se denominan «vectores singulares». Sin esas perturbaciones de vectores singulares, los miembros del conjunto tienden a estar demasiado agrupados y el conjunto es demasiado confiado y genera probabilidades poco fiables. Volveremos sobre estos vectores singulares cuando hablemos de la predicción de conflictos por conjuntos, ya que el concepto es relevante en ese tema. Debido a estos tipos especiales de perturbaciones, los sistemas operativos de predicción por conjuntos no consisten en los simples sistemas de predicción de Montecarlo previstos originalmente por Leith, por lo que ahora utilizamos la expresión «predicción por conjuntos» para describirlos.

Desde su puesta en marcha en 1992 hasta la fecha de redacción de este libro, el conjunto de cincuenta muestras del ECMWF se ha utilizado en paralelo con una previsión determinista más tradicional de un solo miembro.

Esta última se realiza con un modelo cuya resolución espacial es aproximadamente el doble de la del modelo de predicción por conjuntos. Con su modelo de mayor resolución, la previsión determinista proporciona más detalles que el modelo por conjuntos. Sin embargo, no hay forma de saber si este detalle extra es fiable o no. Mientras escribo estas palabras, el ECMWF acaba de anunciar que en 2023 la resolución horizontal del sistema de predicción por conjuntos aumentará a 9 km (5,6 millas), la misma que la del modelo de predicción determinista. Esencialmente, en 2023, el sistema por conjuntos será el único sistema de previsión del ECMWF. Este acontecimiento marcará el final de un larguísimo camino de investigación y desarrollo para introducir la predicción por conjuntos en la previsión meteorológica.

Para terminar con nuestra historia, volvamos brevemente a la escala temporal de la predicción mes-estacional, más allá del llamado límite de dos semanas de la predicción determinista. En los años ochenta se produjo un gran avance en las predicciones de la ENSO al utilizar unos modelos basados en la física del sistema acoplado océano-atmósfera. Mark Cane y Steve Zebiak, de la Universidad de Columbia, desarrollaron un modelo físico del sistema océano Pacífico tropical y de la atmósfera que codificaba los procesos dinámicos básicos océano-atmósfera acoplados que Jacob Bjerknes había descubierto en los años sesenta. Basándose en los trabajos de Cane y Zebiak, parecía que el ENSO podía predecirse con más de un año de antelación.[14] Aún recuerdo con gran emoción la primera vez que

---

14 Cane, M., S. E. Zebiak y S. C. Dolan. «Experimental forecasts of El Niño», *Nature* 321 (1986): 827–832.

oí a Cane hablar de su modelo en una reunión de la Royal Society de Londres en 1986. Al final de la charla, mostró su predicción del fenómeno ENSO de 1986/87. Sucedió tal y como se había previsto. Como en el caso de Fitzroy y Blanford, podría tratarse de la suerte del principiante, pero, en este caso, no lo fue.

Sin embargo, nada de esto podría hacerse de forma fiable con predicciones deterministas únicas, y la predicción por conjuntos es ahora una parte vital de cualquier sistema de predicción estacional. Estas predicciones pueden utilizarse para advertir del riesgo de sequías prolongadas, temporadas de huracanes, o de las probabilidades de inviernos fríos y nevados en alguna parte del mundo. Dado que muchos centros operativos elaboran previsiones estacionales y que gran parte de la incertidumbre de las previsiones se debe a las deficiencias en la resolución de los modelos océano-atmósfera (como explicaré en el capítulo 6), tiene sentido combinar los resultados de los distintos modelos de los diferentes institutos de previsión en un sistema denominado conjunto multimodelo. Yo mismo dirigí un proyecto internacional para desarrollar uno de los primeros conjuntos de predicción estacional multimodelo.[15] Lo utilizamos para predecir probabilísticamente el rendimiento de las cosechas en Europa y los brotes epidémicos de malaria en África, dos de las muchas aplicaciones de las predicciones estacionales.

El Grupo Intergubernamental de Expertos sobre el Cambio Climático también utiliza esta técnica de conjuntos multimodelo para sus proyecciones sobre el cambio climático (capítulo 6). Y también se han utilizado conjuntos multimodelo para predecir la propagación de la COVID-19 (capítulo 7).

---

15 Palmer *et al.*, «Development of a European multimodel ensemble system for seasonal-to-interannual prediction» (DEMETER). *Bulletin of the American Meteorological Society,* 85 (2004): 853–873.

6

EL CAMBIO CLIMÁTICO

¿Se avecina una catástrofe o solo vientos templados?

El cambio climático se ha descrito a veces como una catástrofe a punto de ocurrir y otras como una tibia perturbación de nuestro sistema climático sin mayor importancia. Hay una gran diferencia de opiniones. ¿Cuál es la opinión científicamente correcta? ¿Cómo debemos ver el cambio climático desde una perspectiva coherente con la «ciencia de la incertidumbre»?

Empecemos por repasar dos lados opuestos del argumento. Por un lado:

Nos encontramos en una crisis climática. Hemos llegado a este estado a base de quemar combustibles fósiles como el carbón, el petróleo y el gas, un proceso que comenzó con la Revolución Industrial y continúa hasta nuestros días. Durante este tiempo, hemos devuelto a la atmósfera cientos de miles de millones de toneladas de carbono, la mayor parte del cual había estado almacenado en el suelo durante cientos de millones de años. De este modo, hemos aumentado súbitamente la concentración de dióxido de carbono en la atmósfera hasta niveles nunca vistos en millones de años.

Estas concentraciones seguirán aumentando en el futuro a menos que dejemos de quemar combustibles fósiles. Como el dióxido de carbono es un gas de efecto invernadero, nuestras emisiones de carbono calentarán la atmósfera, lo que provocará cambios catastróficos en nuestro clima, como olas de calor mortales, tormentas de una intensidad sin precedentes y subidas de metros del nivel del mar causadas por el calentamiento de los océanos y la desintegración de las capas de hielo.

Y el carbono que liberamos a la atmósfera permanecerá allí durante cientos, si no miles, de años. Debemos dejar de emitir estas concentraciones de una vez por todas.

Por otro lado:

Estas advertencias alarmistas son totalmente exageradas. El dióxido de carbono es lo que se denomina un «gas traza» en la atmósfera, de forma que su concentración se mide en partes por millón. Desde el inicio de la Revolución Industrial, la concentración solo ha aumentado una parte por cada diez mil. Es una cantidad ínfima. De hecho, si se calcula la cantidad de calentamiento debida a la duplicación de la concentración de dióxido de carbono, apenas supera 1 °C (1,8 °F). No es una gran catástrofe, y además apenas se nota. Las temperaturas cambian más de 1 °C de un día para otro.

Y, por supuesto, la gran intuición de Ed Lorenz fue darse cuenta de que un clima caótico nunca se repite. Por lo tanto, un sistema caótico como el clima siempre está cambiando y nunca podemos estar seguros de que un periodo cálido inusual en la atmósfera no sea solo el efecto de la variabilidad interna, incluso si el periodo cálido bate récords. En cualquier caso, la predicción del cambio climático no es más que un pronóstico meteorológico a largo plazo y, de nuevo, sabemos por la teoría del caos que tales predicciones a largo plazo son imposibles. Por lo tanto, estas previsiones de olas de calor mortales y aumento sustancial del nivel del mar son completamente falsas.

Además, los modelos climáticos son erróneos y poco fiables. Si nos fijamos en las predicciones sobre el cambio climático realizadas hace treinta años, los modelos habían predicho un calentamiento excesivo. De hecho, ¿cuándo un modelo climático ha hecho una predicción que haya resultado ser correcta?

Y, en cualquier caso, este aumento de la concentración de dióxido de carbono es algo de lo que deberíamos alegrarnos: tener esas moléculas extra de dióxido de carbono en la atmósfera ayudará a que las plantas crezcan con más fuerza, reverdeciendo así el planeta.

Aquí he resumido ambas partes de la discusión, espero que de forma precisa y desinteresada, para que los argumentos de ambas partes parezcan plausibles.

Antes de sumergirme en la ciencia del cambio climático, necesito encontrar algunas palabras que describan estos dos puntos de vista. A veces se utiliza la expresión «escéptico climático» para describir el segundo punto de vista. Sin embargo, todos los científicos, incluidos los climatólogos, son intrínsecamente escépticos. Bob May, cuyo trabajo sobre el caos y la ecología se describió en el capítulo 1, denomina la ciencia como «escepticismo organizado». Otra expresión que se utiliza a veces es «negacionista del clima». Sin embargo, las similitudes con los negacionistas del Holocausto hacen que esta frase resulte ofensiva para muchas personas. En un intento de ser neutral, propongo llamar a la primera postura «maximalista climática» y a la segunda «minimalista climática».[1] Una cuestión importante es la siguiente: ¿dónde se sitúa la ciencia del clima en un espectro en el que estas posiciones se sitúan en los extremos? ¿Cerca de un extremo, a medio camino?

La certeza de los maximalistas de que vamos hacia el desastre parece incoherente con el mantra de la «primacía de la duda» de este libro. Por tanto, quizá deberíamos hacer caso a los minimalistas, que insisten en la necesidad de ser prudentes y subrayan las incertidumbres de nuestra comprensión del sistema climático.

Sin embargo, como se ha subrayado en el capítulo anterior, las estimaciones de la incertidumbre son útiles para tomar decisiones —por ejemplo, si hay que reducir o no las emisiones de carbono— solo si son fiables, es decir, ni por exceso ni por defecto. Exagerar la incertidumbre puede ser tan perjudicial como subestimarla. Si Michael Fish hubiera advertido de la posibilidad de que un huracán azotara el sur de Inglaterra cada noche que aparecía en televisión, nadie le habría prestado atención el día en que el huracán llegó realmente.

En su influyente libro *Mercaderes de la duda*,[2] Naomi Oreskes y Erik Conway describen cómo un grupo de científicos y asesores científicos explotaron las inevitables incertidumbres de la investigación

---

1 Mi agradecimiento a Peter Webster por esta sugerencia.

2 Oreskes, N. y E. M. Conway. *Mercaderes de la duda*. Madrid: Capitán Swing, 2018.

para oscurecer el conocimiento científico sobre una serie de cuestiones, desde el humo del tabaco hasta el calentamiento global. El libro de Oreskes y Conway parece dar mala fama a *La ciencia de la incertidumbre*. Sin embargo, los autores se centran en la inflación deliberada de la incertidumbre por motivos ideológicos o comerciales. Evidentemente, deberíamos desconfiar tanto de la inflación como de los intentos de hacer predicciones más seguras de lo normal.

En resumen, al tratar de estimar lo que nos depara el cambio climático, es vital que nuestras estimaciones de la incertidumbre sean fiables. ¿Cómo conseguirlo? La estimación de lo incierto suele realizarse mediante técnicas de conjuntos, como las descritas en el capítulo anterior para la predicción meteorológica. De hecho, no es posible describir el cambio climático de una forma objetiva y científica sin explicar las tres funciones de los conjuntos: estimar los efectos de retroalimentación inciertos en la climatología; estimar el impacto de la política climática en el cambio climático, y separar los efectos de la variabilidad caótica natural de los efectos inducidos por el hombre.

A partir de la primera forma de utilizar los conjuntos, podemos abordar la magnitud del impacto que nuestras emisiones de gases de efecto invernadero están teniendo en las temperaturas globales. Con el segundo conjunto, podemos evaluar si las medidas paliativas pueden ser eficaces o no. Y a partir del tercer conjunto, no solo podemos evaluar hasta qué punto los cambios observados en el tiempo y el clima son naturales («el clima siempre está cambiando»), sino que podemos intentar atribuir los fenómenos meteorológicos concretos al cambio climático, al menos de forma probabilística.

Pero empecemos por el principio. ¿Qué es un gas de efecto invernadero? Decimos que el dióxido de carbono es un gas de efecto invernadero porque es relativamente transparente a los fotones visibles y ultravioletas que son emitidos por el sol, pero es opaco a los fotones infrarrojos menos energéticos que son emitidos de vuelta al espacio por la Tierra más fría.[3] Imagina que miras a la Tierra desde

---

3   En realidad, este no es el mecanismo que hace que el aire del interior de un invernadero se caliente. El sol brilla a través del cristal y calienta el suelo, que,

el espacio con unas gafas de infrarrojos.[4] Entonces, en lugar de ver la superficie de la Tierra, el azul del océano, por ejemplo, verías una pelusa de fotones emitidos por la atmósfera a unos kilómetros por encima de la superficie terrestre. Son los fotones emitidos por los gases de efecto invernadero de la atmósfera. No podríamos distinguir en absoluto la superficie de la Tierra a partir de esta niebla de fotones infrarrojos.

Supongamos que de repente pudiéramos duplicar la cantidad de dióxido de carbono en la atmósfera. Entonces la superficie de la Tierra se volvería aún más invisible. El manto de efecto invernadero es ahora más fuerte que antes. El dióxido de carbono es lo que se denomina un «gas bien mezclado», lo que significa que, si duplicamos la cantidad de dióxido de carbono en la atmósfera, su concentración se duplicará en toda la atmósfera. Como resultado, los fotones que vemos con nuestras gafas infrarrojas habrán sido emitidos, por término medio, por moléculas de gas de efecto invernadero situadas un poco más arriba en la atmósfera: la capa original que veíamos con nuestras gafas está ahora parcialmente oscurecida por moléculas de efecto invernadero adicionales situadas por encima de esta capa. Sin embargo, un poco más arriba, en esta parte de la atmósfera, el aire es un poco más frío. Esto significa que la energía de los fotones infrarrojos que se emiten al espacio es menor que antes. La Tierra se encuentra ahora en un desequilibrio energético: el Sol está dando a la Tierra más energía de la que esta irradia de vuelta al espacio. La única forma de restablecer este equilibrio es que la Tierra se caliente; lo hace en el nivel en el que los fotones irradian energía al espacio y, como consecuencia, también se calienta en la superficie.[5] Como consecuencia directa de este efecto, una duplicación del

---

a su vez, calienta el aire. El cristal es una barrera física que impide que las corrientes de aire caliente salgan del invernadero. Al final, el término se ha impuesto, así que tenemos que vivir con él.

4   Detección de fotones en lo que se denominaría la parte infrarroja de banda ancha del espectro electromagnético.

5   Las circulaciones atmosféricas, por ejemplo, en forma de nubes de tormenta, ayudan a ajustar la temperatura de la superficie al calentamiento de los gases de efecto invernadero en el aire.

dióxido de carbono con respecto a la época preindustrial calentará la superficie de la Tierra algo más de 1 °C, lo que no es un motivo para exagerar. Aquí los minimalistas tienen razón.

Sin embargo, el dióxido de carbono no es el único gas de efecto invernadero en la atmósfera. De hecho, ni siquiera es el gas de efecto invernadero más potente, molécula por molécula. Como descubrió el físico irlandés John Tyndall en el siglo XIX, el gas de efecto invernadero más importante de la atmósfera es el vapor de agua, la forma gaseosa del agua. Cuando el cielo está azul y despejado, todavía hay mucho vapor de agua en el aire. Este vapor de agua es transparente a la luz visible, por lo que no lo vemos. Sin embargo, es opaco a la luz en longitudes de onda infrarrojas. Por ello, al igual que el dióxido de carbono, puede atrapar la energía saliente de la Tierra.

A menudo pensamos en el importante papel que desempeña el agua líquida como sustento de la vida en la Tierra. Sin embargo, Tyndall se dio cuenta de que, como gas de efecto invernadero, el vapor de agua gaseoso también desempeña un papel vital. En una frase maravillosamente elocuente, Tyndall escribió: «Este vapor acuoso es una manta más necesaria para la vida vegetal de Inglaterra que la ropa para el hombre. Si se eliminara durante una sola noche de verano el vapor acuoso del aire que cubre este país, se destruiría con toda seguridad toda planta capaz de ser destruida por temperaturas heladas. El calor de nuestros campos y jardines se desvanecería en el espacio, y el sol saldría sobre una isla enterrada bajo una capa férrea de escarcha». Teniendo esto en cuenta, cabe preguntarse por qué nos preocupa tanto el aumento de la concentración de dióxido de carbono. Deberíamos preocuparnos más bien por el efecto que pueda tener sobre la cantidad de vapor de agua en el aire.

La respuesta es que nos preocupa el efecto que tenemos sobre la cantidad de vapor de agua en el aire, pero no nos preocupan tanto las emisiones directas de vapor de agua como el efecto en cadena de nuestras emisiones de dióxido de carbono sobre el vapor de agua. En concreto, si la atmósfera mundial se calienta un poco por nuestras emisiones de dióxido de carbono, este calentamiento se verá amplificado por un aumento en cadena de la cantidad de vapor de agua en el aire. El proceso es quizá más familiar a la inversa.

Durante las frías noches de otoño, el aire cálido y húmedo del día se enfría y el vapor de agua se condensa en pequeñas gotas que llamamos niebla (o nubes bajas). El aire más frío de la noche contiene menos moléculas de vapor de agua que el aire más cálido del día. Al amanecer, el aire vuelve a calentarse y las gotitas de agua opaca vuelven a evaporarse lentamente en vapor de agua transparente.

El efecto amplificador en cadena es un ejemplo de lo que se denomina un proceso de retroalimentación positiva. Emitimos dióxido de carbono al aire; el aire se calienta en una pequeña cantidad. Debido a la evaporación (por ejemplo, de los océanos y de la superficie terrestre), el aire más caliente se vuelve más húmedo. El efecto invernadero de este vapor de agua adicional aumenta el calentamiento del aire debido únicamente al dióxido de carbono. El calentamiento directo debido a la duplicación del dióxido de carbono es de poco más de 1 °C. Sin embargo, si añadimos esta retroalimentación del vapor de agua, el calentamiento se duplica a algo más de 2 °C. Si además tenemos en cuenta que la capa de hielo y nieve de la superficie terrestre empieza a desaparecer a medida que la Tierra se calienta, de modo que la superficie absorbe más energía solar, el calentamiento aumenta a unos 2,5 °C (4,5 °F). Ahora el cambio climático empieza a ser algo preocupante.

Entendemos estos procesos de retroalimentación más o menos de manera razonable. Sin embargo, hay otro proceso de retroalimentación asociado al agua que no comprendemos en absoluto, y se trata del proceso de retroalimentación de las nubes. Las nubes se forman cuando el vapor de agua del aire húmedo se condensa en pequeñas gotas de agua o en pequeños cristales de hielo. En comparación con el vapor de agua, muy poca agua de la atmósfera se encuentra en forma de nubes[6] (menos de una centésima parte). Sin embargo, las nubes tienen un gran efecto sobre el clima. Son muy superiores a su peso, por así decirlo.

Aquí nos hacemos dos preguntas clave: ¿cómo se adaptarían las nubes a los crecientes niveles de dióxido de carbono? Y ¿provocaría

---

6 Una columna de aire típica puede contener unos 2,5 mm de vapor de agua, pero solo 0,1 mm de líquido nuboso o agua helada.

esto una amplificación del calentamiento o un efecto de enfriamiento? Estas preguntas son difíciles de responder. Esto se debe en parte a que, dependiendo de su tipo, una nube puede calentar o enfriar la superficie de la Tierra. Por ejemplo, una capa de nubes situada justo por encima de la superficie terrestre puede dispersar en parte los fotones del sol hacia el espacio. La superficie de la Tierra nunca verá estos fotones, por lo que la superficie estará más fría de lo que estaría si la capa de nubes no estuviera allí. Sin embargo, una fina capa de cirros, compuesta principalmente por cristales de hielo en lo alto de la atmósfera, tendría el efecto contrario, estas nubes dejarían pasar la luz del sol. Sin embargo, al igual que el dióxido de carbono en la atmósfera, atraparían los fotones infrarrojos emitidos por la atmósfera inferior. Como consecuencia, la superficie de la Tierra se calentaría.

¿Cómo responderían las nubes a, por ejemplo, una duplicación del dióxido de carbono? Si las nubes bajas aumentan y las altas disminuyen, las nubes deberían salvarnos de la posible catástrofe[7] y compensarían el calentamiento debido al aumento del dióxido de carbono. En este escenario, las nubes retroalimentarían negativamente el cambio climático. No nos llevaría hasta la descripción minimalista del cambio climático, pero quizá sí a algún punto intermedio entre el minimalismo y el maximalismo. En cambio, si es al revés —las nubes bajas disminuyen y las altas aumentan—, las nubes aumentarían el calentamiento debido al aumento del dióxido de carbono. En este escenario, las nubes proporcionarían una retroalimentación positiva sobre el cambio climático. Otra retroalimentación positiva, aumentando la retroalimentación del vapor de agua, sería una muy mala noticia para la humanidad. En este caso estaríamos ante un maximalismo climático.

La cuestión de si las nubes actúan como retroalimentación positiva o negativa en el cambio climático no puede responderse de forma inequívoca: de hecho, yo diría que es el mayor problema sin

---

7 Este efecto negativo de retroalimentación de las nubes, porque enfría la superficie, pero calienta la atmósfera media, podría tener un efecto indeseable sobre el ciclo hidrológico, es decir, sobre las precipitaciones en todo el mundo.

resolver de la ciencia física del cambio climático. Hay dos razones por las que este es un problema difícil.

En primer lugar, la física de las pequeñas gotas y cristales de hielo de una nube —lo que se denomina microfísica de las nubes— es en sí misma bastante complicada. Por ejemplo, el equilibrio entre los cristales de hielo y las gotas de agua determina el grado de reflexión de una nube a los fotones solares entrantes, y esta reflectividad es crucial para determinar el efecto de la nube en la temperatura de la superficie. Ahora bien, no es cierto que las gotas de las nubes simplemente se congelen en cristales de hielo una vez que la temperatura de la nube desciende por debajo de 0 °C (32 °F). En concreto, las gotitas de las nubes suelen contener agua líquida a temperaturas muy inferiores a 0 °C. La transformación de las gotas de agua en cristales de hielo depende no solo de la temperatura, sino también de las impurezas (naturales y artificiales) del aire, los llamados «aerosoles». De hecho, estos aerosoles son importantes para determinar cuánto vapor de agua de la nube se convierte en gotas de agua y cristales de hielo en primer lugar. Además, una vez que los cristales de hielo se congelan, su forma y tamaño exactos pueden ser importantes para determinar aspectos como la reflectividad de las nubes. Por tanto, tratar de estimar cómo cambiarán las nubes a medida que se caliente la atmósfera depende de procesos microfísicos bastante complicados.

El segundo problema es que las nubes también dependen del entorno a mayor escala en el que existen. Hay muchos tipos de nubes en la atmósfera, y evaluar cómo cambia cada una de ellas en respuesta al aumento de los niveles de dióxido de carbono resulta bastante complicado. Uno de los tipos más importantes es el llamado «estratocúmulo marino». Sobre el océano Pacífico, por ejemplo, la extensión de este tipo de nubes depende de la fuerza de la circulación de Walker, la circulación atmosférica a gran escala asociada a la Oscilación del Sur de Gilbert Walker, tal y como se describe en el capítulo 5. Las nubes estratocúmulos marinas se producen ampliamente en la rama de hundimiento de la circulación de Walker, sobre el Pacífico oriental tropical.[8] Por el contrario, las nubes de

---

8 Aunque la relación entre el grado de subsidencia y la profundidad y exten-

tormenta profundas se forman en la rama ascendente de la circulación de Walker, sobre el Pacífico occidental tropical, aportando lluvias a estas regiones. La conversión de vapor de agua en agua líquida en estas nubes de tormenta desempeña un papel crucial en la determinación de la fuerza de la circulación de Walker. Así pues, si queremos saber qué ocurrirá con los estratocúmulos marinos en caso de cambio climático, no basta con estudiar la microfísica de los estratocúmulos del Pacífico oriental, sino que también es importante comprender qué ocurrirá con las nubes de tormenta del Pacífico occidental remoto.[9] Y esto es solo una pequeña parte del rompecabezas de la retroalimentación de las nubes. Todo ello es coherente con la complicada imagen del caos de alto orden que describimos en el capítulo 3. Esta es la razón por la que la ciencia del cambio climático es tan complicada y por la que las nubes son la parte más complicada e incierta de todo ello. En la actualidad, no hay pruebas de que la nubosidad mundial esté cambiando de forma sistemática. Por otro lado, tampoco hay pruebas de que no esté cambiando. El registro que tenemos de las observaciones de alta calidad de la nubosidad mundial es relativamente corto, y los cambios que buscamos son pequeños en comparación con las variaciones naturales de la nubosidad. El problema de detectar cambios en las nubes se ve agravado por el hecho de que los instrumentos de satélite individuales no producen datos a escalas de tiempo multidecenales y la calibración precisa de un instrumento en relación con su sucesor o predecesor es muy delicada y difícil. Sin embargo, si un día empezamos a ver cambios sistemáticos, y estos parecen ir encaminados a reducir la nubosidad global de bajo nivel, y/o aumentar la nubosidad de alto nivel, lo que indica una retroalimentación

---

sión de la cantidad de nubes es compleja. Véase van der Dussen, J. J., S. R. de Roode y A. P. Siebesma. «Cómo afecta la subsidencia a gran escala a las transiciones de estratocúmulos». *Atmospheric Chemistry and Physics*, 16 (2016): 691-701. doi: 10.5194/acp-16-691-2016.

9 Dado que la fuerza de la circulación Walker también depende de la temperatura de la superficie del mar en el Pacífico tropical, saber cómo reaccionan los estratocúmulos marinos al aumento de los gases de efecto invernadero también depende de cómo reacciona el océano Pacífico tropical al aumento de los gases de efecto invernadero. El clima es un sistema muy interactivo.

positiva de las nubes, ese día será un día realmente sombrío para la humanidad. Aquí la palabra «positivo» no denota algo bueno.

Precisamente porque las observaciones de la nubosidad mundial aún no han cambiado de forma sistemática, es imposible estimar el calentamiento que cabe esperar en lo que queda de siglo simplemente observando el calentamiento de los últimos cincuenta años y extrapolándolo al futuro. Estas retroalimentaciones de las nubes son procesos muy poco lineales.

Así pues, nos enfrentamos a un problema. No podemos observar las nubes según las leyes de la física (es decir, según la ecuación de Navier-Stokes del capítulo 3) porque las cuadrículas de los modelos climáticos globales actuales tienen una escala espacial demasiado gruesa y, a su vez, porque los ordenadores que utilizan los climatólogos no son lo bastante potentes. En su lugar, las nubes tienen que representarse mediante fórmulas simplificadas conocidas como parametrizaciones. Estas parametrizaciones son, por naturaleza, aproximadas e inciertas. El verdadero problema es que intentamos comprimir la compleja estructura multiescalar fractal de las nubes en una representación en forma de formula muy simplificada. Al igual que Poincaré descubrió que no existe una fórmula sencilla para describir el movimiento de los planetas, los climatólogos se dieron cuenta de que tampoco existe una fórmula sencilla para describir la estructura de las nubes. Como se ha explicado en el capítulo 3, una forma de incorporar la incertidumbre inherente a las nubes y a otros procesos turbulentos a pequeña escala es a través del ruido estocástico. Estas parametrizaciones ruidosas están empezando a introducirse en la generación más actual de modelos climáticos.

El primer modelo climático basado en la física fue desarrollado en los años 50 por Norman Phillips, meteorólogo del Instituto de Estudios Avanzados de Princeton. Phillips demostró que muchas de las propiedades del clima, como las corrientes en chorro y las perturbaciones meteorológicas ciclónicas, podían surgir de forma natural a partir de la ecuación de Navier-Stokes y otras ecuaciones primitivas de la física clásica. Sin embargo, el modelo de Phillips era rudimentario. El modelo no poseía ningún conocimiento de la Tierra ni de las estaciones, y no tenía representación de las nubes ni de la lluvia. Además, el modelo presentaba unas cuadrículas de escala muy primitivas.

En 1958, uno de los pioneros de la climatología, el premio nobel Syukuro Manabe[10] (conocido por sus colegas como «Suki»), se trasladó de la Universidad de Tokio, donde acababa de terminar su doctorado, al Laboratorio de Dinámica de Fluidos Geofísicos de la Universidad de Princeton, dirigido entonces por Jo Smagorinsky, otro de los primeros pioneros de ENIAC. Juntos, Smagorinsky y Manabe empezaron a desarrollar los primeros modelos climáticos globales completos con una geografía y unos ciclos estacionales realistas y con ciclos hidrológicos y, por tanto, nubes (parametrizadas).

Aunque estos modelos eran importantes para comprender la aparición del clima terrestre a partir de las leyes de la física, Manabe se dio cuenta de que también podían ser útiles para estimar el impacto de las emisiones humanas de gases de efecto invernadero, un asunto que ya preocupaba en los años sesenta en círculos científicos y ecologistas. A mediados de los años 70, Suki Manabe y su colega Richard Wetherald[11] realizaron el primer experimento sobre el cambio climático con el modelo climático tridimensional que habían desarrollado. En este modelo estimaron el efecto sobre el clima de duplicar la concentración de dióxido de carbono respecto a los valores preindustriales, como ya se ha comentado. La Fig. 32 muestra la respuesta de la temperatura del modelo a dicha duplicación, en función de la latitud y la altura.

Analicemos detenidamente esta primera simulación del cambio climático basada en un modelo climático físico. Se pueden ver dos predicciones claras, además de la predicción de que la superficie de la Tierra se calentará debido a la duplicación de la concentración de dióxido de carbono. La primera es que en la estratosfera, la

---

10 Suki Manabe ganó el Premio Nobel de Física, junto con su colega climatólogo Klaus Hasselmann, en 2021. Fue un gran momento para los climatólogos como yo ver que nuestro campo se reconoce como parte de la corriente principal de la física.

11 Manabe, S. y R. T. Wetherald. «The effect of doubling CO_2 concentration on the climate of a general circulation model». *Journal of Atmospheric Sciences* 32 (1975): 3–15.

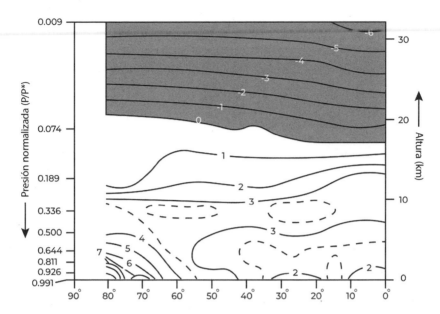

FIG. 32. Simulación del cambio climático a partir del estudio seminal de Manabe y Wetherald de 1975. Muestra una simulación del cambio de temperatura, promediado en torno a una línea de latitud constante, en función de la latitud y la altura en el hemisferio norte, con el Polo Norte a la izquierda y el ecuador ala derecha. Obsérvese el enfriamiento en la estratosfera (a una altura de unos 15 km [9,3 millas]) y el calentamiento del «punto caliente» sobre la superficie ártica. Tanto el enfriamiento estratosférico como el calentamiento del Ártico se han producido en la realidad. Publicado en 1975 por la American Meteorological Society.

región de la atmósfera que se sitúa por encima de los 15 km, la duplicación del dióxido de carbono enfriará el aire. La segunda es que el calentamiento de la superficie aumentará sobre todo en el Ártico.

La estratosfera es una región de la atmósfera donde las temperaturas aumentan con la altura debido a la absorción de la luz solar por el ozono estratosférico, una molécula especial formada por tres átomos de oxígeno. La absorción de luz ultravioleta por el ozono estratosférico es un proceso importante que evita que contraigamos cáncer de piel. Entonces, ¿por qué se enfría la estratosfera cuando aumenta la concentración de dióxido de carbono? En primer lugar, el dióxido de carbono es un gas bien mezclado. Por tanto, cuando emitimos dióxido de carbono a la atmósfera, este se mezcla con bastante rapidez en toda la atmósfera, incluida la estratosfera. El segundo punto es que la temperatura en la estratosfera surge de un equilibrio entre el calentamiento por la absorción de radiación solar por el ozono y el enfriamiento por la emisión al espacio de radiación infrarroja por el dióxido de carbono. Si aumenta la cantidad de dióxido de carbono en la estratosfera, la emisión al espacio domina sobre la absorción por el ozono y la estratosfera se enfría. A medida que la estratosfera se enfría, emite menos radiación infrarroja al espacio y, de este modo, la estratosfera vuelve al equilibrio a una temperatura reducida.

Este efecto de calentamiento diferencial —un calentamiento de la superficie y un enfriamiento en la estratosfera— no sería de esperar si el calentamiento de la superficie terrestre se debiera a un aumento de la energía procedente del sol. En ese caso, la estratosfera debería calentarse. Las observaciones muestran que la estratosfera terrestre se enfría a medida que la superficie se calienta. Se trata de una predicción clara del modelo de Manabe y Wetherald que ha sido verificada por las observaciones.

La segunda predicción del estudio de Manabe y Wetherald, el calentamiento del Ártico, también se ha cumplido: muchas zonas del Ártico ya no tienen hielo en verano. Esto se debe, en parte (hay otras razones), a un efecto de retroalimentación positiva asociado al agua. El hielo marino del Ártico refleja la luz solar directamente al espacio. Sin embargo, a medida que el Ártico se calienta, el hielo marino se derrite y deja al descubierto el agua más oscura que hay debajo, que absorbe esos fotones solares, lo que contribuye aún más al calentamiento de la Tierra.

Tras el éxito de los trabajos de Manabe y Wetherald sobre el cambio climático, muchos institutos de todo el mundo empezaron a desarrollar sus propios modelos climáticos. El número ha seguido creciendo hasta la actualidad y se acerca al centenar. Lo que al principio parecía algo innovador se ha convertido en un proceso relativamente sencillo para los distintos institutos climáticos. Todos estos modelos se basan en los mismos principios: un «núcleo dinámico» en el que se resuelve la ecuación de Navier-Stokes (entre otras) hasta una cierta resolución espacial impuesta, y un conjunto de fórmulas de parametrización simplificadas para los procesos no resueltos a

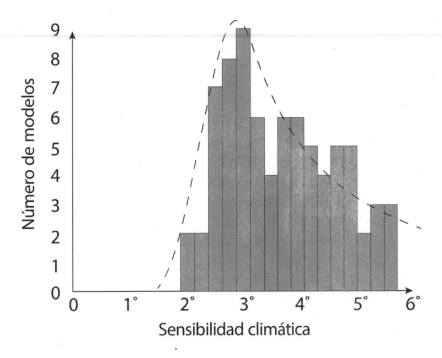

FIG. 33. Histograma de las estimaciones de la sensibilidad climática — el calentamiento global que se produce al duplicar la concentración de dióxido de carbono— de los modelos que contribuyeron al quinto o sexto informe de evaluación del IPCC (Proyecto de Intercomparación de Modelos Acoplados Fase 5 [CMIP5] o CMIP6). La línea discontinua es una estimación probabilística de dicho calentamiento. Como cabía esperar desde el punto de vista teórico, está sesgada hacia los valores más elevados de calentamiento.

subescala, como las nubes. Los modelos contienen representaciones no solo de la atmósfera, sino también de los océanos, la tierra y la criosfera (las regiones de la Tierra cubiertas de hielo) y, más recientemente, de la biosfera.

Esto proporciona un «conjunto de oportunidad» natural para estudiar el cambio climático. Es un ejemplo del llamado conjunto multimodelo mencionado en el capítulo 5. Cada modelo difiere de los demás en las técnicas computacionales precisas utilizadas para resolver la ecuación de Navier-Stokes y, lo que es más importante, en las fórmulas de parametrización de los procesos no resueltos. Cada pocos años, el Programa Mundial de Investigaciones Climáticas, en parte bajo los auspicios de la ONU, supervisa la producción de una serie de conjuntos multimodelo altamente coordinados para estudiar el cambio climático. Los resultados de estos conjuntos multimodelo se incorporan a los informes de evaluación del Grupo Intergubernamental de Expertos sobre el Cambio Climático (IPCC por sus siglas en inglés). Podemos utilizar estos conjuntos para estimar cuánto calentamiento global se produciría si duplicáramos la cantidad de dióxido de carbono en la atmósfera, de aproximadamente 300 partes por millón (valores preindustriales) a 600 partes por millón (que podríamos alcanzar a finales de este siglo).[12] En la Fig. 33 he representado estas estimaciones en forma de histograma combinando los resultados[13] de los modelos climáticos que contribuyeron al quinto o al sexto informe de evaluación del IPCC. Puede verse que el calentamiento más probable es de unos 3 °C (5,4 °F), aunque varios modelos predicen aumentos de más de 5 °C (9 °F). Ningún modelo predice que la Tierra se calentará menos de 2 °C (3,6 °F). La superficie terrestre ya se ha calentado más de un grado desde la era preindustrial.

Motivado por las expectativas de esta teoría,[14] he ajustado una curva simple a este histograma. Cuanto más alta sea la curva, más probable será el correspondiente aumento de la temperatura media global en superficie que se muestra en el eje horizontal. La distribución tiene una forma característica que los estadísticos llaman «sesgada», lo que significa que la distribución no es simétrica respecto a su pico, es decir, respecto a su valor más probable. Tiene una cola larga y pesada[15] que llega hasta los valores más altos de calentamiento.[16] En cambio, se reduce a cero para valores

---

12 Los valores de calentamiento ilustrados son los que aparecen en los modelos cuando el sistema climático se ha equilibrado con la cantidad extra de dióxido de carbono en la atmósfera.

13 Véase Zelinka. «Sensibilidad climática efectiva». *Github* (2021).

14 Roe, G. H. y M. B. Baker. «Why is climate sensitivity so unpredictable?», *Science* 318 (2007): 629–632.

15 Es «pesada» en comparación con una distribución de probabilidad gaussiana o en forma de campana.

16 Aunque mi curva sugiere valores probabilísticos sustanciales no nulos superiores a 6 °C (10,8 °F), tales valores no están respaldados por datos paleoclimáticos del pasado lejano y probablemente deberían descartarse.

de calentamiento inferiores a un grado. Veremos otros ejemplos de distribución sesgada cuando estudiemos las pandemias y las crisis financieras. Las distribuciones sesgadas con colas largas y gruesas son indicativas de un sistema no lineal subyacente.[17] Una consecuencia de esta distribución sesgada es que el calentamiento que podemos esperar será mayor que el calentamiento más probable previsto por un único modelo. Para ilustrar esto, supongamos que tenemos 10 modelos hipotéticos que difieren en el valor de algunos parámetros inciertos, y supongamos que las 10 predicciones de los 10 modelos se describen mediante una secuencia de números altamente sesgada {1; 1; 1; 1; 1; 1; 1; 1; 100 000}. Si cada conjunto de valores de los parámetros es igual de probable, la predicción más probable de un único modelo es el valor 1. Sin embargo, si promediamos las predicciones de los 10 modelos, la predicción media o «esperada» se acerca a 10 000, que es mucho mayor que la predicción más probable de un único modelo. Si nos basamos únicamente en los datos del conjunto de la Fig. 33, el calentamiento más probable según la predicción de un solo modelo se sitúa entre 2,5° y 3 °C, mientras que el calentamiento esperado según el conjunto es de unos 3,6 °C (6,5 °F). Si este es el calentamiento que podemos esperar, es el nivel de calentamiento para el que deberíamos estar preparados.

La forma sesgada de la curva de sensibilidad climática puede entenderse en gran medida a partir de las retroalimentaciones que hemos comentado anteriormente.[18] Ya hemos dicho que si el cambio climático se asociara únicamente a un aumento del dióxido de carbono, cabría esperar que la superficie terrestre se calentara algo más de 1 °C. Como ya se ha dicho, con la retroalimentación del vapor de agua, esta cifra aumenta hasta algo más de 2 °C. El hecho de que tengamos esta distribución más bien amplia y sesgada se debe en gran parte a la incertidumbre en el efecto de retroalimentación

---

17 Mandelbrot, B. *The (mis)behaviour of markets: A fractal view of risk, ruin y reward.* Penguin Books, 2008.

18 Véase Roe y Baker, «Why is climate sensitivity so unpredictable?». Existen otros efectos de retroalimentación que no he tratado aquí. Sin embargo, el más importante es la retroalimentación de las nubes.

de las nubes.[19] Mientras que algunos modelos tienen efectos negativos de retroalimentación de las nubes, la mayoría de los modelos climáticos predicen retroalimentaciones positivas de las nubes, pero con distinta intensidad.

Aunque los experimentos con modelos climáticos en los que se duplican los niveles de dióxido de carbono (como los de la Fig. 33) son útiles para cuantificar los posibles cambios meteorológicos debidos al cambio climático, en realidad son modelos demasiado idealizados para ser útiles en la elaboración una política concreta. Estos experimentos no nos dicen cuándo alcanzaremos un determinado nivel de cambio climático. Si nuestras emisiones se reducen de forma sustancial, pero no a cero, podrían pasar muchos cientos de años antes de que se dupliquen las concentraciones de dióxido de carbono en la atmósfera. Los políticos tienden a perder interés por las cosas demasiado lejanas en el futuro.

Esto nos lleva al segundo uso importante de los conjuntos en la predicción del clima. Si queremos estimar el clima futuro para, por ejemplo, el año 2100, necesitamos saber cómo cambiarán nuestras emisiones de dióxido de carbono a lo largo del siglo XXI. Esto depende, por supuesto, de cómo respondamos los seres humanos a las simulaciones del cambio climático realizadas por los modelos. En este sentido, los modelos climáticos son como los modelos económicos: al igual que los resultados de los modelos económicos pueden afectar a la economía, los resultados de los modelos climáticos pueden afectar al clima. El clima de la Tierra podría ser muy distinto si, por un lado, ignoramos las simulaciones o, por otro, les hacemos caso. En principio, se podría imaginar la incorporación de estas diferentes respuestas humanas en un único conjunto humano-climático acoplado, en el que la humanidad ignorara las predicciones en algunos miembros del conjunto y redujera las emisiones en otros.

Sin embargo, esto importa poco en la política. Los responsables políticos necesitan saber cómo cambiará el clima tanto sin política reguladora como con ella. A partir de esa información pueden evaluar el valor de dicha política reguladora.

---

19 Y el efecto relacionado de los aerosoles.

Para ello, hay que elaborar conjuntos distintos para diferentes «escenarios» de emisiones. Por ejemplo, un escenario de emisiones podría considerarse el peor de los casos, en el que quemamos combustibles fósiles tan rápido como podemos.[20] Parece que nos hemos alejado de este escenario porque no quemamos tanto carbón como podríamos. En otro escenario de emisiones, intentamos descarbonizarnos a un ritmo pausado. En un tercer escenario de emisiones, no solo descarbonizamos a un ritmo acelerado, sino que encontramos varias formas de volver a absorber dióxido de carbono del aire — por ejemplo, plantando más árboles o por medios más tecnológicos— a través de lo que se denominan las emisiones negativas.

De este modo, los climatólogos tienden a hablar no de predicciones climáticas, sino de «proyecciones» climáticas. Una proyección es una predicción condicionada a un supuesto escenario de emisiones de carbono (y otros procesos relacionados). Creamos un conjunto de proyecciones climáticas para cada escenario de emisiones.

Ser consciente de esta dependencia del escenario es especialmente importante a la hora de examinar la precisión de las proyecciones climáticas realizadas en décadas pasadas. Por ejemplo, uno de los conjuntos de proyecciones históricas más conocidos fue realizado en 1988 por uno de los principales científicos del clima: Jim Hansen, de la NASA. Hansen presentó ante un comité del Congreso de Estados Unidos unos resultados basados en el modelo climático de la NASA, con tres escenarios de emisiones diferentes. En retrospectiva, podemos ver que su escenario A sobrestimó las emisiones que se han producido en la realidad. Esto no significa que el modelo de Hansen se equivocara con esta proyección: Hansen no podía estar seguro de cómo evolucionarían nuestras emisiones con el tiempo. De hecho, su escenario B, algo menos agresivo, ha resultado ser una representación más exacta de nuestras emisiones. Algunos minimalistas del clima utilizan la proyección del escenario A de Hansen para sugerir que los modelos predicen el calentamiento global. Sin embargo, en términos del escenario B, los cambios

---

20 Estos escenarios tienen en cuenta otros factores, como los cambios en el uso del suelo y en las emisiones de aerosoles.

observados y simulados en la temperatura global son bastante parecidos. De hecho, si se examinan de una forma más concienzuda las proyecciones climáticas cuyos escenarios de emisiones se aproximan a lo que realmente ha ocurrido, se observa que las estimaciones del aumento de la temperatura media global en superficie coinciden ampliamente con las observaciones.[21] Hasta ahora nos hemos centrado en la temperatura media mundial. Los científicos describen el cambio climático en términos de cuánto aumenta la temperatura media global en superficie, no porque sea una variable socialmente importante, sino porque la caótica variabilidad interna del clima afecta mucho menos a las temperaturas medias globales que a las temperaturas más regionales. La temperatura de Londres puede variar 1 °C de una hora a otra. Sin embargo, la temperatura media de toda la superficie de la Tierra es mucho más estable. Un cambio de 1 °C supone un grave problema.

Utilizar la temperatura media global de la superficie para describir el cambio climático tiene un inconveniente importante: no transmite ningún sentido real de lo que el cambio climático significa para nosotros, los humanos. Al fin y al cabo, nosotros nos vemos afectados por el clima local, no por las temperaturas medias globales. Quizá el mejor libro que conozco que da una idea plausible de cómo sería un mundo más cálido a escala regional sea *Seis grados: El futuro en un planeta más cálido*.

Lo que quiero hacer ahora es fijar un nivel específico de 4 °C (7,2 °F) de calentamiento. Según la Fig. 33, es un poco más que el calentamiento previsto si se duplica el dióxido de carbono, pero, sin duda, es plausible en el futuro. Esto es lo que dice Lynas sobre un mundo cuatro grados más cálido:

«Con cuatro grados de más, empieza a desarrollarse un proceso completamente nuevo, que hace que las zonas sustanciales del planeta sean biológicamente inhabitables para los seres humanos. Mientras que el aumento del riesgo de mortalidad en las olas de

21 Hausfather, Z., H. F. Drake, T. Abbott y G. A. Schmidt. «Evaluating the performance of past climate model projections», *Geophysical Research Letters* (2020): 47, e2019GL085378.

calor actuales tiende a darse entre las personas mayores, los jóvenes y otras personas vulnerables, el aumento global de cuatro grados provocaría que el planeta alcanzara un umbral crítico que mataría a cualquiera, por muy sano y en forma que esté, debido a las leyes de la termodinámica». Aquí Lynas se refiere al hecho de que el cuerpo humano pierde el exceso de calor (por ejemplo, cuando la temperatura del aire supera la temperatura corporal) mediante el sudor, es decir, por enfriamiento evaporativo. Sin embargo, una vez que la temperatura y la humedad superan cierto umbral, somos incapaces de perder calor por el sudor y, si no entramos en un edificio con aire acondicionado, moriremos. De nada sirve sentarse a la sombra para tomarse un respiro. El umbral crítico se produce cuando un termómetro cuyo bulbo está envuelto en un trozo de tela húmeda —la temperatura del llamado termómetro de bulbo húmedo— alcanza los 35 °C (95 °F).

Todavía no hemos experimentado esas temperaturas de bulbo húmedo, aunque en 2015 la temperatura de bulbo húmedo en Bandar Mahshahr (Irán) alcanzó los 34,6 °C (94 °F).[22] Lynas relata cómo, en un mundo con cuatro grados más cálido, estas olas de calor mortales se convertirían en algo habitual en amplias zonas de Oriente Próximo y el sur de Asia, incluidas grandes partes de India y China. La consecuencia sería una migración masiva hacia los polos o hacia altitudes más elevadas.

Pero esto no supondría necesariamente una solución permanente porque, según los modelos, las regiones subtropicales como el Mediterráneo, pero que no son tan cálidas como Oriente Medio, se habrán convertido en desiertos a medida que las propias tormentas de lluvia se desplacen hacia los polos.[23] La desertización de grandes zonas del planeta afectará a los cultivos que utilizamos como

---

22 Dockrill, P. «Middle East may be inhabitable this century due to deadly heat, study says», *Science Alert* (5 de noviembre de 2015): www.sciencealert.com/middle-east-may-be-uninhabitable-this-century-due-to-deadly-heat-study-nds.

23 Muchos modelos climáticos actuales predicen el desplazamiento hacia los polos de las corrientes en chorro, pero es una de las predicciones regionales sobre la que no estamos completamente convencidos. Más adelante hablaré de la necesidad de desarrollar modelos de mayor resolución.

alimento, y no será raro que se produzcan sequías simultáneas en los principales graneros del mundo.

Además, las condiciones más húmedas harán que las tormentas extremas sean más intensas. El calor latente liberado cuando el vapor de agua se condensa en agua líquida desempeña un papel importante en la determinación de la intensidad de tales tormentas. Más vapor de agua en el aire permite una mayor liberación de calor latente. Con la subida del nivel del mar (causada por una combinación de la expansión térmica del agua y la desintegración de las capas de hielo), las mareas tormentosas asociadas a algunas de estas tormentas extremas serán devastadoras para muchas ciudades costeras.

Según la descripción de Lynas, un aumento en las temperaturas globales de cuatro grados o más resulta una visión del infierno. No puedo imaginar que nadie quiera vivir en un mundo así, aunque fuera posible encontrar formas de adaptarse al cambio.

Sin embargo, no deberíamos fiarnos de las palabras de Lynas. Dado que los modelos climáticos tienen una estructura muy similar a la de los modelos de predicción meteorológica —históricamente, evolucionaron a partir de los modelos meteorológicos de los años 50—, no solo simulan los cambios en la temperatura global, sino también en los patrones meteorológicos regionales.

Por eso, en principio, podemos utilizar los modelos climáticos para estudiar si algún fenómeno meteorológico observado, por ejemplo, una ola de calor en Canadá o una inundación en Alemania, está causado por el cambio climático. Se trata de una cuestión controvertida, ya que hoy en día los maximalistas del clima tienden a asociar cualquier fenómeno meteorológico extremo observado con el cambio climático, mientras que los minimalistas los descartan como parte de la variabilidad caótica natural del clima.

Esto nos lleva al tercer uso de los conjuntos. Se realizan dos conjuntos distintos de ejecuciones de modelos climáticos basados en la física. En el primer conjunto, el modelo climático se ejecuta durante, por ejemplo, cien años con una concentración atmosférica de dióxido de carbono que se fija en los valores de justo antes del comienzo de la Revolución Industrial. En el segundo conjunto, la concentración de dióxido de carbono se duplica. Supongamos que nos interesa saber si el cambio climático afectará a la probabilidad de que se produzca una ola de calor en California; basta con contar el número de olas de calor que se producen en cada uno de los dos conjuntos. Si el modelo es realista, las olas de calor californianas se producirán de forma esporádica en el primer conjunto, ya que forman parte de la variabilidad natural del clima. La comparación de las frecuencias de las olas de calor de los dos conjuntos nos dará una estimación del cambio en la probabilidad de una ola de calor californiana debido a nuestras emisiones de carbono.[24] La técnica de atribuir cuantitativamente los fenómenos meteorológicos del mundo real al cambio climático fue iniciada por mi colega de Oxford Myles Allen[25] en 2003, y la aplicación de sus ideas aparece con fuerza en el último informe de evaluación del IPCC.

Es cierto que, dado que un sistema caótico nunca se repite, nunca podremos estar seguros al cien por cien de que algún fenómeno meteorológico de la vida real haya sido causado por nuestras emisiones de carbono. Es cierto, pero bastante irrelevante. Lo relevante es saber que, con el cambio climático, la probabilidad de que se produzca este tipo de suceso ha pasado de ser de 1 en 1000 años a, pongamos, 1 en 10 años. A partir de estas estadísticas, podemos decidir si merece la pena intentar mitigar los efectos de esos fenómenos meteorológicos, por ejemplo, cambiando las prácticas de gestión forestal o construyendo mejores defensas contra las inundaciones.

Esta metodología funciona si los fenómenos meteorológicos que estudiamos no son demasiado extremos; en cuyo caso, hay un grave problema. Si intentásemos realizar unos estudios de atribución sobre algunos de los fenómenos extremos recientes (por ejemplo, a partir

---

24 No es obvio *a priori* que el aumento de las concentraciones de dióxido de carbono haga más o menos probables tales olas de calor. Aunque el aumento de las concentraciones de dióxido de carbono calentará el aire, es concebible que haga menos probables los patrones de circulación que conducen a las olas de calor. Esta es una de las razones por las que es vital desarrollar modelos fiables basados en la física para estudiar estas cuestiones.

25 Allen, M. «Liability for climate change». *Nature* 421 (2003): 891–892.

de 2021, las temperaturas estivales extremas en la Columbia Británica o las precipitaciones extremas en la región europea de Eifel, la provincia china de Henan o Nueva York), nos encontraremos con que los modelos de la generación actual no son capaces de simular fenómenos de esta intensidad. Esto se debe simplemente a que las cuadrículas de los modelos climáticos no son lo suficientemente pequeñas como para permitir que las ecuaciones de los modelos generen la intensidad de las precipitaciones o la temperatura o el viento asociados a tales extremos. La probabilidad de que se produzcan tales fenómenos tanto en la época preindustrial como en el siglo XXI es 0, según los modelos de la generación actual. Por lo tanto, según la receta que he descrito, el efecto del cambio climático es igual a 0 / 0, que es un número indefinido - podría ser literalmente cualquier cosa. Y, sin embargo, son estos fenómenos extremos los que más nos interesan. Esto sugiere que, si intentásemos utilizar los modelos climáticos actuales para estimar la naturaleza de los fenómenos meteorológicos extremos en un mundo con cuatro grados más, probablemente los subestimaríamos.

La conclusión no es que el cambio climático no afecte a la probabilidad de esos fenómenos extremos. Más bien significa que tenemos que dedicar más recursos a la modelización del clima[26] para reducir el tamaño de las cuadrículas de los modelos lo suficiente como para permitir que los modelos climáticos simulen esos fenómenos extremos. Volveré sobre este punto más adelante.

Maximalista o minimalista: ¿qué postura es la correcta científicamente? Empecemos por señalar algunas afirmaciones científicamente incorrectas de ambos bandos. Claramente, los maximalistas (como ya se ha dicho) se equivocan en su afirmación de que el cambio climático será catastrófico. Esto no está respaldado por la ciencia, ya que, debido a las incertidumbres en la retroalimentación del clima, sobre todo con las nubes, la ciencia no es tan segura.

---

26 Actualmente dedicamos más recursos informáticos a simular armas nucleares que al cambio climático.

Sin embargo, los minimalistas (como ya se ha dicho) también se equivocan en varios aspectos.

Por ejemplo, no se pueden descartar las proyecciones climáticas a un siglo vista solo porque una previsión meteorológica determinista se equivoque al cabo de unos días. La predicción del cambio climático no es un problema de valor inicial del tipo sugerido por Cleveland Abbe y Vilhelm Bjerknes, como vimos en el capítulo 5. En la predicción meteorológica, intentamos estimar dónde nos encontraremos en el atractor climático de la forma más precisa posible en un momento dado. En la predicción meteorológica, tratamos de estimar con la mayor precisión posible en qué punto del atractor climático nos encontraremos en el futuro. En cambio, en la previsión climática tratamos de estimar cómo un forzamiento externo (por ejemplo, procedente de nuestras emisiones de carbono) cambia la forma del atractor climático en su conjunto. La figura 11 del modelo de Lorenz ilustra bien este punto: podemos predecir un cambio en la forma del atractor con mucha más seguridad de la que podemos predecir en qué punto del atractor se encontrará el estado en cualquier momento.

Un segundo punto incorrecto del argumento minimalista es que los modelos de hace treinta años predijeron un calentamiento excesivo y que estos modelos climáticos no hicieron ninguna otra predicción verificable. Como ya se ha dicho, en el escenario correcto de emisiones, los primeros modelos predijeron el calentamiento. Además, los primeros modelos climáticos predijeron correctamente el enfriamiento de la estratosfera y el hecho de que el Ártico sería especialmente propenso al calentamiento.

Asimismo, muchas afirmaciones de la postura minimalista son ciertas, pero también engañosas. Es cierto que nunca podemos estar seguros de que un fenómeno sin precedentes no forme parte de la variabilidad natural del clima. Sin embargo, como ya he explicado, se trata de una pista falsa. Lo que queremos saber es si este tipo de fenómenos son cada vez más probables, y en qué medida, como consecuencia del cambio climático.

Otro ejemplo de afirmación engañosa es que el aumento del dióxido de carbono ayudará a reverdecer el planeta. Esos efectos beneficiosos solo se producirán mientras el clima propicie el crecimiento de las plantas. De nada sirve tener ese material vegetal extra si llueve poco o demasiado para que crezca o si hace tanto calor que se marchita. Tal vez exista una analogía con las drogas adictivas recreativas; al principio, parecen beneficiosas para tu bienestar, pero al final pueden destruirte.

En la medida en que la ciencia del cambio climático se ocupa de estimar las probabilidades de distintos niveles de cambio climático, no es científico afirmar que nos dirigimos hacia el maximalismo climático o el minimalismo climático, ni hacia ningún punto intermedio específico.

Puede parecer, por lo que he escrito, que simpatizo más con la postura maximalista del clima que con la minimalista. Sin embargo, hay un elemento de la postura minimalista que no puedo descartar por completo: la posibilidad de que los modelos climáticos sean, en parte, poco fiables. Para ser claro, me resultaría muy difícil creer que las proyecciones probabilísticas del calentamiento global son poco fiables, por la sencilla razón de que estas estimaciones son totalmente coherentes con la física básica en una atmósfera húmeda. Además, resulta difícil pensar en un forzamiento externo (como la variabilidad solar) o en un mecanismo dinámico interno que genere los cambios observados en las temperaturas globales, tanto en la atmósfera inferior como en la superior, en una escala temporal multidecenal.

Sin embargo, hay buenas razones para suponer, por ejemplo, que no estamos estimando el término de retroalimentación de las nubes con tanta precisión como podríamos. Por ejemplo, ningún esquema de parametrización de las nubes puede representar adecuadamente lo que se denomina la estructura de «mesoescala» de las nubes: estructuras que son mayores que las nubes individuales, pero menores que la separación entre cuadrículas de los modelos. Por ejemplo, pueden aparecer agujeros en láminas de nubes de estrato, como en un panal de abeja normal.[27] Estas estructuras no pueden representarse correctamente en los modelos climáticos actuales

---

27 Un fenómeno llamado la convección de Rayleigh-Bénard.

porque las cuadrículas —normalmente de 100 km (62 millas) o más de longitud horizontal— no son lo bastante pequeñas. Otro tipo de estructura de mesoescala que no puede representarse en los modelos climáticos está asociada a la forma en que las nubes de tormenta a veces se agrupan para formar supertormentas. Cuando se agrupan, el aire circundante es claro y relativamente seco. Estas estructuras modifican el equilibrio radiativo de la Tierra. Si la estructura mesoescalar de las nubes evoluciona con el cambio climático, esto contribuirá al término de retroalimentación de las nubes.

De hecho, debido a esas deficiencias inherentes, los modelos climáticos de la generación actual se apartan sistemáticamente de las observaciones en cantidades como las precipitaciones medias estacionales regionales. En realidad, estas desviaciones sistemáticas (que indican un sesgo de los modelos en comparación con las observaciones) son algo mayores que las señales de cambio climático que pedimos a los modelos de simulaciones.[28] En un sistema no lineal como el climático, esto es un indicio de falta de fiabilidad a escala regional.

Podemos imaginar una versión climática de la prueba de Turing para la IA. En la prueba de Turing original —el juego de imitación[29]— hacemos preguntas al sistema de IA y, basándonos en las respuestas, intentamos saber si estamos hablando con un humano o con un ordenador. Los sistemas de IA actuales no superan la prueba de Turing. Del mismo modo, los modelos climáticos actuales no superan la prueba de Turing, ya que, si observamos sus resultados, podemos deducir que proceden de un modelo informático y no del mundo real.[30]A pesar de estas deficiencias, no podemos ignorar sin más los modelos climáticos. Estos modelos son nuestra única herramienta para intentar comprender y estimar el futuro. La meteorología no es como otras áreas de la ciencia en las que simplemente

---

28 Palmer, T. N. y B. Stevens. «The scientific challenge of understanding and estimating climate change». *Proceedings of the National Academy of Science* 116 (49) (2019): 24390–24395.

29 Turing, A. M. «The imitation game». *Mind* 59 (1950): 433–460.

30 Por supuesto, antes de comparar los datos del mundo real, es necesario aplicar una granularidad gruesa a las cuadrículas del mismo tamaño que el modelo.

podemos hacer un experimento de laboratorio; no hay experimentos de laboratorio que puedan emular el cambio climático.

Los modelos climáticos son fundamentales para determinar la mejor estrategia en materia de emisiones de carbono. Una cuestión especialmente importante es si pasaremos por unos «puntos de inflexión»: cambios en las capas de hielo, las selvas tropicales o las circulaciones oceánicas que no puedan deshacerse más adelante con emisiones negativas de carbono. Podemos plantar todos los árboles que queramos, pero, si se plantan después de que se hayan superado uno o varios de estos puntos de inflexión, no servirán de nada porque no se podrá volver a las condiciones actuales. Los modelos climáticos actuales no son capaces de evaluar con fiabilidad si se producirán esos puntos de inflexión, ya que la resolución de los modelos es demasiado gruesa.

Los resultados de los modelos climáticos también son vitales para evaluar la vulnerabilidad de la sociedad al cambio climático a escala regional y, por tanto, para determinar las inversiones necesarias para que la sociedad sea resistente a los cambios climáticos. Esto es especialmente importante en el mundo en desarrollo, donde es probable que los fenómenos meteorológicos extremos se vuelvan especialmente extremos (por ejemplo, una temperatura del bulbo húmedo superior a 35 °C). Para esos países, priorizar las posibles estrategias de adaptación será crucial: ¿qué es más importante, prepararse para la sequía y las olas de calor o prepararse para las tormentas excepcionales y los diluvios? Una vez más, esto requiere simulaciones climáticas de alta resolución.

Los modelos climáticos también son vitales si alguna vez nos planteáramos un supuesto plan B en el que intentásemos controlar activamente el clima, por ejemplo, rociando aerosoles (o sus precursores) en la estratosfera para reflejar la luz solar de vuelta al espacio.[31] El peligro de estas alternativas es que pueden tener consecuencias inesperadas, ya que podrían desviar los monzones o cortar

---

31 National Academies of Sciences, Engineering y Medicine. «Reflecting sunlight: Recommendations for solar geoengineering research and research governance». *The National Academies Press*, (2021).

el suministro de humedad a las selvas tropicales. Los modelos climáticos fiables son las únicas herramientas de que disponemos para cuantificar estos riesgos.

Por todas estas razones, no estoy satisfecho con el statu quo de la modelización climática, es decir, con los conjuntos multimodelo de modelos de resolución relativamente baja utilizados en los informes del IPCC. Han cumplido su función de advertir al mundo de los peligros del cambio climático, pero no son adecuados para estimar el cambio climático a escala regional, sobre todo para estimar los cambios en la probabilidad de fenómenos extremos. El problema es que los institutos carecen a menudo de los recursos humanos y computacionales necesarios y no pueden permitirse ejecutar sus modelos a una mayor resolución. En consecuencia, no tenemos la capacidad de producir proyecciones de conjuntos climáticos de alta resolución.

Mi opinión es que necesitamos un nuevo marco para desarrollar modelos climáticos de nueva generación si queremos reducir algunas de estas incertidumbres clave sobre el cambio climático. En lugar de un gran número de esfuerzos institucionales, necesitamos aunar recursos en un «CERN para el cambio climático»,[32] siendo el CERN el instituto internacional que encontró el bosón de Higgs. De este modo, los científicos deberían colaborar en conjunto para desarrollar modelos climáticos de nueva generación y alta resolución en beneficio de la sociedad mundial. Hay un proverbio africano que viene al caso: si quieres ir rápido, ve solo; si quieres llegar lejos, ve acompañado. Tal vez la filantropía pueda desempeñar un papel en el apoyo a un instituto de este tipo; el coste anual no debería ser mucho mayor que el de lanzar unas cuantas naves al espacio.

Con un instituto de este tipo —o mejor, con un centro federado de institutos de todo el mundo— podríamos plantearnos la aplicación de la predicción por conjuntos en un cuarto sentido, que conecta con su uso en la predicción meteorológica, tal y como se describe en el capítulo 5. Como ya hemos comentado, no importa

---

32 Hossenfelder, S., y T. Palmer. «An international institute will help us manage climate change». *Scientfc American*, (9 de diciembre de 2021): www.scientifcamerican.com/article/an-international-institute-will-help-us -manage-climate-change.

que la meteorología sea caótica e impredecible a la hora de hacer proyecciones sobre el clima futuro. Por un lado, no tenemos que esforzarnos en encontrar condiciones iniciales precisas para las proyecciones, como haríamos en la predicción meteorológica. Por otra parte, hay indicios de que la variabilidad de los océanos a escala decenal puede ser predecible en parte. Por ejemplo, como se mencionaba al principio de este libro, la sequía decenal en la región africana del Sahel puede estar relacionada con las circulaciones oceánicas en el Atlántico. Hay pruebas de que estas circulaciones pueden ser predecibles, es decir, que pueden predecirse a partir de un conjunto de previsiones a partir de observaciones. Esto abre la perspectiva de realizar unas proyecciones climáticas regionales a escalas multidecenales a base de utilizar unos conjuntos de observaciones y en los que también se incluyan varios escenarios para nuestras emisiones de carbono.[33] Para ello se necesitarían conjuntos climáticos de alta resolución. Sería un objetivo ideal para un instituto federado internacional con recursos humanos e informáticos comunes.

No estoy defendiendo un modelo climático único y monolítico. Sin embargo, abogo por racionalizar los esfuerzos en torno a unos pocos sistemas de modelización (quizá uno o dos por continente) que, individualmente, tengan la resolución suficiente para superar la prueba de Turing del clima. Espero que tanto los minimalistas como los maximalistas apoyen esta idea. Cuanto mejor podamos representar nuestro sistema climático con las leyes primitivas de la física, más confianza podremos tener en los resultados de estos modelos.

Resumamos. Adoptar una postura específica —minimalista, maximalista o cualquier punto intermedio— es sencillamente incoherente con la ciencia. El mensaje clave de este capítulo es que la actitud ante el cambio climático, al igual que ante la predicción meteorológica, debe enmarcarse en términos de riesgo: ¿es el riesgo de que se produzcan cambios climáticos indeseables lo suficientemente alto como para justificar la adopción de unas medidas de

---

33 Deser, C. «Certain uncertainty: The role of internal climate variability in projections of regional climate change and risk management». *Earth's Future* (2020): 8.

precaución? Pensemos en la posibilidad de que la Tierra se desplace en espiral hasta el infinito, tal y como se expone en el capítulo 1. Si esto ocurriera, acabaría con la humanidad. Podríamos tomar algún tipo de precaución desviando recursos masivos para poblar Marte (suponiendo que Marte no fuera expulsado al mismo tiempo). Sin embargo, el riesgo es tan pequeño —recordemos que ni un solo miembro del conjunto de pronósticos del sistema solar predijo que esto ocurriría— que claramente no merece la pena tomar tales precauciones. Sin embargo, como hemos visto, el riesgo de un mundo infernal con un aumento global de cuatro grados o más no es en absoluto despreciable: solo son unas décimas más de lo que cabría esperar si se duplicara la concentración de dióxido de carbono.

Si pensamos que el riesgo merece la pena, es evidente que las incertidumbres analizadas en este capítulo no deberían disuadirnos de tomar medidas de precaución. Es decir, la incertidumbre no debería ser causa de inacción. Sin embargo, dada la importancia del problema, si decidimos actuar, sin duda debemos seguir financiando la investigación que ayudará a reducir las incertidumbres, o al menos aumentará la confianza en la fiabilidad de nuestras estimaciones de la incertidumbre. En el capítulo 10 abordaré la cuestión de si el riesgo merece realmente la pena.

7

LAS PANDEMIAS

L a COVID-19 acabó con millones de personas en todo
el mundo. Y, sin embargo, si podemos dejar de lado la
miseria que ha traído consigo, la enfermedad ha propor-
cionado un ejemplo fascinante del papel de la predicción
por conjuntos en la práctica. La COVID-19 también ilustra un número extraordinario de paralelismos con el problema del cambio
climático. ¿Qué podemos aprender de ello?

Al principio de la pandemia, los gobiernos de todo el mundo
se enfrentaron a decisiones difíciles sobre las que la mayoría no tenía experiencia previa. De hecho, aunque algunos, como el Reino
Unido, habían ideado planes para un brote importante de enfermedades y dolencias, estos no eran apropiados para los casos de
la COVID-19, en el que muchos miembros de la población eran
portadores asintomáticos. En cualquier caso, la cuestión crucial era
si imponer unos cierres estrictos para intentar minimizar la propagación del virus y, por tanto, minimizar el riesgo de que los servicios
sanitarios de los países se colapsaran bajo el peso de las infecciones
por COVID-19, pero con la consecuencia de que las economías de

los países se resentirían. La alternativa consistía simplemente en dejar que las economías continuaran lo menos obstaculizadas posible, sufrir las consecuencias sanitarias y esperar que se produjera algún tipo de inmunidad de rebaño. Muchas políticas se basaron en el primer enfoque, aunque algunos gobiernos adoptaron una actitud más liberal de «dejar hacer y dejar pasar».

Estas estrategias son muy similares a que se usan para abordar el cambio climático: intentar reducir las emisiones y llegar a cero neto lo antes posible, o hacer poco que pudiera amenazar el crecimiento económico. En mi opinión, los que intentaron imponer unas restricciones mínimas a la economía durante la pandemia solían abogar también por imponer restricciones mínimas al uso de combustibles fósiles.

Al menos en el Reino Unido, los políticos han afirmado en repetidas ocasiones que debemos «seguir la ciencia» para hacer frente a la pandemia. Sin embargo, al igual que ocurre con el cambio climático, la ciencia no defiende por sí misma una política concreta. Si se quiere reducir el riesgo de llegar a un nivel peligroso de cambio climático, entonces, según la ciencia del clima, hay que reducir las emisiones de carbono. La ciencia del cambio climático no dice que haya que reducir las emisiones: eso implica hacer juicios de valor. Del mismo modo, si se quiere reducir el riesgo de que los servicios sanitarios se vean desbordados, entonces, según la ciencia de la predicción de la COVID-19, hay que restringir la forma en que las personas interactúan entre sí. La ciencia no dice que haya que restringir esas interacciones. Eso también implica juicios de valor.

Para invocar medidas que minimicen el riesgo de saturación de los hospitales, los gobiernos necesitan una forma de predecir el número de personas que necesitan hospitalización en función de las diferentes medidas políticas posibles. Por tanto, las predicciones dependerán de estas medidas políticas. Esto es exactamente lo mismo que ocurre en la estimación del cambio climático. Por este motivo, la comunidad de modelización COVID-19 utiliza la misma terminología que la comunidad de modelización climática: las predicciones supeditadas a determinadas políticas se denominan «proyecciones». Esto es importante a la hora de evaluar la precisión de una proyección concreta. No sirve de nada comparar los datos del mundo real con una proyección de ingresos hospitalarios que asuma una política de interacción social normal y sin restricciones si en el mundo real el gobierno aplicó una política para restringir la interacción. Es como comparar la tasa de calentamiento global con las proyecciones climáticas basadas en emisiones de carbono mayores de las que se produjeron en la realidad.

El núcleo de los modelos típicos de predicción COVID-19 es bastante sencillo. La población en un momento dado se divide en tres clases: los individuos que aún no han estado en contacto con el virus, pero son susceptibles de infectarse; los individuos que tienen el virus y pueden infectar a otros; y los individuos que han sido infectados y se han recuperado o han muerto, pero que en ambos casos no pueden infectar a otros. Esto suele denominarse modelo SIR (susceptible/infectado/recuperado).

El desarrollo de vacunas eficaces no invalida el modelo SIR. Ahora los individuos vacunados son menos susceptibles a la infección (y es mucho menos probable que necesiten hospitalización y mucho menos probable que mueran). Esto aumenta efectivamente el número de individuos «eliminados» en el modelo SIR.

La dificultad de predecir la propagación de la enfermedad tiene que ver menos con la incertidumbre a la hora de clasificar las fases de la infección que con la forma en que los seres humanos interactuamos entre nosotros y, por tanto, con la incertidumbre sobre a cuál de estas tres clases pertenecerá un individuo. En un extremo, podemos imaginar una hipotética población de individuos totalmente homogénea, en el sentido de que cada individuo tiene la misma probabilidad de interactuar con cualquier otro y, por tanto, de transmitirle la infección. Esto se describe mediante el parámetro R_0 que calcula a cuántas personas infectará de media cada persona infectada. Con $R_0 = 2$, por término medio una persona infectada infectará a 2 personas, estas 2 personas infectarán a 4 personas, estas 4 personas infectarán a 8 y así sucesivamente. Esto se denomina crecimiento exponencial. En términos más generales, si R_0 es mayor que 1, la enfermedad crece. Si R_0 es inferior a 1, el virus acabará muriendo por sí solo.

Es evidente que ninguna población es homogénea en este sentido. Cada uno vive en su región, en su ciudad, en su pueblo. Yo vivo en el sur de Inglaterra, de modo que tengo muchas menos probabilidades de entrar en contacto con alguien que vive en Escocia que con alguien que vive, por ejemplo, en Londres. Podemos intentar tenerlo en cuenta estimando el parámetro R_0 para las distintas regiones. Por otra parte, si esta heterogeneidad se extiende hasta las escalas más pequeñas —como podría ser—, entonces R_0 deja de ser un simple parámetro y se convierte en una variable muy dinámica que fluctúa enormemente de un grupo de personas a otro, y de un momento a otro.

La manifestación más obvia de la heterogeneidad de la sociedad es la posible existencia de «superdifusores» —individuos que infectan a muchas más personas de lo que implicaría un único parámetro R_0— o «sucesos de superdifusores», en los que se infectarían muchas más personas de lo que cabría esperar de una sociedad más homogénea. Una cuestión importante es si las tasas globales de infección pueden verse influidas de forma significativa por un pequeño número de eventos de superdifusión. Para responder a esta pregunta, hay que sustituir el supuesto de homogeneidad por otro que no sea excesivamente complejo e intratable, y que tenga en cuenta la forma en que interactúan los individuos en función de la edad, la ubicación geográfica y otros factores.

Una forma de modelizar los aspectos más heterogéneos de la sociedad es a través de lo que se conoce como redes.[1] Desde un punto de vista matemático, una red es fácil de describir: es un conjunto de puntos, llamados «nudos», y líneas que unen algunos de estos puntos, llamadas «enlaces». En la Fig. 34 se muestra un ejemplo sencillo de red. Aquí los nudos reflejan individuos, y se unen mediante enlaces cuando los individuos interactúan. Por ejemplo, imaginemos una fiesta de cóctel en el que inicialmente nadie conoce a nadie. Los nudos de la red asociada corresponderían a los individuos de la fiesta. Si dos personas empiezan a hablar entre sí durante la fiesta, trazaríamos un enlace entre los dos nudos correspondientes. Como

---

1 Barabási, A. L., *Network science*. Cambridge: Cambridge University Press, 2016.

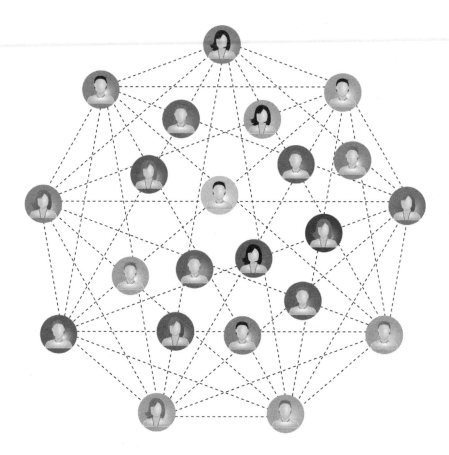

FIG. 34. Ejemplo de una red de personas. Los individuos corresponden a nodos en la red e interactúan si están unidos o enlazados entre sí.

es bastante impredecible quién hablará con quién, podremos modelar las interacciones entre los individuos de forma estocástica, es decir, utilizando los números aleatorios. Es decir, asignamos una probabilidad p a que estos individuos interactúen. Si todos los individuos son introvertidos, entonces p será bastante pequeña; si todos son extrovertidos, p será mayor. A continuación, los nodos se unen aleatoriamente, de acuerdo con la probabilidad p.

A veces se denomina red aleatoria. Una de las propiedades interesantes de una red aleatoria es que presenta lo que a veces se denomina la propiedad del «mundo pequeño»: si elegimos dos individuos cualesquiera en la Tierra, veremos que uno de ellos conoce a alguien, que conoce a alguien, que conoce a alguien, que conoce a alguien, que conoce a alguien, que conoce a alguien, que conoce a la otra persona; es decir, que dos personas desconocidas están vinculadas por un máximo de seis conocidos intermedios. Durante muchos años, después de que se desarrollara la teoría de redes, se pensó que estas redes aleatorias describían con bastante precisión la interacción social y muchos otros tipos de interacción.

En las redes aleatorias del tipo que he descrito, es muy improbable que existan nudos con un gran número de enlaces si p es pequeño. Por ejemplo, con 100 nudos y con $p = 0,02$, esperaríamos que cada nodo tuviera una media de 2 enlaces que emanaran de él. La probabilidad de que un nudo tenga, por ejemplo, 8 enlaces, es prácticamente nula. Esto se debe a la suposición de que si la probabilidad de que el individuo A interactúe con el individuo B es igual a p, entonces la probabilidad de que el individuo A interactúe tanto con B como con C es igual a $p \times p = p^2$. Si p es un número pequeño (por ejemplo, 0,02), entonces p^2 es un número muy pequeño (0,0004). Debido a esto, el número de nudos con k enlaces a otros nudos disminuye exponencialmente cuanto mayor es k. Al igual que el crecimiento exponencial representa un crecimiento muy rápido, el decaimiento exponencial representa un decaimiento muy rápido.

Sin embargo, en el mundo real, esta suposición suele resultar incorrecta. Imaginemos que en nuestro cóctel hubiéramos invitado a unos cuantos famosos. Entonces, probablemente, nos encontraríamos con que mucha gente intentaría interactuar con esos individuos en particular. En términos de la red correspondiente, habría muchos más enlaces que emanarían de los nudos de los famosos en comparación con los nudos de los no famosos. Si analizamos la *World Wide Web*, donde las URL (páginas web) están representadas por nudos, nos encontraremos con numerosos nudos con un pequeño número de enlaces coexistiendo con unos pocos nudos con un gran número de enlaces, a los que llamamos «hubs». Si nos fijamos en una red de tráfico aéreo, encontraremos unos pocos nudos centrales coexistiendo con muchos nudos de grado pequeño. Estos nodos corresponden a los superdifusores en la transmisión de la COVID-19.

En las redes con nudos, el número de nudos con k enlaces no disminuye exponencialmente a medida que k aumenta. En su lugar, la probabilidad de que un nodo tenga k enlaces se describe mediante lo que se denomina una «ley potencial», en la que la probabilidad decrece con k mucho más lentamente que la decaída exponencial.

Estas distribuciones de ley de potencia también describen cómo la energía, en el espectro de remolinos de un fluido turbulento, varía con el tamaño del remolino. De hecho, las geometrías fractales también pueden describirse mediante estas distribuciones de ley de potencia. El matemático Benoit Mandelbrot —quien acuñó la palabra «fractal»— llamó la atención sobre estas conexiones en su libro *The (Mis)behaviour of Markets*.[2] Mandelbrot señalaba que los acontecimientos extremos, como las quiebras financieras, que suelen considerarse muy improbables, no lo son en absoluto en modelos con este tipo de comportamiento de ley de potencia. La existencia de este comportamiento nos habla de un tipo de no linealidad que subyace en los sistemas multiescala y que es común a la propagación de enfermedades, la economía, el clima y puede que incluso a todo el universo.

Utilizando las redes de ley potencial de diez mil nudos, en las que los nodos representan a individuos «susceptibles», «infectados» o «recuperados», se comprobó que la mejor estrategia para frenar la propagación de la infección consistía en reducir el grado en que los nudos superdifusores propagaban la infección.[3] Aquí se compara la propagación de la enfermedad cuando se reduce el número de enlaces que emanan de un *hub* con una estrategia en la que se recorta el número de enlaces que emanan de nodos elegidos al azar.

Aunque estos modelos de red son útiles para llamar la atención sobre la importancia de la heterogeneidad de la población, siguen siendo modelos demasiado idealizados para ser útiles en la estimación real de las cifras de infección y, por tanto, de hospitalización.

2   Mandelbrot, B. B., *The (mis)behaviour of markets: A fractal view of risk, ruin and reward*. Penguin Books, 2008..

3   Herrmann, H. A. y J.-M. Schwartz. «Why COVID-19 models should incorporate the network of social interactions». *Physical Biology* 17 (2020): 065008.

Para un país como el Reino Unido, sería necesario aumentar el número de diez mil a unos 67 millones si se quisiera capturar la población al completo (y modelar la forma en que todos esos individuos interactúan entre sí). Y eso sin incluir las infecciones procedentes de las personas que viajan al Reino Unido desde el extranjero. Aunque esto no es del todo inconcebible —como comentaré más adelante—, con los superordenadores actuales no es factible.

En cambio, los modelos epidemiológicos más avanzados —como el modelo COVIDSim del Imperial College[4]— funcionan de un modo algo distinto. COVIDSim es un modelo importante, ya que sus proyecciones proporcionaron una de las piezas clave de la información que llevó al Gobierno del Reino Unido a ordenar un bloqueo nacional en marzo de 2020 para tratar de contener el virus. En COVIDSim, el país está dividido en cuadrículas, del mismo modo que un modelo meteorológico o climático está dividido en cuadrículas. Cada una de las cuadrículas contiene información sobre la población dentro de la cuadrícula, por ejemplo, la densidad de población, la estructura de edad y la estructura de los hogares, junto con información sobre escuelas, universidades y lugares de trabajo. Esta información se representa en forma de parámetros —unos 940 en total—, con unos números que son fijos y no cambian con el tiempo durante la previsión de un modelo.

Una pregunta clave para cualquier gobierno es si las proyecciones de un modelo como COVIDSim son fiables. ¿Se puede confiar en que las proyecciones ofrezcan una imagen plausible del futuro? Está claro que esto depende de la exactitud de los valores de los parámetros. Hay una incertidumbre real en unos sesenta de los valores de los parámetros y el resultado del modelo es especialmente sensible al valor de unos diecinueve de estos parámetros inciertos.

¿Es importante conocer el grado de incertidumbre de los valores de estos parámetros sensibles? Supongamos que solo queremos conocer el número esperado de hospitalizaciones y muertes por COVID-19. Entonces podríamos argumentar que todo lo que

---

4 MRC Centre for Global Infectious Disease Analysis, «Effective climate sensitivity». *Github*, (2021)

necesitamos hacer es ejecutar el modelo con los valores más probables de los parámetros. Como tal, la incertidumbre en los valores de estos parámetros no se consideraría especialmente importante.

Sin embargo, este argumento solo es válido si el sistema con el que tratamos es fundamentalmente lineal. La aparición de escalas de red con leyes de potencia sugiere que no se trata de sistemas lineales. En este caso, las proyecciones sobre el cambio climático pueden servirnos de orientación. En el capítulo 6 vimos que si variamos las parametrizaciones inciertas de la subred en un modelo climático, el calentamiento global causado por la duplicación del dióxido de carbono parece tener una distribución de probabilidad bastante asimétrica y sesgada, con una cola larga y gorda que se dirige hacia unos valores mayores de calentamiento (y no tienen ninguna cola correspondiente en los valores más bajos de calentamiento). Para una distribución de este tipo, el calentamiento esperado —la media de un conjunto de modelos con diferentes parametrizaciones— es mayor que el calentamiento obtenido si fijamos los valores de los parámetros en sus valores más probables. En este caso ocurre lo mismo.

En 2021, se publicó un estudio[5] de proyecciones de conjunto con COVIDSim en el que se variaron estos parámetros inciertos en función de las estimaciones plausibles de su incertidumbre. Estas estimaciones se obtuvieron mediante lo que se denomina una «solicitud de expertos», es decir, preguntando a los expertos en qué medida consideraban que el valor de un parámetro podía estar equivocado: ¿Un 10 %, un 20 %, un 50 %? A continuación, se realizaron los conjuntos en los que los valores de los parámetros se alteraron de forma aleatoria con las estimaciones de incertidumbre de los expertos. En la Fig. 35 se muestra uno de los principales resultados del estudio: ilustra las distribuciones de probabilidad de las muertes por COVID-19 proyectadas para dos escenarios políticos diferentes.

Resulta interesante observar que la distribución de probabilidades de las muertes previstas, sobre todo en el primer escenario

5   Edeling, W., *et al.* «The impact of uncertainty on predictions of the Covid-Sim epidemiological code». *Nature Computational Science* 1 (2021): 128-135.

político, es muy similar a la distribución de probabilidades del calentamiento global debido a la duplicación del dióxido de carbono: una distribución sesgada con una cola larga y gruesa que se extiende para representar un número elevado de muertes.

Como en el caso del calentamiento global, esto significa que el número esperado de muertes no puede estimarse de forma fiable utilizando una simulación del modelo con los valores más probables de los parámetros inciertos. Esto se muestra explícitamente en la Fig. 35. El número esperado de muertes es mayor que el número previsto si utilizamos los valores más probables de los parámetros. En el caso de la segunda política, el de «dejar y ver hacer», el número estimado de muertes en trescientos días utilizando el valor más probable de los parámetros es de alrededor de 25 000. Sin embargo, el número esperado de muertes (basado en el conjunto completo con parámetros perturbados) es significativamente mayor que este, en torno a 40 000.

Las estimaciones del número previsto de muertes y hospitalizaciones pueden no ser la información más relevante para la de decisiones políticas. Tener un sistema sanitario que se colapsa porque está desbordado de nuevos pacientes es algo a lo que un gobierno puede no querer arriesgarse en absoluto. Por ello, los resultados plausibles en el peor de los casos pueden ser tan importantes, si no más, que los resultados esperados. Esto es similar a lo que ocurre con las previsiones meteorológicas: una previsión media puede ocultar la posibilidad de que se produzca algún fenómeno meteorológico catastrófico. Así, por ejemplo, si tomamos como estimación del peor escenario posible el valor dado por la distribución en el borde del sombreado más intenso (la región en la que, según el conjunto, hay dos tercios de probabilidad de que se produzca), el número de muertes se eleva a 60 000, bastante más del doble de la predicción con los valores de los parámetros más probables.

Sin embargo, la Fig. 35 también ilustra un problema. Como ya se ha dicho, una predicción de conjunto solo resulta de ayuda si las probabilidades que genera son fiables. En el caso de las predicciones de conjunto que he ayudado a desarrollar en las ciencias meteorológicas y climáticas, la mayor parte del tiempo de investigación se

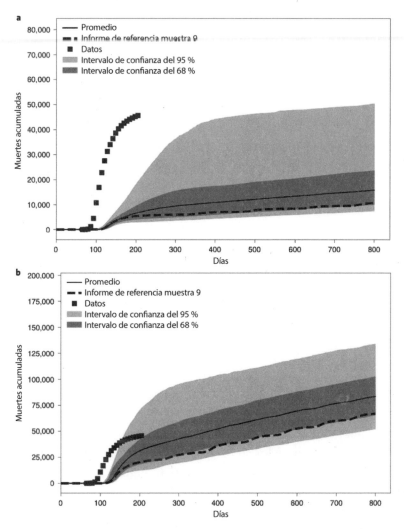

FIG. 35. El sombreado gris denota las estimaciones de incertidumbre en las muertes por COVID-19 basadas en conjuntos de proyecciones del modelo COVIDSim del Imperial College. Cuanto más oscuro es el sombreado, más probable es el número estimado de muertes. La diferencia entre las ilustraciones superior e inferior refleja diferentes supuestos políticos (por ejemplo, si se permiten las reuniones sociales). Las líneas continuas delgadas muestran la media de las distribuciones de los conjuntos. Las líneas discontinuas muestran el número estimado de muertes por COVID-19 por un modelo con sus parámetros fijados en sus valores más probables. La primera es superior a la segunda, lo que constituye una razón importante para realizar un conjunto de proyecciones. Los cuadrados muestran los datos reales. El hecho de que la realidad no se sitúe dentro de las estimaciones de incertidumbre del conjunto sugiere que este no capta la verdadera incertidumbre de estas proyecciones (sobre todo las infecciones iniciales). De Edeling *et al.* (2021).

197

dedicó a desarrollar las condiciones iniciales y las perturbaciones del modelo que produjeran probabilidades fiables. En la Fig. 35 se observa que, en los primeros cien días, aproximadamente, el número real de muertes aumentó mucho más de lo que el conjunto sugería que podía ocurrir. Esto significa que las probabilidades del conjunto, en este caso, no eran fiables. Es evidente que hay otras fuentes de incertidumbre importantes. En este caso, la fuente de incertidumbre que falta está asociada a la fecha en que empezó a crecer la enfermedad: en realidad, debió de crecer antes de lo que se pensaba. Es decir, las proyecciones utilizaron condiciones iniciales ciertas. Este resultado es coherente con la predicción meteorológica, donde la incertidumbre en las condiciones iniciales previstas suele ser más importante que la incertidumbre en los valores de los parámetros del modelo.

Sin embargo, existe un segundo tipo de incertidumbre en estas proyecciones que no puede ser representado con exactitud por simples perturbaciones de los parámetros. Por ejemplo, COVIDSim se basa en un mosaico del país. ¿Son exactas las suposiciones de homogeneidad dentro de una región embaldosada? ¿Qué tamaño deben tener los mosaicos para que esta suposición sea correcta? ¿Es correcta alguna vez? En términos más generales, puede haber muchos supuestos en los modelos en los que la incertidumbre va mucho más allá de la simple incertidumbre de los parámetros. Estas incertidumbres suelen denominarse «incertidumbres estructurales del modelo».

Quizá sea este un buen momento para desempolvar la tan repetida frase de Donald Rumsfeld, secretario de Defensa estadounidense, en el momento de la invasión de Irak. A propósito de los informes sobre la falta de pruebas de la existencia de armas de destrucción masiva, dijo en 2002:[6] «Los informes que dicen que algo no ha sucedido siempre me resultan interesantes, porque, como

------

6   Al escribir este libro, me dijeron que, en algunos círculos, las palabras «duda» e «ignorancia» tienden a ir de la mano. Yo tiendo a considerar la ignorancia como un término genérico para referirse a la falta total de conocimiento. Sin embargo, no es así como se utiliza en filosofía epistemológica, y que la cita de Rumsfeld es una forma de distinguir la «ignorancia reconocida» (incógnitas conocidas) de la «ignorancia total» (incógnitas desconocidas).

sabemos, hay cosas conocidas, es decir, cosas que somos conscientes que sabemos. También sabemos que hay incógnitas conocidas, es decir, que hay cosas que desconocemos. Pero también hay incógnitas desconocidas, las que no somos conscientes que no sabemos. Y si uno mira a lo largo de la historia de nuestro país y de otros países libres, es esta última categoría la que tiende a ser la difícil».

En el contexto de la modelización, ya se trate de modelos COVID-19 o de modelos meteorológicos o climáticos, los valores conocidos pueden referirse a un subconjunto de valores de parámetros que se conocen con gran certeza. En un modelo meteorológico o climático, podría tratarse del valor de la constante gravitacional o de la cantidad de energía que la Tierra recibe del Sol. En COVIDSim, podrían ser algunos de los datos demográficos. Así, las incógnitas conocidas pueden ser los parámetros en los que podemos cuantificar el rango de incertidumbre en los valores de los parámetros. En los modelos meteorológicos y climáticos, los valores de algunos de los parámetros relativos a las propiedades microfísicas de las nubes son inciertos, pero el rango de incertidumbre puede cuantificarse.

En este contexto, las incógnitas desconocidas de Rumsfeld se refieren a las incertidumbres del modelo estructural, es decir, a las incertidumbres en la forma en que se formulan las ecuaciones computacionales en primer lugar. En este caso, no es fácil cuantificar el margen de incertidumbre del valor de un parámetro, porque el proceso en cuestión puede no ser representable en absoluto por un valor de parámetro fijo. En un modelo meteorológico o climático, la forma estructural de las fórmulas de parametrización utilizadas para representar procesos no resueltos, como las nubes, es profundamente incierta; no hay ninguna buena razón para suponer que se puedan representar las nubes con precisión con esas fórmulas. Por lo tanto, algunos de los parámetros en tal parametrización son ontológicamente más que inciertos en un sentido epistémico, para tomar prestado el lenguaje filosófico utilizado en el capítulo 4. Del mismo modo, en COVIDSim, los supuestos básicos en torno a la forma en que los seres humanos interactúan entre sí y responden a las restricciones gubernamentales, son en sí mismos ontológicamente inciertos.

Si queremos que nuestras predicciones y proyecciones sean realmente fiables, tenemos que encontrar alguna forma de tratar estas incertidumbres estructurales del modelo. Sin embargo, estas incertidumbres suelen ser las más difíciles de representar y cuantificar. Hay un viejo refrán nórdico que dice: «No hay nada tan raro como el *folk*». Por supuesto, no hay nada tan incierto como el *folk*. En el capítulo 3, hablé de la representación de escalas no resueltas en modelos de turbulencia de fluidos utilizando ruido aleatorio. En principio, dicho ruido también puede proporcionar una representación de parte de la incertidumbre asociada al error estructural del modelo, incluso con la incertidumbre del *folk*. Ahora bien, aunque los modelos como COVIDSim tienen cierta estocasticidad inherente en sus ecuaciones, los procesos de ruido asociados no contribuyen mucho a la dispersión del conjunto.[7] Como tal, el uso de la estocasticidad como medio para representar la incertidumbre estructural inherente en estos modelos COVID-19 es probable que esté siendo infravalorado. Un argumento que he oído a este respecto es que si utilizáramos la estocasticidad para representar la incertidumbre estructural del modelo, la dispersión de los conjuntos sería inusualmente enorme. Cuando la dispersión de los conjuntos es demasiado grande, como en el caso de los conjuntos retrospectivos sobre el tiempo en octubre de 1987, los conjuntos nos dicen, al menos en esta ocasión, que no nos fiemos de ninguno de los resultados y que desconfiemos de la posibilidad de resultados extremos. Lo peor, en tales circunstancias, es actuar basándose en conjuntos poco fiables y poco difundidos.

En el capítulo 5, abordé otro enfoque del problema del error estructural de los modelos: el sistema de conjuntos multimodelo. En el caso de las predicciones climáticas estacionales de ENSO, el conjunto multimodelo fue más eficaz que los conjuntos de un solo modelo. Desde un punto de vista muy pragmático, la difícil cuestión de la incertidumbre ontológica del error estructural de los modelos se abordó construyendo conjuntos a partir de múltiples modelos

---

7 Edeling *et al.*, «The impact of uncertainty on predictions of the CovidSim epidemiological code».

desarrollados en diferentes institutos. En cierto modo, esto no difiere del concepto de «sabiduría de la multitud», donde en este caso la «multitud» no son las opiniones de los miembros del público, sino las opiniones de los modelos climáticos construidos de forma diferente y desarrollados en diferentes institutos.

El Grupo de Asesoramiento Científico para Situaciones de Emergencia del gobierno británico utilizó una forma limitada del sistema por conjuntos multimodelo al realizar las proyecciones sobre el COVID-19.[8] Sin embargo, el enfoque de conjunto multimodelo se ha desarrollado sobre todo en Estados Unidos, donde hay muchos más grupos individuales que desarrollan modelos COVID-19. Aquí, los Centros para el Control y la Prevención de Enfermedades (CDC) de Estados Unidos se asociaron con un laboratorio de investigación académica de la Universidad de Massachusetts Amherst para crear el Centro de Predicción COVID-19, lanzado en abril de 2020. Las predicciones se centran en la escala temporal de uno a dos meses, lo que puede informar sobre decisiones operativas acerca de la asignación de suministros sanitarios, necesidades de personal o cuestiones como el cierre de escuelas. Esencialmente, cualquier equipo de EE. UU. podía presentar un modelo de previsión al conjunto de modelos múltiples siempre que se facilitaran los datos en un formato especificado y se diera una descripción completa de los métodos utilizados para generar una previsión. Según un documento que describe esta técnica,[9] unos veintitrés modelos habían cumplido los criterios de admisibilidad y se utilizaron en la evaluación del conjunto multimodelo. Se presentaron unas previsiones separadas para los cincuenta estados de Estados Unidos y una previsión nacional para todo el país.

Los resultados coinciden totalmente con los de la predicción climática estacional. Aunque para una previsión concreta era posible encontrar un modelo que funcionara mejor que el conjunto, el conjunto funcionó mejor por término medio, tanto en términos de

---

8   Basado en modelos del Imperial College, la London School of Hygiene and Tropical Medicine y la Universidad de Warwick.

9   Cramer, E. Y., *et al.* «Evaluation of individualyensemble probabilistic forecasts of COVID-19 mortality in the US». *medRXiv.* (2021): www.medrxiv.org/content/10.1101/2021.02.03.21250974v1.

previsión promediada por el conjunto como de previsión probabilística. Está claro que la coherencia de los resultados es importante a la hora de tomar decisiones, lo que indica que es preferible usar el conjunto de varios modelos a cualquier previsión de un modelo individual.

Desde la puesta en marcha del Centro de Predicción COVID-19 en Estados Unidos, se ha implantado en Europa un sistema de conjuntos multimodelo similar. Quizá quede un paso más: un sistema global de previsión de conjuntos multimodelo para la predicción de enfermedades, al que todas las naciones de la Tierra puedan contribuir con sus modelos de forma coordinada. Existe un precedente de esto.

A mediados de los años noventa, el Programa Mundial de Investigaciones Climáticas, un organismo internacional de científicos del clima patrocinado por la Organización Meteorológica Mundial y la Comisión Oceanográfica Internacional (ambos organismos de las Naciones Unidas), así como por el Consejo Científico Internacional, empezó a organizar una serie de experimentos coordinados de conjuntos multimodelo que alimentarían los informes de evaluación del Grupo Intergubernamental de Expertos sobre el Cambio Climático. El proyecto que organizó estos experimentos coordinados se denominó CMIP (Coupled Model Intercomparison Project). En el primer experimento CMIP multimodelo, varios grupos de modelización climática de todo el mundo realizaron sus experimentos con sus modelos con un aumento prescrito del 1 % anual de la concentración de dióxido de carbono. En el último experimento del CMIP, los aumentos prescritos de dióxido de carbono se basan en diferentes escenarios socioeconómicos, que van desde lo que se denomina «seguir como hasta ahora», hasta el cero neto en 2050. En la actualidad hay unos treinta grupos de modelización diferentes que contribuyen al conjunto multimodelo del CMIP.

Me parece que es necesaria una colaboración mundial como esta para la predicción de enfermedades en general, no solo para la COVID-19, sino para otras enfermedades como la malaria, el dengue, la gripe y el ébola. Quizá la Organización Mundial de la Salud pueda tomar la iniciativa.

Sin embargo, el conjunto de varios modelos tiene sus inconvenientes. La «sabiduría de la multitud» solo funciona si las estimaciones de los miembros de la multitud son realmente independientes. Por ejemplo, si circula el rumor de que Fred adivinó quinientas gominolas, y se supone que Fred es un tipo bastante listo, la posibilidad de que las estimaciones de otras personas estén influidas por la estimación de Fred puede anular por completo el beneficio del enfoque de conjunto para adivinar el número de gominolas que hay en el tarro.

En la práctica, los distintos grupos de modelización se ven influidos por las hipótesis de otros grupos, por lo que los modelos no suelen ser independientes entre sí. En el mejor de los casos, son casi independientes. Esto ocurre con frecuencia en la modelización climática, y me cuesta creer que no ocurra también en la modelización de enfermedades. Los tipos de representaciones y parametrizaciones de modelos que utilizan los distintos institutos pueden estar muy influidos por un actor dominante del grupo. Es decir, en un conjunto multimodelo, los modelos pueden ser dependientes entre sí y, por tanto, menos útiles de lo que una persona ajena podría imaginar.

Hay otro problema. Cada grupo de modelización no suele estar compuesto por un equipo de cien investigadores, sino por una media docena. Incluso, el equipo puede estar formado por una sola persona. Entonces se plantea la siguiente pregunta: ¿qué es mejor, financiar el desarrollo de un gran número de modelos casi independientes o concentrar los recursos humanos e informáticos en producir un número mucho menor de modelos (necesariamente estocásticos)? En lo que respecta al clima, creo que es preferible la segunda opción. No soy lo bastante experto en modelización de enfermedades como para saber qué estrategia es mejor en ese caso. Sin embargo, me parece un tema de debate bastante importante.

Hay un aspecto de estos conjuntos de COVID-19 que no se ha discutido. Si estudiamos, por ejemplo, los conjuntos multimodelo de uno a dos meses a través de una serie de condiciones iniciales, ¿existen pruebas de que la dispersión de los conjuntos varía de una condición inicial a otra (como se ilustra en la Fig. 10)? En caso afirmativo, ¿puede utilizarse la dispersión del conjunto para predecir la capacidad probable de, por ejemplo, la previsión media del conjunto? Por ejemplo, si la dispersión de un conjunto es relativamente pequeña, cabría esperar que cada miembro del conjunto se acercara al resultado real. Por el contrario, cuando la dispersión es muy grande, muchos de los resultados de los miembros del conjunto no serán fiables en absoluto. Esto se está empezando a estudiar ahora, así que habrá que esperar a una nueva edición de este libro para conocer los resultados.

En el momento de escribir estas líneas, la COVID-19 no ha desaparecido: la variante Omicron se está transmitiendo con mucha rapidez. La principal incertidumbre sobre Omicron cuando apareció por primera vez era su virulencia: ¿cuántas hospitalizaciones y muertes causaría? Afortunadamente, parece no ser tan virulenta como sus otras variantes. En el Reino Unido, algunos políticos de centro-derecha se han quejado de que los científicos han exagerado las predicciones de Omicron y que solo han publicado los peores escenarios.[10] Por supuesto, esto no es así. Como ya hemos dicho, el trabajo de los científicos consiste en proporcionar amplia información sobre toda la gama de posibles hospitalizaciones y muertes en el futuro, incluidos los peores y mejores escenarios, tanto los esperados como los plausibles. En las primeras fases de desarrollo, cuando se sabe poco, las predicciones son amplias por necesidad. Como en el caso del cambio climático, corresponde a los políticos decidir sobre las implicaciones políticas de tales previsiones: cuarentenas, medidas más ligeras para intentar restringir las interacciones sociales o una relajación completa de tales medidas. Por supuesto, no es fácil decidir todo esto cuando las predicciones son muy inciertas. Sin embargo, facilitar la vida a los políticos dándoles previsiones más precisas, pero menos fiables no es el camino correcto, porque unas previsiones más precisas proporcionarían a los políticos un chivo expiatorio (los científicos) si las políticas salen mal.

Mientras tanto, parece que necesitamos una nueva generación de sistemas de conjuntos que, acoplados a estos modelos SIR, puedan

---

10 Vallance, P. «It's not true Covid modellers look only at worst outcomes». *The Times.* (23 de diciembre 2021): www.thetimes.co.uk/article/its-not-true-covid-modellers-look-only-at-worst-outcomes-5c9pcpdwr.

predecir de forma probabilística la propagación de las mutaciones del virus COVID-19. Ya se han dado algunos primeros pasos en esta dirección con unos modelos entrenados utilizando los muchos millones de secuencias genómicas del virus COVID-19 (mutaciones del virus SARS-CoV-2 para ser más específicos). En un artículo,[11] los autores desarrollan un modelo para predecir las mutaciones del virus que se propagarán entre la población en las distintas fases de la pandemia. Para realizar tales predicciones, se basan en un análisis de los patrones recientes de propagación de una mutación/variante concreta, y en las probabilidades de que determinadas mutaciones aparezcan en diferentes subtipos virales (un criterio llamado «convergencia» en biología). Basándose en las observaciones ajenas a los datos de entrenamiento, los autores demuestran que el modelo tiene poder predictivo hasta unos cuatro meses.

En última instancia, cabe preguntarse si sería posible predecir la propagación de estas mutaciones virulentas del virus a partir de principios básicos, es decir, directamente de la estructura genómica básica del virus. Sin embargo, hay tantas mutaciones potenciales a considerar que predecir la evolución viral de forma general sería completamente intratable con la tecnología computacional actual. Por otra parte, este es el tipo de problema que podría resolverse con alguna tecnología de computación cuántica de la futura generación, que se analiza más adelante en el libro.

11 Maher, M. C., *et al.* «Predicting the mutational drivers of future SARS-CoV-2 variants of concern». *Science Translational Medicine* (2022). doi: 10.1126/scitranslmed.abk3445.

8

LAS CRISIS FINANCIERAS

Según Andy Haldane en 2017, entonces economista jefe del banco de Inglaterra, los economistas tuvieron su «momento Michael Fish» cuando los mercados financieros mundiales se derrumbaron sin previo aviso en 2008.[1] Los modelos económicos simplemente fueron incapaces de funcionar correctamente cuando «el mundo se puso patas arriba».

Cuando leí los comentarios de Haldane, su referencia a Michael Fish me trajo a la mente algo que me había preguntado de vez en cuando: si las mismas técnicas de conjuntos que han transformado la predicción meteorológica y climática podrían desempeñar también un papel en la predicción económica. Si fuera posible crear un sistema fiable de predicción por conjuntos, ¿resultaría que el crack de 2008 fue algo inevitable, insensible a las condiciones económicas precisas de partida y a las ecuaciones de los modelos económicos, o se parecería a la tormenta real de Michael Fish, algo casi impredecible y que

---

1 *BBC News.* «Crash was economists' "Michael Fish" moment, says Andy Haldane», (6 de enero 2017): www.bbc.co.uk/news/uk-politics-38525924.

solo se podía pronosticar en un sentido probabilístico? Incluso en este último caso, una predicción probabilística de conjunto seguiría siendo útil. Del mismo modo que hubiese sido útil predecir la tormenta de octubre de 1987 de forma probabilística para tomar unas decisiones de planificación sencillas, también lo sería si un inminente crack financiero mundial solo fuera predecible de forma probabilística.

Sin embargo, las respuestas de los economistas sobre la posibilidad de crear un sistema de previsión de este tipo fueron en su mayoría decepcionantes. Hubo varias reacciones, todas ellas negativas en un sentido u otro. En primer lugar, más que en la predicción meteorológica y climática, en economía hay un elemento de incertidumbre que es en sí mismo incognoscible y se suele llamar «incertidumbre radical».[2] Está relacionada con el tipo de incertidumbre ontológica analizada en el capítulo 7. Por ejemplo, nadie podría haber predicho el atentado del 11-S contra las Torres Gemelas y, sin embargo, este tuvo un gran impacto en el estado del mundo, incluidas sus economías, que resuena hasta nuestros días. Algunos opinan era que una incertidumbre tan radical haría imposible la predicción de las crisis financieras.

Otro punto planteado por los economistas es que mientras el tiempo sigue las líneas proporcionadas por la ecuación de Navier-Stokes, no hay ninguna ecuación conocida que gobierne el estado de la economía. Los economistas no conocen las ecuaciones que rigen las crisis financieras.

Luego está el argumento de la «autorreferencialidad». Una previsión meteorológica no cambia el tiempo, mientras que una previsión económica puede cambiar la economía. Por lo tanto, los dos sistemas son completamente diferentes y no se puede aprender mucho comparando uno con otro. Por último, he conocido a unos cuantos economistas que, aunque en cierto modo simpatizaban con lo que yo sugería, decían que aún no se habían desarrollado las técnicas para asimilar los datos económicos en los modelos con la misma sofisticación matemática que utilizan los meteorólogos para asimilar las observaciones meteorológicas en sus modelos.

---

2 Kay, J. y M. King, *Radical uncertainty: Decision making for an uncertain future*. W. W. Norton and Co, 2020.

Desanimado, abandoné la idea. Fue solo al planear este libro que decidí retomar estos temas, pensando que quizá las cosas habían cambiado. Desgraciadamente, al preguntar a algunos economistas que conocía, obtuve prácticamente las mismas respuestas que la primera vez. ¿Tienen razón? ¿La idea de crear una especie de sistema de predicción por conjuntos para prever las perturbaciones económicas es totalmente inviable? Por supuesto, como persona ajena a este campo, sería arrogante por mi parte afirmar que los expertos están categóricamente equivocados. Sin embargo, no me convencieron sus objeciones. Por ejemplo, la incertidumbre ontológica radical desempeña sin duda un papel en la predicción meteorológica y climática. De hecho, yo podría hacer una previsión estacional probabilística para dentro de seis meses, pero un volcán imprevisto cuyos aerosoles se esparcieran por la atmósfera y atenuaran la radiación solar podría echarla por tierra. En principio, se podría incluir la erupción de un volcán en uno o dos miembros del conjunto. Sin embargo, no es eso lo que hacemos; nos limitamos a aceptar que en ocasiones incluso las previsiones probabilísticas pueden salir mal como consecuencia de la incertidumbre radical de un volcán. No creo que eso haga que las previsiones probabilísticas de El Niño sean menos útiles.

Sin embargo, como se explica en el capítulo 3, en nuestros modelos de previsión meteorológica incluimos cierta incertidumbre radical al introducir ruido en la versión truncada de la ecuación de Navier-Stokes. En realidad, no es cierto que la ecuación de Navier-Stokes proporcione unas líneas maestras sobre las que evolucionan las previsiones. Ahora bien, para modelizar las incertidumbres radicales en la economía, la amplitud del ruido estocástico tendría que ser mucho mayor de lo que es al modelizar la meteorología. Si una cantidad realista de ruido significa que los conjuntos están siempre tan dispersos que no se puede extraer ninguna señal útil, que así sea. Sin embargo, como ocurre con las previsiones meteorológicas, puede ocurrir que a veces la dispersión no sea tan grande, lo que significa que el estado de la economía es capaz de absorber las incertidumbres radicales inherentes que existen. En otras ocasiones, los conjuntos pueden decirnos que el estado de la economía es como ese reino cuya existencia es tan frágil que puede verse comprometida por la falta de un clavo de herradura.

En cuanto a la cuestión autorreferencial, si bien es cierto que las previsiones meteorológicas no cambian el tiempo, sí lo es que las previsiones climáticas pueden cambiar el clima, como se expone en los capítulos 6 y 7. Desde hace muchos años, los climatólogos saben que en realidad no hacen predicciones sobre el cambio climático, sino proyecciones; «simplemente» estiman cómo responderá el clima a determinados escenarios de emisiones de gases de efecto invernadero. Estas proyecciones pueden verificarse una vez conocidos los escenarios de emisiones. En este sentido, la diferencia entre las proyecciones climáticas y económicas no tiene por qué ser fundamental.

De hecho, los economistas se esfuerzan por presentar sus proyecciones, como la tasa de inflación o el producto interior bruto, con estimaciones de incertidumbre. Por ejemplo, las proyecciones del Banco de Inglaterra se presentan en forma de lo que se conoce como «gráficos de abanico»,[3] inspirados en los debates mantenidos con meteorólogos en los años noventa. Se denominan gráficos de abanico porque las incertidumbres aumentan, como cabría esperar, a medida que se alargan las previsiones. Sin embargo, estos gráficos de abanico no se basan en conjuntos, sino que se basan en un análisis estadístico de los errores de previsiones anteriores. A veces se añaden juicios subjetivos para ampliar o reducir los gráficos de abanico de una previsión a otra, en función de si las perspectivas se consideran más o menos inciertas.

Esta era la cuestión clave para mí. Al tratarse de un sistema no lineal, la previsibilidad de la economía debería ser variable, tal vez de forma similar a lo que se muestra en la Fig. 10 para el modelo de Lorenz. En lugar de pensar en los dos lóbulos del sistema de Lorenz como, por ejemplo, el buen tiempo y el mal tiempo, imaginémoslos representando una economía vibrante y una economía deprimida.

---

3   Banco de Inglaterra. *Informe de política monetaria.* (acceso noviembre 2021): www.bankofengland.co.uk/-/media/boe/!les/monetary-policy-report/2021/november/monetary-policy-report-november-2021.pdf.

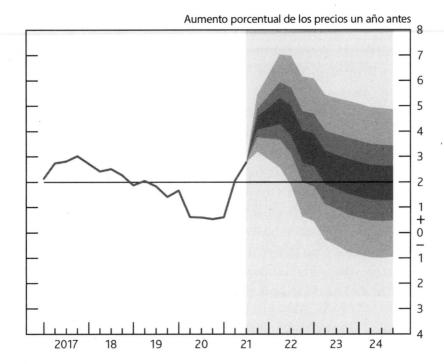

Aumento porcentual de los precios un año antes

FIG. 36. Un «gráfico de abanico» del Banco de Inglaterra que predice la tasa de inflación (a partir de noviembre de 2019). Las regiones sombreadas denotan la probabilidad de que la verdadera tasa de inflación se sitúe dentro de ciertos valores. Cuanto más intenso sea el sombreado, más probable es que la tasa de inflación real se sitúe dentro de ciertos valores. Sin embargo, estos gráficos de abanico no se basan en previsiones de conjunto, sino en un análisis estadístico de errores pasados, junto con juicios subjetivos sobre la incertidumbre futura. Extraído del Informe de Política Monetaria del Banco de Inglaterra, noviembre de 2021. Con permiso del Banco de Inglaterra.

La Fig. 10 muestra que hay situaciones en las que la transición de un lóbulo a otro es bastante predecible y, por tanto, inevitable, y otras en las que es muy impredecible y, por tanto, nada inevitable. ¿Existe alguna forma de caracterizar de este modo la previsibilidad del sistema económico bajo el capitalismo cuando se mueve entre el auge y la crisis?

Para intentar cuantificar esa previsibilidad, necesitamos buenos modelos de la economía. ¿Qué es un «buen» modelo económico? Basándose en conversaciones con economistas, los autores de un documento titulado «The Seven Properties of Good [Economic]

Models»[4] identifican la bondad en términos de parsimonia, trazabilidad, perspicacia conceptual, generalizabilidad, falsabilidad, coherencia empírica y precisión predictiva. Los autores explican que solo las cuatro primeras son bien aceptadas por los economistas, no así las tres últimas.

Esto me pareció muy extraño. Si pidiera a un grupo de colegas meteorólogos que caracterizaran la principal diferencia entre un buen modelo de previsión meteorológica y un mal modelo de previsión meteorológica, la respuesta no sería sorprendente: un buen modelo de previsión meteorológica hace previsiones meteorológicas exactas y uno malo hace previsiones meteorológicas inexactas. Puede haber alguna discusión sobre cómo se puede medir la exactitud o inexactitud de las previsiones meteorológicas (por ejemplo, cuánto énfasis se debe dar a la previsión de situaciones meteorológicas extremas en lugar de a las situaciones comunes o de jardín), pero eso es una cuestión de detalle.

En otras palabras, las propiedades de falsabilidad, coherencia empírica y precisión predictiva, que ocupan el último lugar en la lista de estos economistas, ocuparían el primero en la lista de los meteorólogos, y viceversa. De hecho, nunca he oído a un meteorólogo utilizar la palabra «parsimonia» como un rasgo deseable para un modelo de previsión meteorológica. Esto no significa que los economistas incluyan en sus modelos procesos que son irrelevantes, como el tiempo en Júpiter. No obstante, no hay un esfuerzo consciente por reducir las cosas al mínimo, sino que la filosofía consiste en añadir al modelo tantos detalles como permitan los recursos informáticos.

Sin embargo, hay circunstancias en las que la parsimonia, la trazabilidad y la perspicacia conceptual son atributos importantes de los modelos meteorológicos. En sus investigaciones, los meteorólogos desarrollan jerarquías de modelos. En un extremo de la jerarquía están los modelos que son buenos para predecir el tiempo. Como estos modelos son tan complejos, con millones y millones de líneas

---

4   Gabaix, X., *et al.* «The seven properties of good models». En Andrew Caplin y Andrew Schotter. *The foundations of positive and normative economics*. Oxford University Press, 2008.

de código y miles de millones de variables individuales, son muy difíciles de generalizar, cosas que los economistas aprecian mucho. Sin embargo, en el otro extremo de la jerarquía se encuentran los modelos conceptuales simples, como el modelo prototipo del caos de Lorenz. Los modelos conceptuales son mejores para entender por qué el tiempo es como es, pero suelen ser inútiles para predecirlo.

Fue un sencillo modelo conceptual de la atmósfera lo que más me atrajo de la carrera de meteorología. Se basaba en el supuesto de que el comportamiento del tiempo podía entenderse mediante el llamado principio de máxima producción de entropía, una idea extraída de la física de los sistemas termodinámicos (como las máquinas de vapor). No es posible demostrar rigurosamente que este principio se aplique a los sistemas meteorológicos a gran escala, pero es un concepto interesante y, desde luego, resulta interesante saber qué propiedades del tiempo pueden derivarse de él. Desde esta perspectiva, los sistemas meteorológicos de latitudes medias pueden considerarse como la forma que tiene la naturaleza de transportar el calor desde las latitudes tropicales cálidas hasta las latitudes polares más frías de la forma más eficiente posible en un planeta en rotación. Un modelo de este tipo predice cómo varía la temperatura de la Tierra, así como variables más complejas como la nubosidad media y los flujos de calor hacia los polos, entre el ecuador y los polos en promedio.

Estos modelos sencillos son bastante parsimoniosos, en el sentido de que están despojados de toda complejidad irrelevante y a veces pueden resolverse con lápiz y papel o, en el peor de los casos, con un ordenador portátil. No cabe duda de que son manejables y perspicaces en teoría. Cuando el tiempo parece húmedo y ventoso, saber que la atmósfera es una máquina termodinámica eficiente resulta un tanto tranquilizador: si no fuera así, las regiones de baja latitud serían insoportablemente cálidas, y las de alta latitud, insoportablemente frías. Así pues, el tiempo lluvioso y tormentoso que a menudo sufrimos en el Reino Unido hace la vida más llevadera a otros habitantes del planeta, una idea que puede reconfortarnos un poco cuando el tiempo es especialmente sombrío.

Por otra parte, es importante comprender las limitaciones que poseen estos modelos meteorológicos parsimoniosos. No sirven para predecir el tiempo y son totalmente inútiles para predecir el tipo de clima extremo que por ejemplo se produjo sobre el sur de Inglaterra en octubre de 1987. Desde luego, yo no conozco ninguna forma de utilizar el principio de máxima producción de entropía para predecir la tormenta de octubre.

¿Qué conclusión podemos sacar? ¿Podría ser que los economistas estén intentando abarcar demasiado? O tienen modelos muy parsimoniosos, que pueden servir para entender cómo funciona la economía en términos generales, o modelos predictivos, que sirven para predecir realmente la economía. Sin embargo, quizá no todos los modelos sean iguales.

Entonces, ¿qué son estos modelos económicos y por qué Haldane describió un panorama tan sombrío de su capacidad para predecir la crisis de 2008? En realidad, hay dos tipos tradicionales de modelos.

Los primeros son los llamados modelos econométricos. Un modelo econométrico es en realidad el mismo tipo de modelo análogo estadístico-empírico que, según los colegas estadísticos de Ed Lorenz, podría utilizarse para predecir el tiempo con semanas o meses de antelación. Es decir, un modelo econométrico predice el futuro basándose en los patrones que encuentra en datos pasados. En esencia, se trata de encontrar un análogo del estado actual de la economía y basar la predicción en lo ocurrido en los meses y estaciones siguientes al estado análogo. Hoy en día, se puede utilizar una sofisticada IA para hacer las previsiones, pero la metodología subyacente es esencialmente la misma.

Lorenz había demostrado que este método no funciona para un sistema no lineal como el clima. Por ello, quizá no sea sorprendente que no funcione tampoco para un sistema no lineal como la economía, sobre todo durante periodos de crisis.

El segundo tipo tradicional de modelo económico se basa en lo que se denomina economía neoclásica. La idea fundamental de la economía neoclásica es la noción de equilibrio que surge de un problema de maximización del agente. Un ejemplo sencillo es la determinación del precio de un automóvil. Cuanto más caro sea el precio de un coche, más beneficios podrá obtener el vendedor. Sin embargo, cuanto más caro sea el coche, menos probable será que un comprador potencial quiera comprarlo. Se alcanza un «equilibrio» cuando los deseos del vendedor y del comprador (obtener el mayor beneficio posible y comprar lo más barato posible) se optimizan conjuntamente.

El valor de algo se codifica en un concepto llamado función de utilidad. Se originó en la teoría del utilitarismo de los filósofos morales del siglo XIX Jeremy Bentham y John Stuart Mill como forma de medir el placer o la felicidad. De este modo, la función de utilidad puede utilizarse para discriminar cuantitativamente entre distintas elecciones posibles. Por ejemplo, yo suelo sentir más placer comiendo helado de chocolate que, por ejemplo, de fresa, y en principio pagaría (un poco) más por un helado de chocolate que por otro sabor.

Los economistas neoclásicos tratan a los agentes como seres racionales idealizados que toman decisiones para maximizar alguna función de utilidad relevante. En el marco neoclásico, un agente es en realidad un representante idealizado de un conjunto de individuos o empresas. Se supone que, tal y como se comporta el agente idealizado, se comporta el conjunto de individuos representados por el agente. Sin embargo, hemos visto (por ejemplo, tanto en la predicción climática como en la de pandemias) que en un sistema no lineal, esta suposición puede venirse abajo. La predicción realizada por un modelo de predicción «representativo» con su conjunto más probable de parámetros del modelo puede diferir mucho de la predicción esperada cuando variamos los parámetros del modelo en función de sus incertidumbres.

¿Por qué las economías se hunden, como a veces ocurre? El punto de vista neoclásico estándar es que se debe a factores externos a este mundo de maximización de la utilidad. Puede tratarse de un choque —algún tipo de entrada ruidosa del exterior que haría que el sistema no fuera determinista— o de alguna «externalidad», un factor externo que el sistema capitalista de fijación de precios no tiene en cuenta. Por ejemplo, la contaminación o degradación medioambiental se considera tradicionalmente una externalidad en la economía neoclásica (a pesar de que somos nosotros, los agentes, quienes la causamos en primer lugar). Uno de los mantras de la economía medioambiental es la necesidad de internalizar las externalidades: el precio de los bienes debe reflejar el daño causado al medio ambiente, por ejemplo, al transportarlos de una parte del mundo a otra.

Cuanto más pensaba en ello, más se parecía la filosofía de la «maximización de la utilidad» de la economía neoclásica a la «maximización de la producción de entropía» utilizada en meteorología para entender por qué el tiempo se comporta como lo hace. En ambos casos, estamos tomando un principio que tiene cierta relevancia en determinadas circunstancias específicas, y aplicándolo a una escala en la que ya no se sostiene rigurosamente. Por ejemplo, el principio de máxima producción de entropía es válido para los sistemas que están próximos al equilibrio termodinámico. Sin embargo, el sistema climático no es así: la energía que la atmósfera recibe del Sol cada día significa que está lejos del equilibrio termodinámico. Del mismo modo, la idea de que podemos modelizar la economía con las acciones de los agentes representativos que maximicen alguna función de utilidad específica puede no ser un buen supuesto para un sistema no lineal y muy heterogéneo en el que los individuos pueden estar actuando de acuerdo con algunos principios de optimización adaptados de forma individual. En ambos casos, podemos formarnos una idea de los sistemas de interés —el clima y la economía, respectivamente— a partir de estos principios heurísticos de optimización, pero también es importante comprender sus deficiencias a la hora de hacer predicciones reales de sistemas alejados del equilibrio.

Siguiendo esta analogía, y dado que no utilizamos el principio de máxima producción de entropía para predecir el tiempo, ¿existe alguna alternativa al principio de maximización de la utilidad por parte de los agentes representativos para predecir la economía? En el capítulo 7 analicé cómo podemos modelizar la propagación de enfermedades utilizando las redes en las que los nudos representan a individuos. ¿Podría aplicarse este marco a la modelización económica? Parece que sí. En 2009, un año después de la crisis, los economistas Doyne Farmer y Duncan Foley publicaron un influyente artículo en *Nature* en el que explicaban por qué los modelos económicos neoclásicos no funcionaban a la hora de predecir la crisis. En el artículo afirmaban que los llamados modelos basados en agentes tendrían muchas más posibilidades de predecir la próxima gran crisis que los modelos neoclásicos.

Ya conocía el nombre de Farmer cuando leí por primera vez este artículo, ya que ocupa un lugar destacado en el magistral libro de James Gleick de 1988,[5] *Chaos: Making a New Science*, el libro que dio a conocer al público el trabajo de Ed Lorenz. En el libro de Gleick, Farmer aparecía como uno de los integrantes de la nueva generación de los «teóricos de la complejidad», científicos empapados de los conceptos y métodos de la teoría del caos. En su juventud, Farmer perfeccionó una forma de ganar a los casinos en la ruleta incrustando un pequeño ordenador en la suela de su zapato. El ordenador se alimentaba con datos sobre la posición de la bola de la ruleta a medida que giraba alrededor de la rueda, en forma de golpecitos con el pie. A partir de estos datos, el ordenador calculaba dónde caería la bola de la ruleta. Farmer tuvo un gran éxito hasta que los casinos descubrieron lo que estaba pasando y le prohibieron volver a entrar. Farmer pasó a fundar Prediction Company y amasó una pequeña fortuna. Ahora utiliza su experiencia en la teoría de la complejidad para entender los ciclos macroeconómicos y las caídas; es el director de economía de complejidad en el Instituto para el Nuevo Pensamiento Económico de la Universidad de Oxford, donde ahora es un colega cercano y amigo mío.

Farmer ha intentado estudiar la sociología de la sofisticación matemática en la economía.[6] Piensa que si el modelo no se basa en el mantra estándar —los agentes representativos que maximizan sus funciones de utilidad— envuelto en elegantes matemáticas, el artículo no se publicará en una de las principales revistas de economía. Si eres un joven académico en busca de titularidad, estarás en desventaja si tu artículo se desvía de este mantra. Cuando leí esto por primera vez, tengo que confesar que me pregunté si había

---

5   Gleick, J. *Chaos: Making of a New Science*. Penguin, 1987.

6   Hossenfelder, S. *Perdidos en las matemáticas: Cómo la belleza confunde a los físicos*. Barcelona: Ariel, 2019.

un elemento de hipérbole en esta afirmación, o si, de ser cierto, su afirmación ya no era cierta. Pero parece que todavía hoy en día hay algo de verdad en las opiniones de Farmer, como veremos.

En un modelo basado en agentes, un agente representa una unidad económica real. Puede ser un individuo, una empresa o un banco. En un modelo basado en agentes, se intenta representar el mayor número posible de estos agentes microeconómicos: miles, millones (o miles de millones, como veremos más adelante). Desde fuera se percibe a los agentes como si actuaran como una unidad. Tienen la capacidad de actuar y reaccionar ante estímulos externos, y pueden interactuar entre sí. Una cuestión clave es qué tipo de comportamiento macroeconómico emerge cuando se estudia un número tan grande de agentes microeconómicos. Un ejemplo de comportamiento emergente —aunque nada que ver directamente con la economía— puede verse en el estudio del flujo de tráfico en una carretera.[7] Supongamos que consideramos que cada coche o camión es un agente que se limita a responder al agente que le precede. Cuando la densidad de vehículos es pequeña, el tráfico fluye bien. Sin embargo, a medida que aumenta la densidad, empezamos a ver las conocidas ondas de choque cuando el tráfico se congestiona. Estas ondas de choque son ejemplos de comportamiento emergente a macroescala.

De hecho, un modelo basado en agentes relativamente sencillo puede ser capaz de describir algunos de los aspectos esenciales del *crash* de 2008.[8] En este modelo, hay tres tipos de agentes. Los primeros se describen como «operadores de ruido»: más o menos negocian valores y acciones al azar, pero creen que estas acciones tienen algún valor fundamental intrínseco. El segundo tipo de agente es un fondo de cobertura; mantienen acciones que los gestores del fondo creen que están infravaloradas y mantienen el efectivo.

El tercer tipo de agente es el banco, que puede prestar dinero al fondo de cobertura, permitiéndole comprar más acciones.

---

7 Bookstaber, R. *The end of theory*. Princeton University Press, 2017.

8 Thurner, S., J. Doyne Farmer y J. Geanakoplos. «Leverage causes fat tails and clustered volatility». *Quantitative Finance* 12(5) (2012): 695–707.

En circunstancias normales, la presencia de los fondos de cobertura suele amortiguar la volatilidad del valor de las acciones, ya que la negociación de los fondos de cobertura debería mover el precio de una acción hacia su valor intrínseco. Sin embargo, existe un problema. Para contener su riesgo, los bancos limitarán la cantidad de dinero que prestarán a un fondo de cobertura. En la jerga de las finanzas, los bancos limitan el apalancamiento a un valor máximo predeterminado, determinado por la riqueza del fondo de cobertura. Surge entonces un problema si el valor de una acción cae cuando un fondo de cobertura está totalmente apalancado. Esto puede llevar la cantidad prestada más allá del límite predeterminado. El fondo de cobertura tendrá que vender sus acciones para pagar parte del préstamo y volver al valor máximo predeterminado. Sin embargo, vender las acciones de esta manera puede hacer que el valor de las acciones caiga aún más. *In extremis*, esto puede conducir a una espiral mortal de la que es imposible salir, llevando al desastre tanto al fondo de cobertura como también al banco. Por supuesto, este es un ejemplo muy simple de un modelo basado en agentes, pero puede ampliarse con relativa facilidad, haciéndolo más realista. Por ejemplo, los propios bancos pueden pedir dinero prestado y estar limitados por límites de apalancamiento.

Bueno, parece que por fin estamos llegando a alguna parte. ¿Es posible realizar una previsión retrospectiva de conjunto de modelos basados en agentes sobre el crack financiero de 2008, de forma parecida a la previsión retrospectiva de conjunto que habíamos realizado sobre la tormenta de octubre de 1987? ¿Mostraría una dispersión excepcional, como el ejemplo inferior de la Fig. 10? ¿O se demostraría que el desplome había sido muy predecible, como en el ejemplo superior izquierdo de la Fig. 10, una consecuencia inevitable de las posiciones apalancadas que muchos particulares, fondos de alto riesgo y bancos habían tomado sobre las hipotecas de alto riesgo?

Me puse en contacto con varios creadores de modelos basados en agentes de todo el mundo y las respuestas volvieron a decepcionarme. Parecía que mi idea no era tonta, sino que los modelos basados en agentes no eran lo bastante sofisticados como para responder a tales preguntas. Sin embargo, inesperadamente, un investigador postdoctoral de mi universidad, Oxford, Juan Sabuco, me envió un correo electrónico en el que me decía que estaba utilizando un modelo basado en agentes y que le gustaría desarrollarlo para que tuviera capacidad de conjunto. Me preguntó si me gustaría trabajar con él para explorar esta idea. Y así empecé una pequeña investigación con Juan.

En el modelo basado en agentes de Sabuco, muy idealizado, los agentes, que pueden llegar a ser 100 000, se dividen en dos: las empresas y los trabajadores desempleados. Los agentes se mueven aleatoriamente en un espacio bidimensional que simula un mercado de trabajo virtual. En cada «paso temporal» (que en este modelo no tiene ninguna relación específica con el tiempo real), los trabajadores se desplazan en busca de una oportunidad de empleo. Las empresas también se mueven en este mercado en busca de nuevos trabajadores. Cuando una empresa contrata a trabajadores, estos se retiran del conjunto de trabajadores desempleados. Para que una empresa sea viable, debe ser capaz de atraer a nuevos trabajadores. Si no consigue atraer mano de obra nueva en un número predefinido de pasos temporales, quebrará. Además, se supone que en cada paso temporal aparecen trabajadores desempleados, ya sea por despido o por la entrada de nuevos trabajadores en el mercado. Estos nuevos trabajadores se colocan de forma aleatoria en el mercado, pero cerca de los demás trabajadores desempleados ya presentes en la simulación. También se supone que se crean nuevas empresas en el mercado en cada paso temporal y que las empresas de nueva creación se colocan en regiones cercanas a otras empresas existentes.[9] La Fig. 37 muestra una ejecución larga del modelo basado en agentes que realizó Sabuco a lo largo de un cuarto de millón de pasos temporales. En el eje vertical se muestra la tasa de empleo de los trabajadores, donde el 100 % representa el pleno empleo. El modelo basado en agentes muestra una considerable variabilidad interna en

---

9   Las propiedades emergentes del modelo basado en agentes de Sabuco se asemejan a las del llamado modelo de lucha de clases de Goodwin de fluctuaciones económicas endógenas.

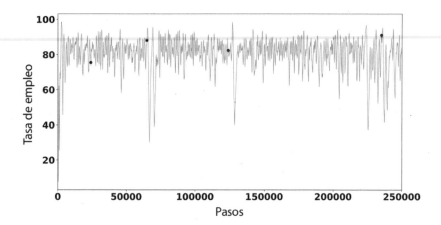

FIG. 37. Resultados de un plazo largo de verdad del modelo basado en los agentes de Sabuco. En la siguiente figura, se realizan unas predicciones de conjunto a partir de los cuatro puntos marcados en la figura.

esta tasa de empleo con una serie de «choques» en la tasa de empleo. Los economistas llamarían a estas variaciones internas «endógenas», en contraste con las variaciones forzadas desde el exterior, que se llamarían «exógenas». Para nosotros esto es la correspondencia con la realidad, es decir, supondremos que esto es lo que ocurre realmente en el mundo del modelo basado en agentes de Sabuco. La cuestión es si podemos predecir las fluctuaciones endógenas con las predicciones de conjunto. Al igual que los modelos de predicción meteorológica y los modelos COVID-19, el modelo basado en agentes de Sabuco tiene una serie de parámetros libres, algunos de los cuales se representan mediante fórmulas estocásticas (que implican, por tanto, números aleatorios). Es fácil generar grandes conjuntos utilizando las diferentes extracciones de los generadores de números pseudoaleatorios. La Fig. 38 muestra algunos resultados de estos conjuntos. La figura superior izquierda muestra una situación económica saludable en la que, según la estimación real, las tasas de empleo son estables y se mantienen altas durante todo el periodo de previsión. Algunos miembros del sistema predicen un descenso en el empleo, pero el grueso sugiere que este será un periodo de estabilidad. La figura superior derecha muestra una situación en la que, más adelante en el periodo de previsión, la estimación real muestra una caída del empleo. Algunos de los miembros del conjunto predicen esto (es decir, se predice la caída con una probabilidad distinta de cero), pero la mayoría no lo hace en este rango, la caída del empleo no es realmente predecible, según el conjunto. Las dos figuras inferiores muestran situaciones en las que se produce un desplome del empleo relativamente pronto en la previsión, cuando cabría esperar cierta previsibilidad. Una de las caídas (abajo a la izquierda) parece muy previsible según el conjunto, mientras que la otra (abajo a la derecha) no lo parece tanto. Si se intentara hacer una única previsión determinista para esta última situación, parece bastante probable que la previsión subestimara la caída real del empleo (e incluso predijera una recuperación más rápida de lo que realmente ocurrió). En este caso, el conjunto alerta de la posibilidad de una ruina más profunda y duradera. Si esto ocurriera, con la ayuda del conjunto, este desastre no sería una sorpresa total.

Todo esto era bastante alentador. Sin embargo, estábamos ante situaciones muy idealizadas.

Fue entonces, en el momento que casi había renunciado a las previsiones basadas en modelos de agentes reales, cuando Doyne Farmer me señaló un nuevo artículo en el que un grupo de economistas dirigido por Sebastian Poledna, de Austria, había utilizado un modelo basado en agentes para hacer predicciones retrospectivas de la economía austriaca.[10] Habían desarrollado un sencillo sistema de asimilación de datos para introducir en su modelo los datos económicos que se habían observado. Austria no tiene nada de particular, salvo que dos de los institutos de los autores tienen allí su sede. Los autores afirman que su modelo podría aplicarse para hacer predicciones para el Reino Unido o Estados Unidos, por ejemplo.

Un matemático puro que mirara las ecuaciones del artículo de Poledna no encontraría las matemáticas muy entrañables. Son matemáticas de ingeniería, el tipo de matemáticas que se utilizan en los modelos climáticos completos. Pero, precisamente por eso, a mí me atrajo el artículo. Me parecieron exactamente el tipo de

---

10 Poledna, Sebastian, *et al.* «Economic forecasting with an agent-based model». *European Economic Review* (2023): vol. 151, p. 104306.

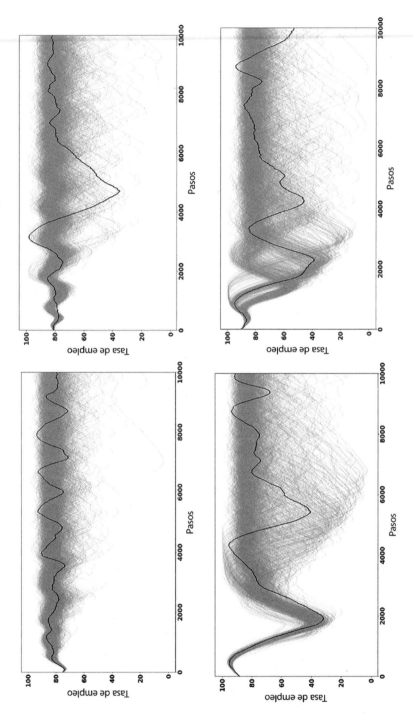

FIG. 38. «Previsiones» del conjunto a partir de los cuatro estados iniciales diferentes elegidos del conjunto de la Fig. 37. La línea más oscura muestra la ejecución real.

matemáticas poco elegantes que se necesitan para representar las desordenadas realidades de la economía del mundo real. En las predicciones de Poledna, el modelo basado en agentes se ejecuta quinientas veces en modo de conjunto, variando muchos aspectos inciertos de las condiciones iniciales y muestreando los generadores de números pseudoaleatorios que dirigen las interacciones estocásticas entre agentes del modelo.

Para saber si algo es bueno hay que probarlo, y por ello los autores pusieron a prueba su modelo con algunas predicciones retrospectivas «fuera de muestra». Esto significa que las predicciones correspondían a años que no se habían utilizado para fijar los valores de los parámetros. Los autores señalan que las previsiones medias del conjunto son mejores que las de los modelos econométricos y los modelos neoclásicos de equilibrio.

Me entusiasmó leer este artículo. Envié un correo electrónico a Poledna y le pregunté si había estudiado las previsiones retrospectivas para 2008. Me contestó que, literalmente, acababa de elaborar algunos resultados para 2008, pero que no había empezado a redactarlos. Esto era demasiado bueno para ser verdad. Tenía que hablar con él. Quedamos para charlar por Internet.

La Fig. 39 muestra la diferencia en las previsiones retrospectivas del crecimiento del producto interior bruto (PIB) de la zona euro en dos conjuntos de quinientos miembros del modelo de Poledna. El primero corresponde a un año normal y el segundo corresponde al año del crack financiero de 2008. Las predicciones más probables no muestran ninguna diferencia entre los dos años. Sin embargo, la dispersión del conjunto en 2008 es sustancialmente mayor y la cola de la distribución se extiende a unos valores dos veces más negativos que los del año normal. Al igual que las predicciones de conjunto del cambio climático y de COVID-19, la distribución de conjunto está sesgada hacia el extremo. La no linealidad está de nuevo en juego.

Por impresionantes que fueran los resultados, el conjunto para 2008 no captó la caída real, que fue de alrededor de -0,03. Sugerí a Poledna que esto se debía a que el conjunto no era lo suficientemente grande y que tal vez debería probar a utilizar conjuntos

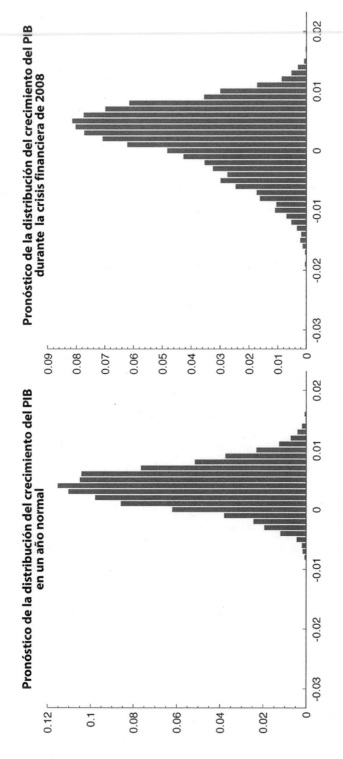

FIG. 39. Histogramas del crecimiento trimestral previsto del producto interior bruto de la zona euro para un año «normal» y para 2008, con el crack financiero.

de cinco mil miembros en lugar de conjuntos de quinientos. Sin embargo, su explicación fue mucho más plausible. No introdujo en su modelo la desaceleración económica del mundo fuera de la eurozona, porque quería ver qué ocurriría a partir de los procesos dinámicos puramente endógenos.

Sin embargo, esto plantea una cuestión extremadamente importante. Dado que el mundo está, por supuesto, globalmente conectado, realmente necesitamos ampliar estos modelos basados en agentes para que abarquen el mundo entero. ¿Cuántos agentes individuales puede manejar un modelo basado en agentes? Poledna ha participado en el desarrollo de un modelo económico basado en agentes con 331 millones de agentes individuales,[11] implementado y ejecutado con eficacia en un superordenador. ¿Es ese el límite? Desde luego que no. Como ya se ha dicho, un modelo moderno de previsión meteorológica tiene varios miles de millones de variables, aproximadamente el mismo número de personas que hay en el planeta. Por tanto, quizá no sea del todo ridículo imaginar un modelo basado en agentes con un agente por cada ser humano del planeta. Estoy deseando ver los resultados de los conjuntos de 2008, cuando el modelo basado en agentes sea totalmente global.

Lamentablemente, Poledna confirmó las conclusiones de Farmer sobre los obstáculos al progreso en la economía. Dijo que sería imposible que su artículo fuera considerado por las principales revistas de economía, y lamentablemente sus colegas de la economía tradicional ignoraron en gran medida su artículo. Poledna no creía que su trabajo le ayudaría a conseguir un puesto de titular en un departamento de economía de primera línea. Del mismo modo que la predicción meteorológica por conjuntos significa que nunca volveremos a tener un momento de predicción meteorológica como el de Michael Fish, quizá una vez que estos modelos de predicción por conjuntos basados en agentes y sus esquemas de asimilación de datos asociados se hayan desarrollado a escala global, tampoco

11 Gill, Amit, *et al.* «High-performance computing implementations of agent-based economic models for realizing 1: 1 scale simulations of large economies». *IEEE Transactions on Parallel and Distributed Systems* (2021): vol. 32, no 8, p. 2101-2114.

volveremos a presenciar un momento de predicción económica como el de Andy Haldane/Michael Fish.[12]

¿O se trata de una ilusión? Mientras termino este libro, las presiones inflacionistas están aumentando con fuerza y existe el peligro de una recesión económica mundial. ¿Era esto previsible hace un año? Estas repercusiones económicas pueden relacionarse en parte con el hecho de que las fuerzas rusas han estado bombardeando las ciudades ucranianas, algo que la mayoría de nosotros difícilmente habríamos creído hace un año. Estas acciones han llevado a Occidente a imponer grandes sanciones a Rusia, de modo que precios de la energía han subido, cuando ya estaban por las nubes, y los mercados bursátiles de todo el mundo están sufriendo las consecuencias. De ahí que la respuesta a la pregunta anterior dependa de si los conflictos son previsibles. Lo veremos en el próximo capítulo.

De hecho, estos acontecimientos ponen de manifiesto que el desarrollo de los sistemas económicos de conjunto basados en modelos que están basados, a su vez, en agentes son en realidad la punta del iceberg. Necesitamos desarrollar sistemas de conjunto en los que los sistemas humanos y físicos (como el sistema climático) estén plenamente integrados a escala global. Bienvenidos al gemelo digital del planeta Tierra, otro tema para el próximo capítulo.

---

12 Efectivamente, quizá las cosas estén cambiando. En 2018, Andy Haldane publicó un artículo (Haldane, A. G. y A. E. Turrell. «An interdisciplinary model for macroeconomics». *Oxford Review of Economic Policy* (2018): 34(1–2), 219–251.) en el que evaluaba el valor de los modelos basados en agentes. Él y su coautor concluyeron que los modelos basados en agentes complementan los enfoques existentes y son adecuados para responder a cuestiones macroeconómicas en las que la complejidad, la heterogeneidad, las redes y la heurística desempeñan un papel importante.

9

CONFLICTO MORTAL Y EL CONJUNTO DIGITAL
DE SPACESHIP EARTH

Nadie sabe por qué el general Oskar Potiorek, el gobernador austrohúngaro de Bosnia-Herzegovina, no avisó al conductor de que se había producido un cambio en la ruta prevista para el coche del archiduque. Ese mismo día se había producido un atentado contra Franz Ferdinard, por lo que cambiar la ruta parecía una medida de precaución razonable. Tal vez Potiorek estaba a punto de decírselo al conductor, pero se distrajo momentáneamente con una mariposa que pasaba por delante de él... nunca lo sabremos.

En cualquier caso, no se lo dijo al conductor. Tanto él como los ocupantes del coche giraron a la derecha cerca del Puente Latino de Sarajevo. Al darse cuenta de su error, Potiorek gritó al conductor que se detuviera y diera marcha atrás; al hacerlo, el coche se paró. Gavrilo Princip, aún adolescente, pensó que había perdido la oportunidad de asesinar al archiduque ese mismo día, pero, entonces, para su asombro, el coche se había parado justo delante de él. Princip mató al archiduque de un disparo.

Si no hubiera pasado la mariposa, tal vez no habrían matado al archiduque. Tal vez la Primera Guerra Mundial no habría tenido lugar. Y tal vez tampoco la Segunda Guerra Mundial, si nos ponemos a especular de esta manera contrafactual.

Este es un ejemplo real de la parábola del clavo perdido. Debido al aleteo de una mariposa (tal vez), el conductor no sabía que habían cambiado de ruta. Como no se le dijo que cambiara de ruta, el archiduque fue asesinado. Como el archiduque fue asesinado, Austria-Hungría declaró la guerra a Serbia. Por ello, Rusia, aliada de Serbia, movilizó su ejército contra Austria-Hungría. Por ello, Alemania declaró su apoyo a Austria-Hungría y se movilizó contra Rusia y su aliada Francia. Por ello, y como ataque preventivo, Alemania atacó a Francia a través del territorio neutral de Bélgica. Como Gran Bretaña tenía un tratado para defender Bélgica, entró en guerra contra Alemania y Austria-Hungría. Debido a esto, Estados Unidos se unió a la guerra en 1917, y Alemania y Austria-Hungría (y el Imperio otomano, que se había unido a la guerra en el bando austro-húngaro) perdieron sus imperios, todo por la falta de un clavo de herradura. Gran Bretaña salió de la guerra tan empobrecida que esto marcó también el principio del fin de su imperio.

Sin embargo, como muchos historiadores han escrito a lo largo de los años, que los países de Europa estuvieran vinculados por estos tratados y alianzas, y que el gasto militar fuera en general en aumento, solo hacen que la transición a la guerra fuera un hecho bastante predecible. Quizá si el archiduque no hubiera sido asesinado, algún otro incidente menor podría haber desencadenado una secuencia de acontecimientos similar. Al igual que ocurre con el clima, las pandemias y la economía, parece que la dinámica de los conflictos no es lineal, y va variando entre periodos estables con pequeñas perturbaciones y periodos muy inestables.

¿Podemos pensar en las guerras mundiales desde el punto de vista de la geometría del caos, como se muestra en la Fig. 10? Imaginemos ahora que el lóbulo izquierdo del atractor de Lorenz corresponde a los estados del mundo en los que las naciones están en paz entre sí, y que el lóbulo derecho corresponde a los estados del mundo en los que las naciones están en guerra. ¿Es la Primera Guerra Mundial una situación como la de arriba a la izquierda —inevitable— o la de abajo —altamente impredecible—? ¿Tiene sentido imaginar la predicción por conjuntos aplicada a la predicción de conflictos?

Si los conjuntos van a formar parte de cualquier intento de predecir los conflictos en el mundo, hay que preguntarse primero si la predicción de conflictos es susceptible de los métodos de modelización matemática. Lewis Fry Richardson quería responder a esta cuestión, y sus contribuciones a la predicción numérica del tiempo se describen en el capítulo 5. Richardson estaba convencido de que la guerra podía predecirse mediante ecuaciones matemáticas. Procedente de una familia cuáquera, pensaba que podría desarrollar una teoría matemática de los conflictos, que podría ser su contribución más importante a la humanidad.

Dejamos a Richardson en el capítulo 5 como conductor de ambulancias en el frente en la Primera Guerra Mundial. Había renunciado a su puesto en la Oficina Meteorológica, y durante los periodos de descanso trabajaba no solo en la realización de la primera predicción meteorológica por métodos numéricos, sino también en el desarrollo de lo que él llamaba «la psicología matemática de la guerra».

Tras la guerra, Richardson se reincorporó a la Oficina Meteorológica. Sin embargo, sus principios pacifistas le hicieron dimitir de nuevo, cuando la oficina se incorporó al Ministerio del Aire en 1920. En su lugar, se centró en las dos cosas que le fascinaban, las turbulencias y las causas de la guerra. Para ayudarse con esto último se matriculó en varios cursos de psicología.

Sin embargo, Richardson se dio cuenta de que, para progresar, necesitaba unos datos que midieran aspectos como la preparación de un país ante la guerra —por ejemplo, cuánto gasta en armamento—, su actitud hacia la guerra y su grado de internacionalidad (que podía medirse a partir del alcance de su comercio internacional). Y agrupó los conflictos utilizando la misma escala logarítmica (Richter) que utilizamos para agrupar los terremotos. De este modo, los conflictos entre las bandas y las guerras mundiales no son más que puntos de un espectro continuo de conflictos mortíferos.

Al hacerlo, Richardson descubrió un fenómeno que hemos comentado en el contexto del clima, la turbulencia, las redes, la economía, las pandemias y quizá incluso el universo en su conjunto: la estructura de ley de potencia. Como hemos señalado en capítulos anteriores, el comportamiento de la ley de potencia es un indicio de cierta no linealidad subyacente. Se trata de un indicio de que es posible encontrar una racionalidad y cierto orden no lineal al mundo aparentemente irracional de los conflictos.

Basándose en su experiencia con el clima, Richardson buscó un sistema de ecuaciones diferenciales (ecuaciones basadas en el cálculo que incluían las tasas de cambio de cantidades clave con el tiempo) similar en muchos aspectos a los tipos de ecuaciones que Lorenz buscó años más tarde. Por ejemplo, postuló que la tasa de variación de la acumulación de armamento de una nación es directamente proporcional al número de armas que tiene su rival y también a los agravios que siente hacia el rival, e inversamente proporcional al número de armas que ya tiene ella misma.

Una de las derivaciones más curiosas de su trabajo se produjo cuando intentó incluir en sus ecuaciones un término que describía la propensión de dos países a entrar en guerra por tener una frontera común. Richardson razonó que cuanto mayor fuera la longitud de esta frontera común, mayor sería la propensión. Al tratar de encontrar datos que respaldaran su hipótesis, descubrió que los libros que consultaba daban estimaciones muy diferentes de la longitud de las fronteras, por ejemplo, entre España y Portugal o entre los Países Bajos y Bélgica.

Richardson acabó dándose cuenta de que la longitud estimada de una frontera depende en gran medida de la resolución del sistema de medición utilizado para determinar su longitud. Imaginemos que intentamos medir la longitud de la costa de Gran Bretaña con una regla de 200 km. Nos da una especie de estimación. Si ahora cortamos la regla por la mitad y la medimos con una regla más fina de 100 km, la estimación aumenta. Volvemos a cortar la regla por la mitad y volvemos a medir: la estimación vuelve a aumentar. Cortamos una y otra vez y la estimación aumenta y aumenta. Richardson imaginó una costa matemática —indistinguible de la costa británica en cualquier escala perceptible— cuya longitud era literalmente infinita.

Se trata de una generalización del proceso fractal del que hablamos en el capítulo 2. Allí hablamos del conjunto de Cantor, un

FIG. 40. El copo de nieve Koch en varios niveles de iteración. La longitud del borde del copo de nieve aumenta con el número de iteración. Lewis Fry Richardson descubrió que un fenómeno similar ocurría con la incertidumbre de la longitud de las fronteras nacionales, lo que complicaba su teoría de los conflictos mortales, pero le hizo tomar conciencia de la geometría fractal.

conjunto infinito de puntos caracterizados por una dimensión fraccionaria entre 0 y 1. Richardson había encontrado —en la costa idealizada de Gran Bretaña— un ejemplo de conjunto infinito de puntos caracterizados por una dimensión fraccionaria entre 1 y 2. Un ejemplo más sencillo de este tipo de fractal es el copo de nieve de Koch, ilustrado en la Fig. 40. Comenzamos con un triángulo equilátero y sustituimos el tercio central de cada lado por los dos lados de un triángulo equilátero correspondiente.

El trabajo de Richardson sobre costas y fronteras fractales inspiró al matemático Benoit Mandelbrot. Recordemos que fue Mandelbrot quien acuñó la palabra «fractal», que significa un objeto de dimensiones fraccionarias, y al hacerlo descubrió uno de los fractales más intrigantes que se conocen: el conjunto homónimo de Mandelbrot.

Lewis Fry Richardson murió en 1953. Su libro *The Statistics of Deadly Quarrels* se publicó póstumamente en 1960. En cierto modo, me recuerda un poco a Alan Turing. Aunque Richardson es más conocido por sus trabajos sobre turbulencias y predicción meteorológica, su obra posterior se convirtió en la base de la predicción posterior de conflictos. Del mismo modo, mientras que Turing es más conocido por sus trabajos sobre informática y criptografía, su trabajo posterior constituye la base de muchos estudios sobre biología matemática. Curiosamente, las matemáticas en las que se basan los trabajos de Richardson sobre conflictos y los de Turing sobre biología son muy similares. Ambos se basan en las matemáticas de ecuaciones no lineales basadas en el cálculo, las ecuaciones en las que se basa la geometría del caos. No me consta que Turing y Richardson se conocieran. Si lo hubieran hecho, supongo que se habrían llevado de maravilla.

Hoy en día, tal vez de forma apropiada, algunos de los trabajos más importantes sobre la predicción de conflictos han tenido lugar en el Alan Turing Institute, el instituto británico de ciencia de datos e inteligencia artificial (tal vez deberían nombrar una de sus alas Richardson). Su trabajo sobre conflictos mortales comenzó en 2015, cuando el jefe de equipo Weisi Guo empezó a estudiar un mapa de los lugares donde operaban los combatientes del llamado Estado Islámico. Descubrió que había cierto solapamiento con los lugares situados a lo largo de la antigua Ruta de la Seda y empezó a darse cuenta de que muchas de las zonas propensas a la violencia se encontraban en general a lo largo de antiguas rutas comerciales. También se dio cuenta de que las regiones que son cuellos de botella geográficos, es decir, rutas que los viajeros no tienen más remedio que utilizar, son intrínsecamente inestables y propensas a la violencia.

Guo lo comparó con un tablero de ajedrez, cuyas cuatro casillas centrales son disputadas por casi todas las piezas importantes en algún momento. Guo creó una red de conexiones humanas y encontró los equivalentes geográficos de esas casillas clave del ajedrez en varios lugares del mundo.

Con sus colegas del Instituto Turing, Guo creó un sistema de predicción basado en este tipo de redes. Se llama GUARD, siglas de «Global Urban Analytics for Resilient Defence». En este modelo, los estados de guerra y de paz están representados por lo que se denominan «pozos potenciales», algo así como los dos lóbulos del atractor de Lorenz descritos anteriormente en este capítulo. En medio se encuentran los estados de inestabilidad, en los que Guo piensa que los países no pueden estar al borde de la guerra durante mucho tiempo. Espero que los futuros trabajos del Instituto Turing se centren en ejecutar el modelo en modo de conjunto para tratar de estimar las incertidumbres de sus predicciones.

Un proyecto que ha avanzado en la predicción de conflictos por conjuntos se llama ViEWS:[1] Violence Early-Warning System (parece ser un hecho de la ciencia moderna que todos los proyectos tienen que tener acrónimos). El proyecto está dirigido por el Departamento de Investigación sobre la Paz y los Conflictos de la Universidad de Uppsala (Suecia). En la actualidad, ViEWS proporciona alertas tempranas sobre tres formas de violencia política: los conflictos armados entre Estados y grupos rebeldes, los conflictos armados entre factores no estatales y violencia contra civiles. Los resultados de ViEWS resultan en evaluaciones probabilísticas del riesgo y la gravedad probable de los tres tipos de conflictos, a tres escalas espaciales diferentes: nacional, subnacional y factores individuales. Al igual que GUARD, el modelo de predicción hace uso de datos clave que afectan a la probabilidad de conflicto en un lugar determinado: el historial de conflictos, las instituciones políticas, el calendario electoral, el desarrollo económico, los recursos naturales, la demografía y la proximidad geográfica al conflicto. Sin embargo, los investigadores del ViEWS han desarrollado una especie de conjunto multimodelo a partir del cual realizar previsiones probabilísticas. En el sitio web de ViEWS han analizado la habilidad de sus previsiones entre 2011 y 2013. Una cosa está completamente en línea con todo lo escrito hasta ahora: las puntuaciones de habilidad de las predicciones del conjunto mejoran mucho en comparación con cualquiera de las predicciones de un solo modelo. Dicho esto, todavía no he visto una explicación convincente de si la dispersión del conjunto ViEWS es un buen predictor de la habilidad de las predicciones promediadas por el conjunto. Como ocurre con otras aplicaciones de la predicción por conjuntos, esto proporcionará una buena indicación de si las predicciones por conjuntos del proyecto son fiables.

---

1   Department of Peace and Conflict Research. *ViEWS: A political violence early-warning system*. Uppsala University (n.d.) www.pcr.uu.se/research/views

Una de las consecuencias de los conflictos regionales es el desplazamiento de la población local, que busca refugios. Derek Groen, de la Universidad de Brunel, ha desarrollado un modelo basado en redes que predice las migraciones conflictivas en función de los conflictos locales previstos. Sus predicciones se envían a la organización benéfica Save the Children. Los nudos de la red marcan posibles regiones conflictivas, campos de refugiados y otros asentamientos. En el modelo de Groen, un conflicto puede generarse de forma aleatoria en un nudo, y el modelo puede predecir entonces el movimiento resultante de la población desplazada a lo largo de una red de viajes simplificada. De este modo, puede estimarse el número de personas que llegan a los campos de refugiados. Alternativamente, se puede especificar un conflicto de forma determinista y estimar el número de desplazados que llegan a los distintos campos como consecuencia de dicho conflicto. La diferencia entre estos dos usos del modelo es similar a la distinción entre «predicción y proyección» que se discutía en el capítulo del clima y las pandemias. Groen realiza estas predicciones utilizando un conjunto de estimaciones, en el que se varían los parámetros inciertos. Como se menciona en el capítulo 8, en el momento de terminar este libro, Rusia ha invadido Ucrania. En escalas de tiempo de meses, esto era predecible, al menos en un sentido probabilístico, simplemente porque Rusia había empezado a acumular tropas en la frontera entre Rusia y Ucrania unos meses antes de la invasión. Sin embargo, más que eso, se cumplían las condiciones de Richardson para el conflicto: una larga frontera común, una serie de agravios percibidos que el presidente ruso sentía hacia Ucrania tras la desaparición de la Unión Soviética y una acumulación general de armamento ruso en los últimos años. Weisi Guo me confirmó que los modelos de conflicto habían identificado a Ucrania como una región preocupante desde hacía varios años.

A la hora de pensar en el desarrollo de sistemas de conjuntos para la predicción de conflictos, quizá se puedan tomar prestadas algunas ideas de la forma en que se inicializan los conjuntos de predicción meteorológica operativa. En particular, como se describe en el capítulo 5, las perturbaciones iniciales de un conjunto meteorológico se dirigen deliberadamente a las inestabilidades dominantes en las circulaciones atmosféricas, utilizando cantidades matemáticas cono cidas como vectores singulares. Se trata de unas perturbaciones en direcciones del espacio de estados que cabe esperar que tengan un gran efecto en la previsión. Sin estas perturbaciones iniciales de vectores singulares, los miembros del conjunto estarían demasiado agrupados y las predicciones serían demasiado fiables. Un análisis de los correspondientes «vectores singulares» del sistema geopolítico mundial seguramente identificaría las acciones y decisiones de Vladimir Putin (y no las mías, pongamos por caso) como críticas para la paz y la seguridad mundiales. Es decir, en el desarrollo de un modelo de conflicto global de conjunto, la incertidumbre en lo que la gente como yo —y miles de millones como yo— piensa y hace puede representarse como ruido estocástico general. Pero las acciones y decisiones de Putin representan vectores geopolíticos singulares, y deben considerarse de forma explícita. Cualquier sistema de conjuntos que pretenda predecir las probabilidades de conflicto de forma fiable debe centrarse en esas perturbaciones geopolíticas de vectores singulares.

¿Qué hemos aprendido de los distintos contextos analizados desde el capítulo 5 hasta el 9? En primer lugar, para los sistemas no lineales complejos, la predicción por conjuntos es vital si queremos hacer predicciones fiables que incluyan estimaciones de la incertidumbre. Estos sistemas de predicción por conjuntos pueden ayudar a evitar momentos como el de Michael Fish, cuando una predicción de un desastre falla porque la predicción es especialmente sensible al aleteo de las alas de una mariposa o a la falta de un clavo de herradura. Estas predicciones de conjunto proporcionan unas estimaciones cuantitativas de la probabilidad de que se produzcan tales acontecimientos. Como se verá en el próximo capítulo, las probabilidades de predicción sirven de base para tomar decisiones racionales sobre la conveniencia de adoptar unas y otras medidas anticipatorias para mitigar las peores consecuencias de esas posibles catástrofes.

Por otra parte, hemos tratado los distintos temas de esta parte del libro como si fueran completamente independientes entre sí. Es evidente que no lo son. Por ejemplo, uno de los principales motores de las migraciones forzosas y los conflictos en los próximos años será probablemente el cambio climático. Si las olas de calor superan el nivel seguro que los seres humanos pueden soportar, es posible que la gente no tenga otra alternativa que desplazarse hacia los polos. Al migrar hacia los polos, es probable que los migrantes deban pasar por uno o más de los puntos calientes identificados por Guo como lugares donde surgirán y se desarrollarán conflictos.

¿Cómo podemos reunir todos estos elementos de una forma más unificada? Mi respuesta a esta pregunta es retroceder en el tiempo hasta abril de 1970.

Una de las frases más famosas pronunciadas durante el programa espacial Apolo fue la del comandante del Apolo 13.[2] «Houston», dijo Jim Lovell al control de tierra, «tenemos un problema».

Esto no es exactamente lo que dijo, pero no importa. Esencialmente, informó de que había oído un ruido sordo, aparentemente relacionado con un mensaje informático de «subvoltaje del bus principal B». Lo que sí importaba en ese momento era que, sin que lo supieran ni los astronautas ni el control de tierra, había habido una explosión en los tanques de oxígeno de la nave que había dañado gravemente su motor principal y había dejado una fuga de oxígeno en el espacio. Con la explosión, el módulo de servicio del Apolo 13 se había convertido en una nave espacial lisiada que se alejaba de la Madre Tierra a cada hora que pasaba. En su trayectoria actual, si los astronautas no podían realizar más quemas de motor, acabarían en una órbita elíptica eternamente, sin acercarse nunca a la Tierra más de 70 000 km (43 500 millas). La pregunta clave era si la nave estaba fatalmente dañada. ¿Cómo iba el control de la misión a llevar a los astronautas a casa, sabiendo que, si intentaban ciertas medidas, podría empeorar las cosas?

Por fortuna, la NASA había creado varios simuladores de la nave espacial Apolo. Estos simuladores se habían utilizado para entrenar a los astronautas y a los controladores de la misión antes de las misiones espaciales. Como dijo Gene Kranz, el director jefe de vuelo

---

2 Ferguson, S. «Apollo 13: The first digital twins». *Siemens Blog.* (2020) https://blogs.sw.siemens.com/simcenter/apollo-13-the-first-digital-twin.

del Apolo 13: «Estos simuladores eran algunas de las tecnologías más complejas de todo el programa espacial: lo único real en el entrenamiento de simulación era la tripulación, la cabina y las consolas de control de la misión. Todo lo demás era ficticio, creado por un montón de ordenadores, montones de fórmulas y técnicos expertos».

Estos simuladores ya habían demostrado su eficacia en la misión Apolo 11, que llevó a los primeros hombres a la Luna. En la simulación final de la misión Apolo 11, el ordenador de orientación emitió un «código de alarma 1201», que no se había visto antes. Pensando que esto significaba que los ordenadores se estaban sobrecargando de alguna manera, los controladores de la misión pensaron en abortarla. Sin embargo, tras consultar con el equipo del MIT que había escrito el código del programa informático, se dieron cuenta de que un «código de alarma 1201» era solo una advertencia y no indicaba un error crítico. Si no hubiera sido por esa simulación final, es probable que el aterrizaje del Apolo 11 Eagle, durante el cual se produjeron las alarmas 1201 y 1202 en los minutos previos al toque de tierra, también se hubiera abortado.

En el caso del Apolo 13, los simuladores resultaron vitales para el regreso de la tripulación. Las tripulaciones de reserva tuvieron que desarrollar y practicar las tres quemas manuales de motores —los ordenadores no habían sido programados para realizar estas quemas porque se suponía que el módulo lunar no seguiría acoplado en el viaje de regreso—. Uno de los problemas más complejos se produjo después de que los astronautas apagaran el módulo de mando para ahorrar energía y utilizaran el módulo lunar como balsa salvavidas. Ahora tenían que volver a encender el módulo de mando para poder volver a entrar en la atmósfera terrestre. Los equipos del simulador trabajaron a contrarreloj para definir una secuencia de encendido a partir de la escasa energía que quedaba en las baterías. Para ello había que accionar cientos de interruptores en el orden exacto, cualquier error podía agotar instantáneamente la energía eléctrica restante y resultar fatal.

¿Qué sentido tiene esta historia? Bueno, al igual que Apolo 13, podemos pensar en el planeta Tierra como una nave espacial dañada que se precipita a través del vacío del espacio. A diferencia del

Apolo 13, con sus tres astronautas, el planeta Tierra alberga muchos miles de millones de astronautas humanos. A diferencia de Apolo 13, no existe un Houston exterior al que podamos pedir consejo.

El planeta Tierra no ha sido dañado por algún defecto de diseño, como en el caso del Apolo 13; ha sido dañado por sus astronautas. Como decía el influyente informe de Partha Dasgupta[3] al Gobierno británico, no hemos sabido gestionar de forma sostenible nuestra cartera global de activos nacionales. Entre 1992 y 2014, el capital producido por persona se ha duplicado, mientras que las reservas de capital natural por persona disminuyeron casi un 40 %. Es como si la tripulación del Apolo despilfarrara la escasa y valiosa energía de las baterías de la nave espacial necesaria para la reentrada con la excusa de poner música y ver vídeos para hacer más entretenido el viaje de regreso a la Tierra. El problema del cambio climático es una manifestación de este problema más general.

Y, sin embargo, al mismo tiempo, hemos estado desarrollando armas de un poder destructivo inimaginable. Los astronautas tenemos el poder de aniquilarnos casi de la noche a la mañana, si así lo deseamos. Aquellos que necesiten recordarlo quizá deseen, como hice yo hace uno o dos años, leer *La hora final*, de Nevil Shute, escrito en 1957. Es un sombrío recordatorio de lo que podría esperarnos si alcanzamos otro punto de inestabilidad. De hecho, ¿podría el cambio climático desencadenar tal inestabilidad? Permitámonos algunas especulaciones sobre algún momento a mediados de siglo.

Supongamos que las conversaciones internacionales sobre el cambio climático fracasan y las emisiones de carbono siguen aumentando. Los intentos de reducir las emisiones en el mundo desarrollado son poco entusiastas y los países en vías de desarrollo afirman que no se plantearán seriamente reducir las emisiones hasta que el nivel de vida de la población de sus países alcance niveles comparables a los de los países más ricos. Las temperaturas siguen subiendo, pero más en la mitad occidental de Estados Unidos, donde los incendios forestales se

---

3 Dasgupta, S. P. «Final report—The economics of biodiversity: The Dasgupta review». *HM Treasury* (2021): www.gov.uk/government/publications/final-report-the-economics-of-biodiversity-the-dasgupta-review

convierten en un hecho anual. Las temperaturas que superan los 50 °C son habituales en todo el mundo, incluidas las regiones de latitudes elevadas, donde antes eran inimaginables. El lago Mead se seca y la presa Hoover deja de producir electricidad durante gran parte del año. Las cosechas de trigo caen en picado, no solo un año de cada diez, sino prácticamente todos los años. Los países europeos sufren problemas similares con las inundaciones, que también destruyen las cosechas.

Una agrupación conjunta de ministros europeos y estadounidenses llega a una conclusión: hay que hacer algo. Recurren al plan B. En este plan, varios aviones militares de estos países vuelan las veinticuatro horas del día con el objetivo de rociar vapor de ácido sulfúrico en la estratosfera inferior, de modo que se formen aerosoles de sulfato que reflejen la luz solar hacia el espacio. Ahora, la atmósfera tiene una neblina de aerosoles que, se espera, contrarrestará los efectos del calentamiento global y enfriará la atmósfera de nuevo. Justifican esta acción alegando que ayudará a la humanidad en su conjunto.

Sin embargo, el impacto de esa «geoingeniería» sobre el clima no es tan sencillo como podría parecer a primera vista. Como se explica en el capítulo 6, el problema del calentamiento global se debe a que estamos atrapando radiación electromagnética en la parte infrarroja del espectro. Los aerosoles de sulfato en la estratosfera aumentan la reflexión de la luz solar en las partes visibles del espectro. Una cosa no compensa la otra.

¿Cuáles podrían ser las consecuencias? Se trata de un ámbito en el que las estimaciones de los modelos de la generación actual no son fiables.

Volvamos a la historia. Tras varios años de fumigación, tanto Rusia como la India descubren que los patrones de circulación atmosférica sobre sus países han cambiado de tal manera que los sistemas meteorológicos lluviosos ya no atraviesan las principales regiones agrícolas. Los monzones empiezan a fallar y, en consecuencia, las cosechas. India y Rusia culpan de estos fracasos a la política de Estados Unidos y Europa de fumigar la estratosfera con aerosoles y piden a estos países que dejen de fumigar.

Existe un gran estudio internacional que intenta determinar si las malas cosechas rusas e indias se deben a la fumigación estratosférica.

Los resultados no son concluyentes porque la resolución de los modelos es demasiado gruesa para ofrecer resultados claros (el «CERN para el cambio climático» por el que se aboga en el capítulo 6 no se ha construido porque las naciones del mundo no han podido ponerse de acuerdo para aunar recursos en este proyecto). Estados Unidos y Europa afirman que los modelos climáticos muestran que los fallos de los monzones forman parte de la variabilidad natural del clima y no están causados por las fumigaciones. India y Rusia afirman que los resultados de los modelos no son fiables y citan como prueba el hecho de no prueban la simulación de la aparición de fenómenos climáticos y meteorológicos extremos con una frecuencia similar a la observada.

Finalmente, Rusia e India dicen a Estados Unidos y Europa que si no dejan de fumigar, derribarán los aviones que lo hacen. Estados Unidos responde que esto constituiría un acto de guerra. Rusia y la India responden que la destrucción de sus suministros de alimentos ya es un acto de guerra.

El primer avión es derribado, lo que provoca unas sanciones económicas masivas por parte de Estados Unidos. Un segundo avión es derribado, lo que provoca el bombardeo de aeródromos en India. Estados Unidos y Europa lanzan un último ultimátum: desistir o atenerse a las gravísimas consecuencias. Se derriba un tercer avión y las consecuencias, tanto inmediatas como en cadena, se suceden.

En poco tiempo, una nube radiactiva se extiende por todo el mundo, enfriando el planeta varios grados, reduciendo la población de la Tierra a una décima parte de lo que era y haciendo que el cambio climático, tal y como lo entendemos actualmente, sea cosa del pasado.

Oh, Señor. ¿Cómo podemos evitar que se produzca una situación así?

Al igual que el Apolo 13, necesitamos simuladores creíbles con los que estos problemas puedan reproducirse y abordarse a escala internacional antes de que se descontrolen.

El sistema de simuladores que tenía el Apolo 13 se llamaría ahora «gemelo digital». Aunque no todos los aspectos de los simuladores del Apolo eran digitales, realizaban las tareas que hoy esperaríamos que realizara un gemelo digital, sobre todo la de proporcionar información sobre un sistema físico que, por diversas razones, no puede estudiarse directamente mediante una intervención humana. Como en el caso del Apolo 13, es demasiado arriesgado probar estas opciones del plan B de forma directa, pero necesitamos las herramientas con las que podamos simular de forma fiable las consecuencias de un plan B.

Aquí no necesitamos tanto un gemelo digital como un «gemelo digital de conjunto». Está claro que los modelos climáticos analizados en el capítulo 6 serían una parte fundamental de un gemelo digital del planeta Tierra. Sin embargo, deben integrarse con los demás modelos analizados en este libro: los modelos económicos, sanitarios y de conflictos, así como los modelos agronómicos, hidrológicos, de crecimiento demográfico, etcétera. En la discusión de estos modelos de impacto, los modelos poco realistas y basados en el equilibrio no sirven para nada. Necesitamos avanzar hacia modelos más basados en agentes, en los que los individuos estén representados y conectados a través de varias redes de interacciones.

¿Podríamos ampliar el concepto de un modelo de sociedad global basado en agentes con nuestros 8 000 millones de habitantes? No es una idea descabellada. Como hemos visto, un modelo de previsión meteorológica tiene miles de millones de grados de libertad, por lo que duplicarlo para incorporar los grados de libertad de los individuos no es una idea del todo descabellada. Por supuesto, habrá que considerar que los agentes individuales tienen cierta estocasticidad inherente. Pero, como ya he explicado, tenemos que hacerlo de todos modos para las variables meteorológicas. La IA desempeñará un papel fundamental en esta tarea.

Por supuesto, un conjunto gemelo digital de este tipo no solo sería capaz de abordar los problemas socioeconómicos de la geoingeniería climática, sino que debería ser capaz de proporcionar estimaciones creíbles de futuras migraciones, futuros conflictos, los futuros riesgos para la salud, los futuros suministros de alimentos, la futura salud de los océanos, etc.

Es evidente que un proyecto de este tipo no puede ni debe desarrollarse a escala nacional. Sus resultados tendrían que contar con la vigilancia de la comunidad internacional, probablemente las Naciones Unidas. Se llevaría a cabo utilizando literalmente los superordenadores más potentes del mundo. Muy pronto estaremos en la era de los ordenadores a exaescala, capaces de realizar mil billones de cálculos en cada segundo de funcionamiento. Se necesitaría una computación a exaescala completamente dedicada para contemplar siquiera la posibilidad de construir un conjunto digital del planeta Tierra, y quizá no sea realmente una opción seria hasta que tengamos ordenadores a zetaescala, capaces de realizar mil millones de billones de cálculos por segundo. Quizá los tengamos en la década de 2030. Quizá para entonces utilicemos en parte ordenadores cuánticos, o procesadores fotónicos además de procesadores de silicio, y chips imprecisos de alto rendimiento y bajo consumo que produzcan ruido en el *hardware*.

Se trataría de un ejercicio extraordinariamente interdisciplinar; quizá un ejercicio más interdisciplinar de lo que la comunidad científica haya contemplado nunca. Y puesto que el manejo de la incertidumbre sustenta todas las ciencias, el proyecto de construir un conjunto digital de la sociedad global reuniría los diversos enfoques de representación de la incertidumbre que se han desarrollado en las distintas subdisciplinas. Este proyecto reconocería realmente la primacía de la duda.

Un primer paso en esta dirección es el proyecto Destination Earth (DestinE) de la Unión Europea.[4] Desarrollado a partir de una propuesta anterior de proyecto emblemático de la UE, ExtremeEarth, que algunos colegas y yo desarrollamos hace unos años, DestinE contemplará no solo la construcción de modelos climáticos de altísima resolución, sino también una serie de modelos de impacto socioeconómico a los que se acoplarán los modelos climáticos globales. DestinE es el primer paso hacia la construcción de un conjunto digital de la sociedad global. Lamentablemente, al haber abandonado el Reino Unido la UE,[5] los científicos británicos no contribuirán a DestinE.

---

4   European Commission. *Destination Earth*. (acceso 1 febrero 2022): https://digitalstrategy.ec.europa.eu/en/policies/destination-earth

5   El Reino Unido decidió no contribuir a Digital Europe, el programa de la Comisión Europea que financia DestinE, tras abandonar la UE.

10

¡DECISIONES, DECISIONES!

El promedio de cien conjeturas independientes sobre el número de gominolas que hay en un tarro suele proporcionar una estimación más exacta del número real que una sola conjetura. En general, las previsiones promediadas por conjuntos suelen ser mejores que las previsiones deterministas. Sin embargo, cuando hay que tomar decisiones, a menudo no basta con conocer el resultado esperado. Necesitamos conocer la probabilidad de que se produzca el peor escenario posible. Si las consecuencias del peor escenario posible son realmente nefastas, debemos intentar evitarlo a cualquier precio razonable. Por ejemplo, se impusieron las políticas de bloqueo COVID-19, con un gran coste económico, para evitar un escenario plausible del peor de los casos en el que los hospitales se vieran desbordados e incapaces de hacer frente al número de pacientes que necesitaban tratamiento. Pero ¿hasta qué punto es «plausible» y qué entendemos por un coste «razonable»? En este capítulo analizaremos el uso de conjuntos para la toma de decisiones. Se trata de un campo en el que se están desarrollando y aplicando nuevos enfoques realmente interesantes para la gestión de catástrofes.

Hace unos años, antes de que las aplicaciones meteorológicas nos informaran de la probabilidad de lluvia, me llamó un amigo. Iba a celebrar una fiesta en su jardín dentro de diez días y tenía pensado alquilar una carpa. Sin embargo, tenía que decirle al propietario de la carpa antes de la hora de comer de ese día si la quería o no. Así que me llamó y me preguntó ¿Iba a llover el próximo sábado entre las 14 y las 18 horas? Le dije que miraría la última previsión, pero que sería en forma de probabilidad. Oí un resoplido al otro lado de la línea.

—¿Cómo van a ayudarme las probabilidades? —se quejó.

—¿Quién viene a tu fiesta?

—¿Qué tiene eso que ver? —respondió.

—Supongamos que viene la reina. No querrás arriesgarte a que la reina se moje, ¿verdad? Si la reina se mojara, tus posibilidades de ser nombrado caballero se irían por el desagüe, junto con el agua de lluvia. Así que, aunque la probabilidad de lluvia fuera tan baja como un 5 %, supongo que seguirías alquilando la carpa. ¿Viene la reina?

—¡No, claro que no!

—¿Y el alcalde de la ciudad?

Sentí que se estaba poniendo nervioso.

—Mira —continué—, si viene el alcalde, tampoco querrás que se moje. Sin embargo, probablemente no te molestaría tanto que se mojara él como que se mojara la reina. Digamos que si viniera el alcalde, quizá alquilaría la carpa si la probabilidad de lluvia superara el 20 %, pongamos por caso. ¿Viene el alcalde?

—No.

—Entonces, ¿quién es la persona más importante que viene a la fiesta?

Se lo pensó un rato y contestó:

—La suegra.

—¿Y cuánto te importa que se moje? Es decir, ¿cuál es la mínima probabilidad prevista de que tu suegra se moje por encima de la cual decidirías alquilar la tienda? Si te da igual que se moje o no, el umbral es el 100 %. Si es tan importante como la reina, el umbral es el 5 %. Supongo que tu umbral de probabilidad está entre estos dos.

De nuevo, se lo pensó unos segundos y dijo:

—Alrededor del 50 %.

—Bien, entonces ya hemos tomado una decisión. Echaré un vistazo a la previsión. Si la probabilidad de lluvia supera el 50%, entonces se contrata la carpa. Si no supera el 50%, entonces no la contratas, ¿de acuerdo?

Miré la última previsión. La probabilidad era solo de alrededor del 30%, y no alquiló la carpa. Afortunadamente, no llovió y todo el mundo quedó contento.

¿Cuál es la idea esencial de esta historia? Que las probabilidades no son algo vago que hace que las previsiones sean imprecisas y difíciles de utilizar. De hecho, estas probabilidades ayudan a tomar mejores decisiones, siempre que sean fiables.

Generalicemos la historia. Imaginemos un fenómeno meteorológico al que llamaremos E. E puede ser lluvia, temperaturas bajo cero o vientos huracanados. Se defina como se defina, E ocurre o no ocurre. En la historia de la tienda, E ocurre si llueve.

Si se produce E, Jim, como le llamaremos, sufrirá una pérdida económica, L, si no ha tomado ninguna medida para protegerse. Sin embargo, supondremos que L puede evitarse por completo si Jim toma algún tipo de medida preventiva. Pero esta acción preventiva le costará una cantidad, C. L y C tienen valores en unidades monetarias reales, como dólares o euros, pero la relación C / L es solo una fracción adimensional, que podemos suponer que se encuentra entre 0 y 1 (si fuera mayor que 1, entonces no tendría sentido tomar medidas anticipatorias, ya que costarían más que la pérdida evitable). Llamamos a C / L la «relación coste-pérdida» de Jim.

Si C / L es pequeño, es decir, si el coste de la acción anticipatoria es lo suficientemente bajo en relación con la pérdida, a Jim le dará igual tomar medidas preventivas independientemente de las condiciones meteorológicas. Por el contrario, si C / L se acerca a 1, a Jim le daría igual no tomar nunca medidas preventivas y sufrir las pérdidas cuando llegue el mal tiempo. Pero si C / L *se* encuentra entre estos dos extremos, entonces vale la pena que Jim consulte la previsión meteorológica para decidir cuándo debe anticiparse.

Si Jim solo tiene acceso a una previsión meteorológica determinista a la vieja usanza, el proceso de decisión es sencillo: actuar cuando la previsión predice que ocurrirá E; en caso contrario, no actuar. Todo esto está muy bien, pero, como hemos visto, estas previsiones deterministas a la antigua pueden ser poco fiables. Si E denota la ocurrencia de ráfagas con fuerza de huracán en el sur de Inglaterra para la mañana del 16 de octubre de 1987, entonces, sobre la base del pronóstico determinista, ese día nadie habrá tomado medidas anticipatorias (mover coches, asegurar barcos y aviones, cancelar planes de viaje). Las previsiones deterministas tienen un valor limitado porque no son fiables.

Sin embargo, si Jim tiene acceso a las previsiones probabilísticas basadas en un sistema de predicción de conjuntos fiable, entonces dispone de una estrategia mucho más valiosa para decidir cuándo tomar medidas anticipatorias. Supongamos que un sistema de predicción por conjuntos pronostica E con una probabilidad p. En ese caso, la mejor decisión que puede tomar Jim es actuar cuando p supere su relación coste-pérdida, C / L. Por ejemplo, en el caso de que L sea el doble del coste de C, Jim debería actuar cuando se pronostique E con una probabilidad de al menos 0,5, es decir, el 50%. Por otro lado, si L es veinte veces el coste de C, entonces tiene sentido que Jim tome medidas de precaución cuando E se prevea con una probabilidad tan baja como 0,05, o el 5%. La Fig. 41 muestra una estimación del valor de un sistema moderno de previsión meteorológica para las decisiones basadas en si lloverá dentro de cuatro días. El eje horizontal muestra todos los valores posibles de C / L entre 0 y 1. El eje vertical muestra lo valioso que es el sistema de previsión para decidir cuándo tomar medidas anticipadas. Un valor 0 significa que el sistema de previsión no tiene ningún valor (se pueden tomar decisiones igual de valiosas conociendo solo la probabilidad climatológica de que llueva en la región). Por el contrario, un hipotético oráculo perfecto de la verdad tiene un valor de 1; nada puede ser mejor que eso. La línea continua muestra el valor de las decisiones que utilizan un sistema de previsión determinista (es decir, que predice que lloverá o no lloverá con un 100% de probabilidad). Se puede ver que el sistema de previsión solo tiene valor para una gama limitada de relaciones coste-pérdida C / L. Fuera de esta gama, es inútil. La línea discontinua muestra el valor de un sistema de previsión de conjunto que tiene valor para casi toda

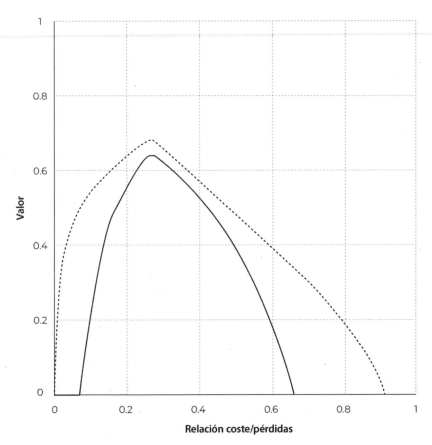

FIG. 41. Valor económico potencial de las previsiones operativas del Centro Europeo de Predicción Meteorológica a Plazo Medio para la región de Europa y el norte de África durante el periodo octubre-diciembre de 2020 en caso de precipitaciones en un periodo de seis horas, cuatro días después de la previsión. Las líneas muestran el valor de dos sistemas de previsión diferentes para la toma de decisiones, donde las pérdidas L asociadas a la aparición de lluvias pueden mitigarse a un coste C. El eje horizontal denota la relación C / L del usuario. El eje vertical muestra el valor de la previsión, donde 0 es inútil y 1 es la perfección. La línea continua corresponde a un sistema de previsión determinista de alta resolución de última generación. La línea discontinua corresponde a un sistema de previsión de conjunto de menor resolución.

la gama de relaciones coste-pérdida. Y no solo eso, para cualquier relación coste-pérdida en la que exista valor, que es mayor que para el sistema determinista.[1] Todo esto está muy bien, pero ¿de verdad

---

1   El valor medio de todas las relaciones coste-pérdida es igual a una puntua-

importa que la reina se moje? En cualquier caso, tendrá un ejército de personal que, con paraguas y demás, se asegurará de que nunca lo haga. Es cierto. Así que pensemos en un agricultor de Bangladesh a quien llamaremos Ahmadul. En la época anterior a las previsiones meteorológicas informatizadas, los ciclones tropicales mataban a cientos de miles de personas como Ahmadul; hasta medio millón de individuos en una ocasión.[2]

Debido a que las predicciones meteorológicas modernas son mucho más precisas, hoy en día mueren muchas menos personas por fenómenos meteorológicos extremos que en décadas pasadas. Sin embargo, eso no significa que estemos haciendo el mejor uso posible de estas predicciones. Los organismos de ayuda humanitaria y de socorro en caso de catástrofe tienden a reaccionar a los fenómenos meteorológicos extremos cuando ya se han producido. Los alimentos, el agua, los refugios y los medicamentos de emergencia pueden tardar muchos días, a veces una semana o más, en llegar a una región afectada. Y, por supuesto, una vez que se ha producido un fenómeno meteorológico extremo, llegar a las comunidades afectadas es mucho más difícil.

Sería mucho mejor si estos organismos pudieran ser más proactivos y utilizaran estas predicciones para tomar medidas de ayuda y actuar antes de que se produzca el suceso. El problema es que las agencias de ayuda no tienen mucho dinero. Como las predicciones deterministas a la antigua usanza no son fiables, si actuaran cada vez que esas predicciones pronosticaran un fenómeno extremo, se gastarían valiosos recursos en fenómenos meteorológicos que quizá nunca llegan a producirse.

Gracias a las previsiones de conjunto, se puede ser mucho más exacto a la hora de actuar de forma proactiva. Los organismos humanitarios y de ayuda en caso de catástrofe denominan «acción anticipatoria» a la ayuda que se dirige antes de que se produzca el suceso. Al igual que mi amigo quería saber si podía alquilar o no

---

ción de habilidad común utilizada para evaluar las previsiones probabilísticas: la denominada puntuación de habilidad de Brier.

2 Cyclone Bhola en 1970.

una tienda de campaña en función de un umbral de probabilidad, las agencias de ayuda predeterminan un «disparador» de probabilidades, basado en las estimaciones de costes/pérdidas, por encima del cual tiene sentido tomar esas medidas anticipatorias.

La historia comienza hace más de treinta años. Ahmadul no solo tiene que preocuparse por los ciclones tropicales, ya que las inversiones de su vida están ligadas al ganado. Como muchos otros en el país, Ahmadul vive en una zona baja y la tierra en la que pasta su ganado es propensa a las inundaciones del cercano río Brahmaputra. La inundación no tiene por qué estar causada por las fuertes lluvias locales; de hecho, la lluvia puede haber caído muchos cientos de kilómetros río arriba. Sin embargo, si se produce una gran inundación sin previo aviso, el ganado de Ahmadul y los ahorros de toda su vida se perderán.

Mi colega, el profesor Peter Webster, del Instituto de Tecnología de Georgia, ha llevado una ilustre carrera investigadora. Es uno de los expertos mundiales en la teoría de la meteorología tropical[3] y dirigió varias campañas de observación sobre el terreno para mejorar nuestra comprensión científica del clima de los trópicos. Sin embargo, en 1992, Webster pasó un año sabático trabajando conmigo, y durante este periodo cambió completamente la dirección de su investigación. Se aficionó a las predicciones basadas en conjuntos, recientemente desarrolladas, y decidió dedicar los siguientes años de su carrera a mostrar cómo esta nueva forma de hacer predicciones meteorológicas podía ayudar a la gente de algunas de las zonas más pobres del mundo.

Webster empezó por consultar a los responsables locales de las regiones de Bangladesh afectadas por los ríos Ganges y Brahmaputra. Mientras que los servicios meteorológicos nacionales proporcionaban predicciones deterministas convencionales con un par de días de antelación, los funcionarios locales querían predicciones con más tiempo de antelación, para poder tomar medidas preventivas ante posibles inundaciones. Necesitaban unas predicciones fiables con una semana o más de antelación, ya que, de ser así, las familias

---

3   Su libro *Webster* (2020) es una obra maestra.

podrían almacenar alimentos y agua potable para varios días. El ganado y las aves de corral, las semillas y otras pertenencias podrían guardarse en lugares más altos y seguros. Y lo que es más importante, se podrían hacer planes para realizar evacuaciones. Los que vivían en islas fluviales llamadas «chars» eran los que más necesitaban esas predicciones, ya que es difícil hacer esos planes cuando solo se tienen uno o dos días de aviso.

Webster demostró que era posible hacer predicciones probabilísticas de inundaciones en el Brahmaputra y el Ganges con hasta dos semanas de antelación, acoplando las predicciones de precipitaciones del Centro Europeo de Previsiones Meteorológicas a Medio Plazo a los modelos hidrológicos de esos ríos. Las inundaciones se producirían cuando lloviera lo suficiente en las cuencas de esos ríos. De este modo, el sistema de conjuntos meteorológicos/hidrológicos combinados prediciría la probabilidad de que uno o ambos ríos se desborden.

Sin embargo, ¿podrían las comunidades locales utilizar las predicciones probabilísticas de inundaciones? ¿Serían capaces de entender las probabilidades? No estaba claro. Al fin y al cabo, cuando estaba desarrollando estos sistemas de predicción por conjuntos, los meteorólogos me habían dicho en repetidas ocasiones que el público británico nunca entendería el concepto de probabilidad (a pesar de que muchos de ellos apuestan a los caballos, donde las «probabilidades de ganar» son fáciles de entender).

Para responder a estas preguntas sería necesario un ensayo sobre el terreno. Con el apoyo de la Agencia de los Estados Unidos para el Desarrollo Internacional (USAID).[4] Webster inició un proyecto piloto para proporcionar predicciones probabilísticas a las aldeas locales de algunos de los distritos propensos a las inundaciones de Bangladesh.

El proyecto tuvo un enorme éxito y duró dos años, de 2007 a 2008. Hubo dos inundaciones prolongadas en 2007 y una tercera

---

4   El presidente John F. Kennedy creó la Agencia de Estados Unidos para el Desarrollo Internacional para dirigir los esfuerzos humanitarios y de desarrollo internacional del Gobierno estadounidense.

en 2008. En cada una de ellas se produjo una fuerte señal en las predicciones de conjunto, lo que permitió tomar las medidas preventivas necesarias. El Centro Asiático de Preparación para Desastres[5] evaluó el valor de estas previsiones probabilísticas. Los agricultores con piscifactorías o dedicados a la pesca ahorraron unos 130 dólares por hogar (por ejemplo, gracias a la protección de las piscifactorías). Los hogares dedicados principalmente a la agricultura ahorraron unos 190 dólares gracias a los cultivos tempranos. Los hogares con mucho ganado fueron los que más se beneficiaron, con un ahorro medio de unos 500 dólares gracias a las alertas preventivas para trasladar el ganado a terrenos más elevados. La protección de los bienes del hogar supuso un ahorro general de 270 dólares por hogar. En aquel momento, la renta media en Bangladesh era de 470 dólares al año y la mitad de la población vivía con menos de 1,25 dólares al día. Por tanto, el ahorro era considerable.

Webster no tenía por qué preocuparse de que los granjeros no entendieran las probabilidades. Cuando le preguntó a uno de ellos si era capaz de entender las probabilidades, el granjero le contestó:

—Está bien. ¡Solo Dios sabe al cien por cien lo que va a pasar y él no lo dice, y tú no eres Dios!

Con las probabilidades, los agricultores se dieron cuenta de que las simples conjeturas no eran suficientes. El innovador estudio de Peter Webster demostró que las sociedades que se enfrentan a una catástrofe medioambiental están preparadas, dispuestas y son capaces de aceptar y actuar en función de la información que produce una predicción probabilística.

El legado del trabajo de Webster es el enfoque al que antes nos hemos referido como acción anticipatoria. Este enfoque está transformando la forma en que operan las agencias de preparación ante desastres. En colaboración con la Federación Internacional de Sociedades de la Cruz Roja y de la Media Luna Roja, se está preparando

---

5   Webster, Peter J., *et al.* «Extended-range probabilistic forecasts of Ganges y Brahmaputra floods in Bangladesh». *Bulletin of the American Meteorological Society* (2010): vol. 91, no 11, p. 1493-1514.

para aplicarse en todo el mundo. Asociado a esta acción anticipatoria existe un sistema denominado «financiación basada en previsiones» que se basa en tres elementos esenciales: fondos de emergencia para ayuda en caso de catástrofe, un desencadenante probabilístico basado en previsiones para liberar dichos fondos y un plan de acción preacordado cuando se cumplen las condiciones del desencadenante.

Como ejemplo temprano de este sistema en acción, el 4 de julio de 2020, alimentado por las previsiones de conjunto del ECMWF, el Inundaciones Sistema Mundial de Alerta y Coordinación de Desastres (GDACS) de la Comisión Europea predijo una alta probabilidad de graves inundaciones en Bangladesh (que se produjeron). La probabilidad, combinada con una evaluación independiente del Centro de Predicción y Alerta de Inundaciones del Gobierno de Bangladesh, fue lo suficientemente alta como para que el Fondo Central para la Acción en Casos de Emergencia de las Naciones Unidas (CERF, por sus siglas en inglés) liberara 5,2 millones de dólares en fondos para una serie de organizaciones locales, que se prepararon entonces para distribuir la ayuda en efectivo, pienso para el ganado, bidones de almacenamiento y kits de higiene. Fue la asignación de fondos más rápida desde que se creó el CERF en 2005 y la primera vez que se hacía antes de que se produjera el pico de las inundaciones. Al final, unas 200 000 personas pudieron beneficiarse de esta acción anticipatoria.

En septiembre de 2021, al inaugurar una importante conferencia sobre acción anticipatoria, el secretario general de la ONU, António Guterres, afirmó que el CERF había invertido 140 millones de dólares para ampliar la acción anticipatoria en doce países, señalando que «la acción preventiva protege vidas», y concluyó que esta medida se convertirá en un elemento central de la agenda de la ONU en el sector humanitario de cara al futuro. Se trata de un gran legado del ensayo pionero sobre el terreno de Webster, que habría sido imposible sin unas predicciones conjuntas fiables.

Por supuesto, las cuestiones de comunicación siguen siendo críticas. La mayoría de nosotros sufrimos inclemencias meteorológicas de una forma u otra de vez en cuando, y tenemos que saber cuándo advertirlas: además de atentar contra la vida, estas inclemencias

Matriz de impacto de la alerta

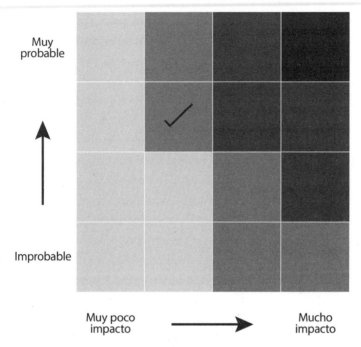

FIG. 42. Matriz de riesgo utilizada para determinar los avisos por fenómenos meteorológicos graves en el Reino Unido. En la figura se muestran recuadros con cuatro tonos de gris, correspondientes a «sin alerta», «alerta amarilla», «alerta naranja» y «alerta roja», siendo este último el aviso meteorológico más grave. El sombreado viene determinado por el producto del impacto y la probabilidad de ocurrencia. Por ejemplo, una advertencia naranja puede significar una probabilidad alta de un fenómeno de impacto medio o una probabilidad media de un fenómeno de impacto alto. Las probabilidades las determinan los sistemas de previsión por conjuntos. La casilla marcada corresponde a una «alerta amarilla».

pueden provocar daños materiales, retrasos y cancelaciones de viajes o pérdidas de suministro eléctrico o de agua. Para comunicar el riesgo de un fenómeno meteorológico previsto, la Oficina Meteorológica del Reino Unido emite alertas «amarillas», «naranjas» y «rojas» de fenómenos meteorológicos graves basándose en lo que se denomina una «matriz de impacto de avisos» (véase la Fig. 42). El fenómeno meteorológico E se caracteriza por su impacto estimado y por su probabilidad prevista. En la matriz de impacto de la alerta, el impacto varía a lo largo del eje horizontal y la probabilidad varía a lo largo del eje vertical. En términos del modelo coste-pérdida descrito anteriormente, podemos imaginar que moviéndonos a lo largo del eje horizontal, la pérdida, L, debida a E se hace cada vez mayor. Subiendo por el eje vertical, la probabilidad p de E es cada vez mayor. Los avisos de fenómenos meteorológicos extremos se basan en el producto pL. Así, por ejemplo, un aviso naranja puede referirse a un fenómeno de impacto medio, pero de probabilidad alta o a un fenómeno de impacto alto, pero de probabilidad media. Las probabilidades que determinan estos avisos se toman de los sistemas de previsión por conjuntos.

Por supuesto, incluso cuando la gente está bien informada, no siempre actúa. Algunas personas no abandonaron sus hogares en la costa antes de que se produjera el mortífero ciclón tropical Idai, que azotó Mozambique en 2019, por temor a que robaran en sus casas. En tales situaciones, la acción preventiva podría incluir la provisión automática de cobertura de seguro o de guardias para proteger las casas.

La acción preventiva basada en los umbrales probabilísticos no solo es pertinente en caso de inundaciones o tormentas. Existe un problema creciente de desarrollo y mantenimiento de la seguridad alimentaria mundial. En más del 80 % del mundo, la agricultura es de secano, lo que significa que el agua para la agricultura procede principalmente de la lluvia. Muchos agricultores de todo el mundo conocen la importancia de plantar y cosechar los cultivos cuando va a llover y cuando está seco, respectivamente. Unas previsiones probabilísticas fiables pueden ayudarles a decidir las estrategias de siembra, cultivo y cosecha.

¿Podría el modelo coste-pérdida ayudarnos a decidir si tomar medidas anticipatorias ante la amenaza del cambio climático?

Resumamos dos posibles argumentos a favor y en contra de la adopción de medidas anticipatorias.

Por un lado:

La crisis climática es la manifestación de nuestro modo de vida, excesivamente indulgente y derrochador. Nosotros sembramos el viento; ahora la naturaleza está cosechando el torbellino. Como escribió James Lovelock en su libro The revenge of Gaia:[6] *«Como una anciana que tiene que compartir su casa con un destructivo grupo de adolescentes que crece cada día, Gaia se enfada y, si no enmiendan su conducta, los desalojará».*

Tenemos que librarnos cuanto antes de nuestra dependencia de los combustibles fósiles y llevar una vida más sencilla y en armonía con la naturaleza.

Por otro lado:

La descarbonización de las economías del mundo frenará su crecimiento económico, sobre todo en las zonas relativamente pobres de los países en desarrollo, impidiéndoles alcanzar los niveles de vida que el mundo desarrollado ha conseguido gracias a una energía barata e intensiva en carbono. Y si obstaculizamos el crecimiento económico de estos países más pobres, mantendremos sus elevadas tasas de fertilidad humana durante muchos años, y esto agravará los problemas de crecimiento demográfico y degradará aún más el planeta. Todo este dolor económico simplemente no merece la pena: el impacto del cambio climático no mitigado sobre el producto interior bruto mundial será mínimo. Y si el cambio climático significa que tenemos que adaptarnos a nuevas normas meteorológicas, que así sea: podemos permitírnoslo, no es para tanto.

Tal vez el modelo de coste-pérdida que he descrito pueda proporcionar un marco para tratar de abordar estas cuestiones de forma objetiva. ¿La probabilidad p de niveles peligrosos de cambio climático supera el coste C de reducir a cero las emisiones de gases de efecto invernadero dividido por los daños L asociados al cambio climático? Si los costes fueran lo suficientemente pequeños o las pérdidas lo suficientemente grandes, tendría sentido actuar, aunque las probabilidades fueran pequeñas. Pero, ¿lo son? Si pudiéramos reducir estos problemas a un cálculo sencillo como este, tendríamos una estrategia bien definida sobre la conveniencia y la forma de afrontar el cambio climático.

Esta cuestión fue abordada por el que probablemente sea el estudio más autorizado sobre el impacto del cambio climático en la economía mundial: el Informe Stern,[7] publicado en 2006 y cuyo autor es el distinguido economista Lord Nick Stern. A partir de las pérdidas

---

6   Lovelock. J. *The revenge of Gaia.* Allen Lane, 2006.

7   Stern, N. *Why are we waiting?* The MIT Press, 2015.

estimadas L y los costes C basados en el producto interior bruto (PIB), la principal conclusión de Stern fue que la probabilidad p de niveles peligrosos de calentamiento es lo suficientemente grande como para que merezca la pena actuar ahora para reducir nuestras emisiones de carbono. Pero hubo quienes criticaron los supuestos básicos del Informe Stern. Estos críticos argumentaron que la ciencia del cambio climático no era lo suficientemente buena como para estimar p de forma fiable, que L estaba sobrevalorado (sobre todo cuando se tiene en cuenta el futuro, como hay que hacer en cualquier cálculo económico sobre el futuro) y que C estaba infravalorado.

Veamos cada una de estas cuestiones por separado.

Aunque estoy totalmente de acuerdo en que podríamos hacer un mejor trabajo a la hora de estimar p —por ejemplo, aunando los recursos humanos e informáticos para construir modelos globales de mucha mayor resolución (por ejemplo, en un «CERN para el cambio climático», como se comenta en el capítulo 6) —, no hay pruebas de que los modelos climáticos hayan sobrestimado p. Como se expone en el capítulo 6, las proyecciones climáticas de hace treinta años o más han hecho un buen trabajo a la hora de predecir las tasas observadas de calentamiento global.

Veamos L: los daños evitables causados por el cambio climático. Tenemos que ser capaces de cuantificar L de alguna forma. Si no podemos cifrar L en dólares o libras, no podremos determinar si el coste C de reducir las emisiones merece la pena o no.

Como hemos visto, los economistas han intentado calcular el impacto de L en el PIB mundial. Según el Informe Stern, si no se toman medidas, el cambio climático podría reducir el PIB un 5 % o más al año. Otros no son tan pesimistas. El economista estadounidense William Nordhaus, galardonado con el Premio Nobel, ha calculado que un calentamiento de 3 °C (5,4 °F) solo provocaría una reducción total del PIB superior al 2 %. Las diferencias son enormes. ¿Quién tiene razón?

Uno de los problemas es que, como ya comentamos en el capítulo 8, los modelos económicos suelen ser bastante simples. El impacto L de estos modelos suele venir determinado por el cambio de temperatura medio global previsto por los modelos climáticos. Se podría argumentar que deberían tener en cuenta los cambios regionales del clima. Sin embargo, como ya hemos dicho, los modelos climáticos de resolución bastante gruesa no simulan bien la intensidad de los fenómenos meteorológicos extremos. Además, los modelos de evaluación del impacto económico no tienen la complejidad de los modelos basados en agentes que se analizan en el capítulo 8, cuya forma les permite ser impulsados por cambios regionales en los patrones climáticos. Espero que esta situación tan insatisfactoria cambie con el desarrollo de un CERN para el cambio climático, del que se habla en el capítulo 6.

Sin embargo, hay otra cuestión. Pensemos de nuevo en Ahmadul, nuestro hipotético agricultor representativo de Bangladesh. ¿Cómo cuantificamos el impacto del cambio climático en términos monetarios en un representante de una comunidad con un impacto completamente insignificante en el PIB mundial?

Nos acercamos a un tema que algunos pueden considerar tabú. ¿Cuánto vale una vida humana? No cabe duda de que es un tema desagradable, pero hay que abordarlo si queremos avanzar en este ámbito. Por supuesto, se puede considerar que una vida humana no tiene precio. Sin embargo, en 2020 murieron poco menos de 25 000 personas en las carreteras del Reino Unido. Si valoráramos una vida humana como algo que no tiene precio, entonces tendría sentido imponer un límite de velocidad de diez millas por hora en todas las carreteras. Sin embargo, la mayoría de nosotros pensamos que el tiempo extra que se tardaría en viajar no está justificado, aunque salve vidas. Es decir, implícitamente ponemos un valor, en términos de nuestro tiempo, a una vida humana.

Los estadísticos saben que es importante calcular el valor de una vida estadística (VSL) para argumentar a favor o en contra de la legislación reguladora. En su libro *Pricing Lives*,[8] de W. Kip Viscusi, uno de los pioneros en este campo, analiza una cuestión que surgió durante la presidencia de Reagan en la década de 1980: ¿debería exigirse a las empresas que etiquetaran las sustancias químicas peligrosas en el

---

8   Viscusi, W. K. *Pricing lives: Guideposts for a safer society*. Princeton University Press, 2018.

lugar de trabajo? En aquella época, los organismos públicos calculaban el valor de la vida en términos de pérdida de ingresos de una persona y costes asociados en caso de fallecimiento. Sobre esta base, la Oficina de Gestión y Presupuesto de Estados Unidos argumentó que el coste de añadir el etiquetado no merecía la pena y, por tanto, no recomendó la legislación que obligaba a las empresas a proporcionar etiquetado.

Viscusi argumentó que el valor de la vida no se calculaba de forma correcta. En su lugar, argumentó que el VSL debía calcularse a partir de pruebas de cuánto dinero extra necesitarían los individuos para aceptar un mayor riesgo de muerte (o alguna discapacidad que les cambiara la vida y les hiciera la vida imposible). Viscusi presentó los datos estadísticos de Estados Unidos según los cuales los trabajadores estaban dispuestos a aceptar una prima salarial anual de 300 dólares por un trabajo en el que el riesgo anual adicional de mortalidad fuera de $1/10\,000$. A partir de ahí, podemos utilizar el coste de la VSL para calcular el coste de la vida. Es decir, si escribimos $C = pL$, donde ahora $C = 300$ dólares y $p = 1/10\,000$, tenemos que $L = 3$ millones de dólares. Eso era en 1982. Ajustado a la inflación, obtenemos una cifra moderna de VSL en Estados Unidos de quizá algo menos de 10 millones de dólares.

Sin embargo, tenemos que afrontar el incómodo hecho de que el VSL en el mundo en desarrollo no es tan grande como el de Estados Unidos u otros países ricos. Lamentablemente, los trabajadores de los países en desarrollo aceptarán una prima salarial menor por este riesgo adicional de muerte o invalidez. ¿Cómo podemos ajustarlo para obtener una cifra que se aplique tanto a Ahmadul en Bangladesh como a Jim en Seattle? A grandes rasgos, una fórmula muy utilizada define el VSL como 100 veces el PIB per cápita del país de interés.[9] Sobre esta base, podemos valorar la vida de Ahmadul en 100 veces el PIB per cápita de Bangladesh.

Recordemos que el VSL se basa en la prima monetaria no solo de la muerte, sino de alguna discapacidad que afecte a la vida

---

9   Esto se traduciría en un VSL inferior a 10 millones de dólares en Estados Unidos.

normal. Basándome en lo expuesto en el capítulo 6, yo diría que vivir en un mundo con 4 °C (7,2 °F) más, un infierno en la tierra (HoE) en la medida en que puedo juzgarlo, no está demasiado lejos del equivalente de una discapacidad. Si el VSL es 100 veces el PIB per cápita, estimemos el valor de evitar el HoE en 50 veces el PIB per cápita.

¿Qué probabilidad hay de que experimentemos al menos 4 °C más de calentamiento si no hacemos nada para reducir las emisiones? Según lo que he comentado, yo diría que es de alrededor del 0,3. Depende en gran medida de la retroalimentación de las nubes, sobre la que nuestros conocimientos actuales son bastante limitados. Sin embargo, si multiplicamos la probabilidad, $p = 0,3$, por una pérdida, L, correspondiente a 50 veces el PIB per cápita, acabamos con el «riesgo», pL, de HoE en 15 veces el PIB per cápita.

¿Cuál es el coste de evitar la HoE? Durante muchos años se ha supuesto que el coste de descarbonizar la economía de un país suponía un pequeño porcentaje de su PIB. Sin embargo, según el análisis realizado por el Comité sobre el Cambio Climático del Reino Unido en su sexto informe sobre la metodología del presupuesto de carbono,[10] parece que la caída del coste de las energías renovables (eólica y solar) significa que el coste podría ser tan bajo como el 1 % del PIB.[11] Pero supongamos un 2 % del PIB en general. Por tanto,

---

10 Sexto informe presupuestario de la Comisión de Cambio Climático (2021).

11 Aunque el precio de la energía solar y eólica ha bajado y probablemente seguirá bajando, estas fuentes de energía están sujetas a los caprichos del tiempo. En el Reino Unido son especialmente importantes los persistentes sistemas de altas presiones que pueden formarse sobre el norte de Europa y durar semanas o incluso meses. En el momento de escribir estas líneas, las turbinas eólicas del mar del Norte llevan muchos meses produciendo mucha menos electricidad de la esperada debido a la «sequía eólica» provocada por esas altas presiones atmosféricas persistentes.

Esto ha contribuido en parte a un gran aumento del precio del gas. Aunque la actual racha de vientos débiles es seguramente temporal, no podemos estar seguros de que estas sequías eólicas no vayan a ser más frecuentes en el futuro debido al cambio climático (como parte de un fenómeno conocido como «global stilling»); tal incertidumbre se debe a la inadecuación de los modelos climáticos de la actual generación a escala regional, como se expone en el capítulo 6. Por esta razón, una dependencia excesiva de la energía eólica está plagada de riesgos. Ese riesgo puede mitigarse desarrollando una abundante capacidad de almacenamiento de energía,

para cada persona, se trata de un coste, C, de 1/50 del PIB, es decir, per cápita.

Sobre esta base, C es 750 veces menor que el riesgo, pL, de HoE. En principio parece rentable reducir nuestras emisiones de carbono.

Sin embargo, esta conclusión podría verse socavada por la cuestión de los tipos de descuento. Si pudiera elegir entre recibir 100 dólares hoy o dentro de diez años, probablemente preferiría recibirlos hoy (a pesar de la devaluación inflacionista). Por ejemplo, podríamos invertir esos 100 dólares en algún negocio con el que esperamos ganar varios cientos de dólares dentro de diez años. Si estimamos los tipos de descuento de los mercados financieros (por ejemplo, basados en activos financieros como las acciones), podríamos descontar las pérdidas futuras, L, hasta en un 6 % anual.

Por lo tanto, algunos economistas sostienen que no deberíamos comparar C con pL, sino con pL descontado por esta tasa de alrededor del 6 % anual. Sobre esta base, si L ocurre lo suficientemente lejos en el futuro, pL se descontará a cero. Entonces, ningún coste pagado hoy merecerá la pena.

¿Tiene sentido la aplicación de un tipo de descuento financiero? A mi modo de ver, el concepto de sufrimiento humano ridiculiza la

---

y una idea que se está barajando es el almacenamiento de hidrógeno en cavernas subterráneas. Este riesgo puede mitigarse desarrollando una gran capacidad de almacenamiento de energía, y una idea que se está barajando es almacenar hidrógeno en cavernas subterráneas. Sin embargo, necesitaremos hidrógeno en abundancia para descarbonizar el transporte, la calefacción doméstica y la industria (por ejemplo, la fabricación de cemento), y desviar hidrógeno al almacenamiento puede acabar significando que no tengamos suficiente capacidad en total. Por esta razón, personalmente estoy a favor de que la energía nuclear moderna desempeñe un papel mucho más importante en la combinación de energías renovables, aunque en la actualidad la energía nuclear sea más cara que la eólica y la solar. De hecho, las altas temperaturas producidas por los reactores nucleares pueden utilizarse para coproducir hidrógeno junto con electricidad. En el momento de escribir estas líneas, China está a punto de encender un nuevo tipo de reactor nuclear basado en el ciclo del torio. Los reactores basados en el torio tienen pocos de los inconvenientes de los reactores tradicionales de uranio (U235). Teniendo todo esto en cuenta, la estimación de que la descarbonización costará solo el 1 % del PIB puede resultar una subestimación. Sin embargo, esto no socava la conclusión de que, según un análisis de costes y pérdidas basado en el VSL, la descarbonización merece la pena.

noción de descuento económico basado en activos financieros como las acciones. El sufrimiento humano dentro de cincuenta años no me parece menos preocupante que si se produce mañana o dentro de cinco años.

Algunos sostienen que, si somos más ricos, como puede ocurrir en el futuro, podremos soportar mejor el infierno de un mundo 4 °C más cálido. Yo no me lo creo. Hay que ver las fotos de las parejas alemanas ricas llorando sobre sus hombros después de que sus casas fueran arrasadas por las inundaciones del valle del Rin en 2021. Uno se da cuenta de que, incluso si en los próximos cien años igualáramos el nivel de vida de la mayor parte del mundo en desarrollo al de la Alemania actual, un mundo 4 °C más cálido seguiría siendo un infierno en la Tierra. Multiplicar por diez la renta per cápita de los países en desarrollo, por ejemplo, no servirá de mucho ante una tormenta devastadora. Y, en cualquier caso, si el mundo se dirige hacia un infierno en la tierra, quizá no seamos más ricos en el futuro. Si es así, quizá la tasa de descuento debería ser negativa.

Ahora que hemos abandonado el ámbito estricto de la ciencia, debemos plantearnos otra pregunta: ¿quién debería pagar para mitigar los efectos del cambio climático? ¿Debería pagar Ahmadul? En primer lugar, él no ha contribuido en absoluto a causar el problema. Nosotros, en el mundo rico y desarrollado, nos hemos beneficiado de una energía barata y rica en carbono. Tal vez haya llegado el momento de devolverle parte de ese dinero.

De hecho, dejando a un lado las cuestiones éticas y altruistas, al mundo desarrollado le interesa asegurarse de que la vida de Ahmadul no sea completamente insoportable. Porque él y miles de millones de personas como él tienen otra opción: en lugar de sufrir y perecer a causa de las olas de calor, las tormentas y las sequías prolongadas, él y su familia pueden intentar emigrar hacia los polos, donde el clima es más soportable. Históricamente, las migraciones han sido la única forma en que las civilizaciones han hecho frente a los cambios climáticos locales. Hoy en día, esas migraciones masivas serán fuente de grandes conflictos, como ya hemos comentado. Si al mundo desarrollado no le gusta esta opción, entonces debería intentar garantizar que Ahmadul y sus hijos puedan seguir viviendo sus vidas donde viven actualmente. Uno puede recordar el Plan Marshall, cuando Estados Unidos proporcionó ayuda financiera a la Europa devastada por la guerra, no necesariamente por razones altruistas, sino para evitar que Europa se convirtiera al comunismo. Necesitamos un Plan Marshall climático para el futuro.[12] Resumamos.

Si la previsión meteorológica local pronostica una tormenta intensa con cierta probabilidad significativa, es decisión suya actuar o no en consecuencia. La ciencia subyacente de la meteorología no nos dice que debamos actuar si se prevén vientos huracanados para mañana, porque no corresponde al meteorólogo decirnos lo que tenemos que hacer. Sin embargo, acoplar la meteorología a un modelo de costes y pérdidas puede ayudarnos a tomar una decisión, por ejemplo, si deberíamos evitar viajar un día en que se prevean vientos huracanados.

Podemos analizar el cambio climático de forma similar. ¿La quema de combustibles fósiles provoca un aumento de la concentración de dióxido de carbono en la atmósfera? Según la ciencia, desde luego que sí. ¿Es el dióxido de carbono un gas de efecto invernadero? Según la ciencia, desde luego que sí. ¿Aumentarán las emisiones de gases de efecto invernadero el riesgo de niveles peligrosos de cambio climático? Según la ciencia, sí. Por tanto, ¿deberíamos reducir nuestras emisiones de gases de efecto invernadero lo antes posible? La propia ciencia se muestra agnóstica sobre este último punto. Los activistas que se limitan a decir: «Escuchad a la ciencia», parecen haber pasado por alto este punto. La física Sabine Hossenfelder lo expresó de una forma bastante gráfica (al parecer, se refería a algo que hacen los alemanes borrachos desde los puentes de ferrocarril): la ciencia no te dice que no orines sobre las líneas eléctricas de alta tensión; te dice que la orina es un buen conductor de la electricidad.

Al igual que ocurre con la predicción meteorológica, un análisis de costes y pérdidas nos puede ayudar a tomar una decisión sobre

12 Palmer, T. N. «Resilience in the developing world benefits everyone». *Nature Climate Change* (2020): 10, 794–795.

la conveniencia de adoptar unas medidas preventivas en relación con el cambio climático. Sin embargo, para ello hay que asignar un valor a cosas que no tienen un valor inequívoco, como vivir en un futuro infierno en la Tierra. Basándonos en la forma en que valoramos nuestra propia existencia en otros ámbitos de la vida, parece existir un argumento de peso para actuar ahora, a pesar de las incertidumbres sobre el futuro cambio climático. Pero esto es, en última instancia, una decisión que cada uno de nosotros debe tomar, por ejemplo, al decidir a qué políticos votar.

PARTE III

COMPRENDER EL UNIVERSO COMO CAOS Y NUESTRO LUGAR EN ÉL

Mi opinión es que para comprender la no localidad cuántica
necesitamos una teoría radicalmente nueva. Esta nueva teoría
no será solo una ligera modificación de la mecánica cuántica,
sino algo tan diferente de la mecánica cuántica estándar como
la relatividad general lo es de la gravedad newtoniana.
Tendría que ser tener un marco conceptual completamente distinto.

ROGER PENROSE

Si se espera que una máquina sea infalible, no se
puede esperar también que sea inteligente.

ALAN TURING

En esta parte se aplicarán dos ideas clave de la parte I para intentar comprender dos de los aspectos más desconcertantes del universo: el mundo de la física cuántica y nosotros mismos. Empezamos por suponer que la geometría del caos se aplica al universo en
su conjunto. Esto nos lleva a la idea crucial de que ciertos mundos

contrafactuales, en los que podríamos haber hecho algo, pero no lo hicimos, podrían ser en realidad incoherentes con las leyes de la física. Esto ayudará a hacer comprensibles ciertos misterios cuánticos que vienen de muy lejos. A continuación, discutiré la idea de que el cerebro humano hace un uso constructivo del ruido para modelar el mundo que nos rodea, y que esto nos ha permitido convertirnos en la especie creativa que somos. Especularé que la geometría del caos puede ayudar a explicar dos de nuestras experiencias más viscerales pero desconcertantes: tener libre albedrío y ser conscientes. Concluiré con una sugerencia novedosa sobre la naturaleza de Dios. Una advertencia: el debate de la parte III es mucho más especulativo que el de las partes I y II.

11

LA INCERTIDUMBRE CUÁNTICA

¿Recuperando la realidad?

Dejamos nuestro análisis de la incertidumbre cuántica en el capítulo 4 en un estado de confusión. Einstein había propuesto que la función de onda cuántica describe un conjunto de mundos posibles. Para ilustrarlo, imaginó un fotón moviéndose hacia un punto en una semiesfera fosforescente. Según Einstein, en cada miembro del conjunto, el fotón toma un camino diferente hacia la semiesfera. No sabemos cuál del conjunto de mundos posibles es el mundo real hasta que realizamos alguna medición macroscópica, como observar un destello del material fosforescente. Desde la perspectiva de Einstein, la incertidumbre cuántica es epistémica: refleja nuestra propia incertidumbre, no la del fotón. Bohr, en cambio, creía que la incertidumbre cuántica era inherente a un sistema cuántico, es decir, es de naturaleza ontológica. El experimento que Bell propuso y que posteriormente se llevó a cabo con éxito utilizando fotones entrelazados arroja serias dudas sobre la interpretación de conjunto de Einstein y, al hacerlo, apoya la postura de Bohr. Al parecer, ni siquiera las partículas saben adónde van hasta que llegan allí. Signifique lo que signifique esto.

¿Qué hacer? Durante años, la respuesta a esta incógnita era encogerse de hombros y decir: «supéralo». Epistémico u ontológico, francamente, ¿a quién le importa? Se consideraba que esas cuestiones eran más cosa de filósofos con sus palabras rebuscadas, no de físicos con ecuaciones difíciles de resolver. El mantra era «cállate y calcula». Y en la astrofísica, la física de la materia condensada, computación cuántica, física de altas energías y otros campos de investigación punteros, la mecánica cuántica funciona perfectamente sin estas cuestiones aparentemente esotéricas. En física climática, por ejemplo, hay que pensar en cómo absorben y se dispersan los fotones en la atmósfera, pero nunca nos preocupamos por la naturaleza de la incertidumbre en estos procesos radiactivos, sino que nos limitamos a resolver la ecuación de Schrödinger, o una aproximación a ella, para el problema en cuestión. Hoy en día, los físicos empiezan por fin a cuestionar este mantra. Hay varias razones para ello.

En primer lugar, la teoría de cuerdas, nuestro principal candidato para unificar la mecánica cuántica y la gravedad (y, por tanto, para proporcionar una supuesta teoría del todo), está empezando a perder su brillo. La teoría de cuerdas utiliza un concepto llamado supersimetría. Si la naturaleza fuera supersimétrica, la diferencia entre las partículas elementales portadoras de fuerzas, como el fotón, y las partículas elementales que las sienten, como el electrón, no sería fundamental. Las teorías supersimétricas predicen nuevos tipos de partículas elementales (por ejemplo, los llamados fotinos y selectrones). Aunque la teoría de cuerdas no predice las masas de estas partículas supersimétricas, muchos físicos esperaban encontrarlas en el Gran Colisionador de Hadrones del CERN. Hasta ahora, no se ha observado ninguna partícula de este tipo.

Además, en los últimos años se ha puesto de manifiesto que más del 80 % de la materia del universo se encuentra en lo que se denomina la materia oscura: materia de la que solo observamos su atracción gravitatoria, pero de la que no sabemos nada más. Decenas de experimentos han buscado distintos tipos de partículas hipotéticas que podrían constituir la materia oscura, pero ninguno ha

FIG. 43. El famoso experimento de Bell, que utiliza varios pares de partículas entrelazadas que se mueven en direcciones opuestas. En este experimento, los dispositivos SG de Alice y Bob pueden orientarse de forma arbitraria. Sin embargo, si están orientados en la misma dirección y Alice mide su partícula con espín hacia arriba, Bob medirá su partícula con espín hacia abajo.

encontrado ni rastro. En la actualidad, nadie sabe de qué está hecha la materia oscura, si es que está hecha de algo.[1] La energía oscura es otro misterio; provoca una aceleración de la expansión del universo, aparentemente coherente con las observaciones. La teoría cuántica de campos —la extensión de la mecánica cuántica necesaria para describir las partículas elementales— predice un posible valor para esta aceleración. Sin embargo, este valor[2] parece demasiado grande por un factor de $10.^{120}$ Si el universo se acelerara según el valor predicho por la teoría cuántica de campos, las estrellas y las galaxias no habrían tenido tiempo suficiente para formarse antes de que la expansión del universo las destrozara. Por lo tanto, no existiríamos. La predicción de la teoría cuántica de campos sobre la energía oscura se considera a veces la peor predicción de la historia de la ciencia.[3] En comparación, ¡hace que la predicción meteorológica de Michael Fish sea prácticamente perfecta!

A raíz de todo esto, algunos físicos empiezan a plantearse una pregunta que hasta ahora pocos se habían atrevido a hacer: ¿hay algo que falla en la propia mecánica cuántica? Quizá no podamos

---

1 Otra posibilidad, discutida más adelante, es que la teoría de la relatividad general necesite una pequeña modificación.

2 Wikipedia, «Constante cosmológica» (acceso 2024): https://es.wikipedia. org/wiki/Constante_cosmol%C3%B3gica

3 En la práctica, se puede suponer que existe otro término en las ecuaciones de campo de Einstein para la relatividad general, conocido como constante cosmológica, que casi anula esta aceleración cuántica, aunque no del todo. Aunque añadir la constante cosmológica podría resolver técnicamente esta aparente incompatibilidad de la energía oscura y la mecánica cuántica, deja la sensación de que algo no va bien.

1	+	-	-	+	+	+	-	+	+	+	+	+
2	-	+	-	+	-	-	-	+	-	-	-	-
3	-	+	-	-	+	-	+	-	+	+	+	+

TABLA 3. Una hipotética tabla de búsqueda para el espín de 12 de las partículas de Alice en un experimento de Bell, para 3 posibles opciones de orientación del dispositivo SG de Alice. Las estadísticas de estos +s y –s satisfacen necesariamente una desigualdad matemática conocida como la desigualdad de Bell, descrita en el texto. La tabla de búsqueda para las 12 partículas de Bob es exactamente la misma, excepto que cada + se sustituye por un – y viceversa. Experimentalmente, la desigualdad de Bell no funciona para ciertas opciones de orientación de la medida. Esto pone en duda la existencia de tales tablas de consulta y, por tanto, pone en duda las teorías de variables ocultas de la física cuántica.

sintetizar adecuadamente la gravedad con las demás fuerzas fundamentales de la naturaleza hasta que no hayamos comprendido qué es lo que falla. Un físico de fama mundial que, a lo largo de los años, se ha atrevido a plantear esta posibilidad es el premio nobel Roger Penrose (véase la cita al principio de esta parte del libro).

Volvamos al experimento de Bell. Merece la pena volver a la Fig. 26 (ver Fig. 43) y la llamada tabla de consulta de las partículas en la Tabla 2 (ver Tabla 3).

La Fig. 43 muestra el experimento de Bell, en el que Alice y Bob miden el espín de pares de partículas enredadas. La Tabla 3 puede considerarse una parte de una hipotética tabla de consulta para las partículas de Alice. La existencia de tal tabla de consulta está implícita en un modelo determinista estándar de variables ocultas de la física cuántica del tipo que Einstein habría favorecido. Las filas de la tabla corresponden a tres posibles orientaciones de los dispositivos SG. Cada columna de la tabla representa los resultados de las mediciones de espín de, por ejemplo, una de las partículas de Alice. En principio, el número de filas y columnas de la tabla puede ser mucho mayor. Sin embargo, tres filas son suficientes para nuestro propósito.

Recordemos las cantidades A, B y C calculadas a partir de la Tabla 3, descrita en el capítulo 4. A es el número de columnas en

1	+	-	-	+					+	+	+	+
2	-	+	-	+	-	-	-	+				
3					+	-	+	-	+	+	+	+

TABLA 4. Una tabla de búsqueda parcial para Alice basada en (posibles) resultados de un experimento de Bell. Por ejemplo, la primera columna se construye a partir de un par de medidas donde Alice midió + en la dirección 1 y Bob + en la dirección 2 (lo que significa que Alice habría medido – si hubiera elegido la dirección 2). Del mismo modo, la duodécima columna se construye a partir de mediciones en las que Alice midió + en la dirección 1 y Bob - en la dirección 3 (lo que significa que Alice habría medido + si hubiera elegido la dirección 3).

las que hay un + en la primera fila y un + en la segunda fila. B es el número de columnas en las que hay un – en la segunda fila y un + en la tercera fila. C es el número de columnas en las que hay un + en la primera fila y un + en la tercera fila. Como se ha mencionado (y demostrado en la nota final 11 del capítulo 4), se puede demostrar matemáticamente que $A + B$ siempre será mayor o igual que C, independientemente de cómo rellenemos las entradas de esta tabla con + y –. Este resultado se conoce como desigualdad de Bell.

Veamos de nuevo cómo se realiza el experimento para comprobar si esta igualdad se cumple en la naturaleza. En la práctica, los experimentos ponen a prueba una versión ligeramente más complicada de la desigualdad de Bell. Sin embargo, lo que voy a exponer aquí se aplica de igual manera a esta versión más compleja.

Para cada par de partículas de la Fig. 43, Alice y Bob tienen que decidir, independientemente, si miden el espín de su partícula en las direcciones «1», «2» o «3». No necesitamos saber a qué dirección, excepto que son direcciones en las que la mecánica cuántica predice que se viola la desigualdad de Bell.

A partir del subconjunto de medidas en las que Alice eligió 1 y Bob eligió 2, calculamos la cantidad A. Para hacer este cálculo, debemos tener en cuenta de que el espín total de las dos partículas entrelazadas es 0, lo que significa que si Bob eligió 2 y obtuvo +, entonces para este par de partículas Alice habría obtenido − si hubiera medido el espín de su partícula en la dirección 2. Del mismo modo, podemos calcular B a partir de las mediciones en las que Alice eligió 2 y Bob 3. Por último, podemos calcular C a partir de las mediciones en las que Alice eligió 1 y Bob 3. He mostrado algunos posibles resultados en la Tabla 4.

Lo primero que llama la atención en el cuadro 4 es que hay espacios en blanco. No hay columnas que contengan tres entradas, como en la Tabla 3. Es fácil violar la desigualdad de Bell a partir de tablas de consulta incompletas. Por ejemplo, a partir de la Tabla 4, $A = 0$, $B = 0$, $C = 4$, lo que viola claramente la desigualdad de Bell, ya que aquí $A + B$ es menor que C.

Esto demuestra que las estimaciones de $A + B$ y C basadas en datos experimentales que generan tablas de consulta parciales, como la Tabla 4, no invalidan necesariamente las teorías de variables ocultas. Para poder utilizar los resultados de los experimentos y descartar las teorías de variables ocultas, necesitamos una suposición adicional sobre la naturaleza de los tres conjuntos experimentales de pares de partículas a partir de los cuales se estiman experimentalmente A, B y C. Esta suposición es que los tres conjuntos de pares de partículas se estiman a partir de los datos experimentales. Esta suposición es que los tres subconjuntos de partículas son estadísticamente equivalentes entre sí. Si tienen esta propiedad, entonces podemos suponer que las estimaciones experimentales de A, B y C son las mismas que si obtuviéramos A, B y C a partir de una tabla de consulta completa, siempre que tengamos una muestra estadística lo suficientemente grande (es decir, suficientes columnas en la tabla de consulta).

Esta suposición parece bastante razonable a primera vista. Supongamos que realizamos un ensayo de un fármaco (por ejemplo, una posible vacuna contra la COVID-19) para su posible uso en la sociedad. En el ensayo, un grupo de voluntarios recibe el fármaco y otro un placebo. Si hemos diseñado la prueba correctamente, no debería importar qué grupo recibe el fármaco y qué grupo recibe el placebo. Para que el ensayo del fármaco tenga validez, los dos grupos de voluntarios deben ser estadísticamente homogéneos en cuanto a edad, sexo, origen étnico, color de ojos y otras características relevantes.

Cuando se trata de partículas, sin embargo, no está claro qué queremos decir con que los conjuntos son estadísticamente equivalentes: las partículas no tienen género, edad o color de ojos que comparar y contrastar. De hecho, la única cualidad que unifica a los miembros de un subconjunto respecto a otro es el tipo de medición de espín realizada en las partículas de ese subconjunto (por ejemplo, que todas las partículas de Alice se movieron en la dirección 1).

¿Cuál es la razón principal por la que los físicos suelen suponer que los subconjuntos son estadísticamente equivalentes? Se debe a la conclusión de que, aunque Alice haya medido una partícula concreta en la dirección 1, podría haberla medido igualmente en la dirección 2 o en la 3. Por ejemplo, supongamos que Alice decide medir una partícula en la dirección 1 basándose en que su abuela nació en el primer tercio de mes. Como la abuela también podría haber nacido en el último tercio del mes, Alice también podría haber medido esa misma partícula en la dirección 3. En la comunidad de los fundamentos cuánticos, afirmar que existe algún vínculo físico entre las propiedades intrínsecas de las partículas y los determinantes caprichosos de las configuraciones de medida se considera inverosímil, casi conspirativo. Por este motivo, se suele suponer que los distintos subconjuntos son realmente equivalentes desde el punto de vista estadístico. Si hacemos esta suposición, nos enfrentamos al incómodo hecho de que la violación de la desigualdad de Bell solo puede explicarse renunciando a la noción de realidad como algo definido o mediante la noción igualmente espantosa de acción cuántica a distancia.

A pesar de este argumento totalmente plausible a favor de la equivalencia estadística, en este capítulo quiero argumentar que, basándome en la geometría del caos, puede existir un vínculo físico implícito entre las variables ocultas de una partícula y los parámetros de medición, y este vínculo no es en absoluto ridículo ni conspirativo.

Para entenderlo, retrocedamos el reloj hasta el milenio anterior e imaginemos un mundo contrafactual en el que el embarazo de la bisabuela de Alice fue de cuarenta y dos semanas en lugar de cuarenta. En este mundo contrafactual, la abuela de Alice nació en el último tercio del mes y, como resultado, la partícula de Alice se midió en la dirección 3, en lugar de en la dirección 1.

Una pregunta clave que quiero plantear es la siguiente: ¿es el mundo en el que la bisabuela tuvo un embarazo de cuarenta y dos semanas uno coherente con las leyes de la física? Podemos plantearlo de forma un poco más explícita. Dado el estado real del universo, consideremos un estado matemático aparentemente cercano al estado real en el que el embarazo de la bisabuela de Alice duró cuarenta y dos semanas. ¿Es este estado matemático del universo necesariamente consistente con las leyes matemáticas de la física?

Supongamos que por alguna razón —que ya veremos— no es consistente. Entonces el mundo contrafactual en el que Alice midió en la dirección 3 también sería inconsistente con las leyes de la física. Si esto fuera así, entonces en lugar de tratar como inverosímil un vínculo físico entre las propiedades intrínsecas de la partícula de Alice con la medición real en la dirección 1, ¡el vínculo sería totalmente inevitable![4]

De hecho, la única razón por la que los expertos en fundamentos cuánticos creen que los tres conjuntos de partículas son estadísticamente equivalentes es por la suposición implícita de que Alice y Bob podrían haber medido sus partículas de una forma distinta a como las midieron en realidad. Si quitamos esto, la suposición de la equivalencia estadística de estos se desintegra. Y sin esa suposición, ¡no tenemos que suponer una acción a distancia o una realidad indefinida para explicar la violación experimental de la desigualdad de Bell!

Solemos pensar en mundos contrafactuales todo el tiempo, pero sospecho que rara vez nos preguntamos si los mundos contrafactuales

---

4 Al final de su artículo *Free Variables and Local Causality* (recogido en Bell, J. S. *Speakable and unspeakable in quantum mechanics*. Cambridge: Cambridge University Press, 1993), John Bell escribe: «Por supuesto, puede ocurrir que estas ideas sobre los aleatorizadores físicos no funcionen para el propósito que nos ocupa. Puede aparecer una teoría en la que tales conspiraciones ocurran inevitablemente, y estas conspiraciones pueden parecer entonces más digeribles que las no-localidades de otras teorías. Cuando se anuncie esa teoría, no me negaré a escucharla, ni por motivos metodológicos ni de otro tipo». Lamentablemente, Bell no pudo escucharla cuando se publicó mi artículo (2020b), ya que murió en 1990. Cómo me hubiera gustado discutir este material con él.

que imaginamos podrían ser realmente coherentes con las leyes de la física. En el capítulo 9 hablamos de cómo el chófer del archiduque Franz Ferdinand se equivocó de ruta. Si hubiera tomado la ruta correcta, el archiduque no habría sido asesinado por Princip y toda la historia del siglo XX podría haber sido diferente. Un mundo en el que el archiduque no hubiera sido asesinado es un mundo contrafactual. ¿Es ese mundo coherente con las leyes de la física?

Según las leyes de la física clásica, sí. Por ejemplo, en las ecuaciones del caos de Lorenz o en la ecuación de Navier-Stokes para un fluido, nada impide modificar arbitrariamente las condiciones iniciales de estas ecuaciones. Del mismo modo, las leyes clásicas de la física no impiden plantear la hipótesis de que un pequeño cambio en el mundo —el aleteo de una mariposa— habría hecho que el conductor del archiduque tomara una ruta diferente. Por tanto, las leyes de la física clásica son «contrafactualmente definitivas». Es por eso que a menudo utilizamos la noción de contrafactualidad para inferir causalidad.[5] Si no hubiera tirado la piedra, la ventana no se habría roto. Como tiré la piedra, yo causé la rotura de la ventana.

Pero esto no implica que algunos mundos contrafactuales puedan ser inconsistentes con las leyes de la física en una teoría de la física cuántica aún por descubrir. Tal teoría sería contrafácticamente indefinida y un ejemplo de lo que se denomina una teoría superdeterminista.[6] Una buena manera de entender la diferencia entre un modelo determinista y un modelo superdeterminista —al menos del tipo que yo propongo— es la siguiente. En un modelo determinista, el futuro está predeterminado por las leyes de la física a partir de una condición inicial dada. La ecuación de Navier-Stokes es un ejemplo de modelo determinista. A pesar de ese determinismo, podemos prever condiciones iniciales ligeramente alteradas (por ejemplo, un pequeño cambio en un pequeño remolino del fluido turbulento). La evolución determinista a partir de las condiciones iniciales alteradas, aunque diferente de lo que ocurrió realmente en el mundo real,

---

5   Pearl, J. *Causality*. Cambridge University Press, 2009.

6   Hossenfelder, Sabine y Palmer Tim. «Rethinking superdeterminism». *Frontiers in Physics* (2020): vol. 8, p. 139. S. y T. N.

está matemáticamente permitida en este modelo determinista. En cambio, en una teoría superdeterminista, no se puede suponer que esas condiciones iniciales alteradas sean coherentes con las ecuaciones de la teoría. Y, por tanto, no se puede suponer que la evolución a partir de estas condiciones iniciales alteradas sea coherente con las ecuaciones de la teoría.

En los debates sobre fundamentos cuánticos no se da la importancia que merece al supuesto de la llamada teoría *counterfactual definiteness* o precisión contrafactual porque no resulta obvio cómo formular un modelo de física cuántica que tenga esta propiedad. Un destacado experto cuántico que sí comprendió su importancia crítica de fue el matemático ruso-israelí Boris Tsirelson, fallecido en 2020. Tsirelson hizo una contribución muy importante a nuestra comprensión de la desigualdad de Bell. Cuantificó hasta qué punto la mecánica cuántica viola la desigualdad de Bell mediante el límite de Tsirelson. Es importante que cualquier teoría putativa de la física cuántica no viole la desigualdad de Bell más allá del límite de Tsirelson. En su descripción pedagógica de la desigualdad de Bell, Tsirelson expone claramente por qué esta propiedad es un supuesto vital para que una teoría de variables ocultas satisfaga la desigualdad de Bell.[7] Resulta que esta propiedad también puede explicar el enigma del experimento de SG secuencial del capítulo 4. La cuestión clave es si un experimento contrafactual en el que invirtamos los dos últimos dispositivos SG de la Fig. 25b —manteniendo fijas la partícula y sus variables ocultas— es coherente con nuestra teoría de la física. Una teoría en la que esta propiedad no existe proporciona una explicación de lo que en mecánica cuántica se denomina la «no conmutatividad» del espín. En lenguaje corriente, la no conmutatividad implica que no podemos tratar el experimento secuencial SG como si estuviera hecho de subcomponentes SG completamente independientes: no podemos simplemente invertir el orden de los componentes SG con la misma

---

7   Tsirelson escribió sobre la desigualdad de Bell en la sección «Counterfactual definiteness» de un artículo de Knowino titulado «Entanglement (Physics)»: www.tau.ac.il/~tsirel/dump/Static/knowino.org/wiki/Entanglement_(physics). html#Counterfactual_definiteness.

partícula fija; el todo no es simplemente la suma de sus partes. Una teoría de variables ocultas basada en conjuntos que tenga este tipo de propiedad puede explicar el experimento secuencial SG. Describo una más adelante.

La idea de que pueda haber una única explicación común tanto para el experimento de Bell como para el experimento SG secuencial resulta en parte satisfactoria. Ambos ilustran una importante propiedad del mundo cuántico: su indivisibilidad inherente. Esta noción se destaca en el título del influyente libro de David Bohm y Basil Hiley sobre las teorías de variables ocultas de la física cuántica:[8] *The Undivided Universe*. Este título, y el mensaje que transmite —que el universo en su conjunto es mucho más que la suma de sus partes— proporciona una guía importante para la siguiente parte del libro.

¿Qué forma podrían tomar las leyes de la física que hicieran inconsistentes ciertos mundos cuánticos clave contrafactuales? Aquí afirmo que las leyes basadas en la geometría del caos, como las que discutimos en la parte I, lo hacen.

Si queremos respetar la indivisibilidad inherente al mundo cuántico, como hemos dicho, tenemos que pensar a lo grande, muy a lo grande. Tomaremos la idea de Lorenz y la aplicaremos, no solo a un sistema fluidodinámico del planeta Tierra, sino a todo el universo, con todas sus estrellas, galaxias y cúmulos de galaxias. Es decir:

Conjetura A: Todo el universo es un sistema dinámico no lineal que evoluciona en algún atractor fractal[9] en el espacio de estados cosmológico.

El espacio de estados cosmológico es como el espacio de estados de los pantalones, o el espacio de estados del modelo de Lorenz, pero con esteroides. El espacio de estados cosmológico describe todos los grados de libertad de todos los objetos del universo. Tiene un número enorme de dimensiones. Y al igual que el atractor de Lorenz, nuestro atractor cosmológico tendrá lagunas fractales en

---

8   Bohm, D. y B. J. Hiley. *The undivided universe*. Routledge, 1993.

9   Al igual que el atractor de Lorenz, supongo que el atractor cosmológico se encuentra en una región acotada del espacio de estados cosmológico.

todas las escalas. Los mundos contrafactuales cuánticos que hemos estado discutiendo se encuentran en estas brechas fractales.

Llamo a la conjetura A «el postulado del conjunto invariante cosmológico». La expresión «conjunto invariante» no es más que otra forma matemática de decir «atractor».[10] La conjetura puede reformularse de otra manera:

Conjetura B: Las leyes más profundas de la física describen la geometría de un conjunto fractal invariante en el espacio de estados cosmológico.

Los hipotéticos mundos cuánticos contrafactuales, si no se encuentran en el conjunto invariante, son inconsistentes con las conjeturas A y B. Esto proporciona una forma matemática de entender la violación de la desigualdad de Bell sin renunciar a la realidad definitiva y sin tener que aceptar la tan temida acción a distancia.

¿Cómo formularíamos matemáticamente este postulado? No podemos utilizar números «reales» ordinarios para hacerlo. Como se mencionó en el capítulo 2, los números reales están ligados a la geometría euclidiana, y la geometría de los fractales es muy diferente de la geometría euclidiana. En su lugar, necesitamos las matemáticas de los números p-ádicos —los números que los matemáticos puros utilizan para comprender la naturaleza «cuántica» de las matemáticas—, es decir, los números enteros: 1, 2, 3... En la teoría de los números p-ádicos, un punto que no se encuentra en su fractal correspondiente está necesariamente alejado de un punto que sí lo está, aunque en términos de la conocida distancia euclidiana, dichos puntos puedan parecer cercanos. Es decir, desde la perspectiva p-ádica, un cambio que desplaza un punto fuera del conjunto invariante cosmológico es un cambio grande, aunque pueda parecer pequeño desde una perspectiva euclidiana.[11]En una serie

---

10 Esto es una forma matemática de decir que si un estado se encuentra en el atractor ahora, entonces el estado evolucionado siempre se encontrará en el atractor en el futuro, y siempre ha estado en el atractor en el pasado. A la inversa, si un estado putativo no se encuentra en el atractor ahora, entonces nunca se encontrará en él en el futuro y nunca se ha encontrado en él en el pasado. En este sentido, los puntos del atractor son invariantes bajo las leyes dinámicas que hacen evolucionar los estados de un tiempo a otro.

11 Por esta razón, mi modelo no está «afinado», una objeción que a veces se plantea sobre este.

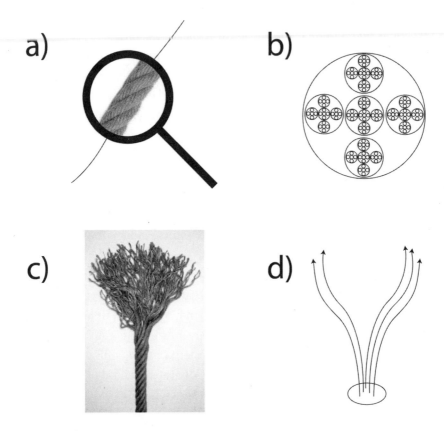

FIG. 44. a) En lugar de una trayectoria que describe una simple curva en el espacio de estados (c.f., Fig. 5), en la teoría de conjuntos invariantes, una trayectoria, al ampliarla, se asemeja a un trozo de cuerda, que comprende una hélice de trayectorias de espacio de estados donde cada trayectoria de esta hélice a su vez comprende otra hélice y así sucesivamente. b) Una sección transversal a través de la hélice es una representación geométrica de los números p-ádicos, discutidos en el capítulo 2. c) Cuando un sistema interactúa con el entorno, la hélice se «descohesiona» en sus hebras más pequeñas. d) Por último, las hebras descohesionadas evolucionan hasta convertirse en cúmulos discretos, un proceso no lineal que asociamos con el fenómeno de la gravedad. Los grupos corresponden a los resultados de las mediciones de la mecánica cuántica.

de artículos,[12] construí un modelo matemático para este conjunto invariante cosmológico descrito en estas conjeturas. Llamé «teoría del conjunto invariante» al marco general que sustenta este modelo.

---

12 Palmer (1995, 2009, 2020, 2021, 2022).

¿Qué aspecto tiene el conjunto invariante cosmológico? ¿Se parece a los atractores de Lorenz o Rössler del capítulo 2?

En la actualidad, las matemáticas de la teoría de conjuntos invariantes solo nos hablan de la estructura fractal de las trayectorias en el conjunto invariante cosmológico, no de su estructura global (véanse las últimas frases de este libro). En la Fig. 44 se ilustra la estructura fractal de las trayectorias. Aquí, en lugar de que una trayectoria en el espacio de estados se describa mediante una curva unidimensional como en la Fig. 5, se describe mediante algo parecido a un trozo de cuerda (Fig. 44a). Es decir, lo que desde lejos parece una curva única es en realidad una hélice de trayectorias enroscadas sobre sí mismas (como una especie de ADN cósmico).[13] A su vez, cada una de estas trayectorias más pequeñas es a su vez una hélice de trayectorias retorcidas sobre sí mismas. Si tomamos una sección transversal a través de este segmento de trayectoria en forma de cuerda, tiene la estructura fractal mostrada en la Fig. 12 para números p-ádicos, también mostrada en la Fig. 44b. Cuando un sistema cuántico interactúa con el entorno, en un proceso llamado decoherencia cuántica, la cuerda comienza a desenredarse (Fig. 44c). Después, las trayectorias decoherentes se agrupan (Fig. 44d). Los grupos se asocian con los resultados discretos de las mediciones (por ejemplo, espín hacia arriba/hacia abajo) en la mecánica cuántica estándar.

Un resultado matemático clave es que los mundos contrafactuales cuánticos descritos anteriormente, tanto para el experimento secuencial SG de la Fig. 25 como para el experimento de Bell de la Fig. 43, se encuentran necesariamente en los huecos entre los hilos de la cuerda y, por tanto, no pueden caracterizarse por números p-ádicos. Estos mundos no se encuentran en el conjunto invariante. Las ideas geométricas clave que conducen a este resultado se describen en las notas finales.[14] Se sirven de las propiedades matemáticas

---

13 Curiosamente, se convierte en una doble hélice si se incluyen los efectos de la antimateria.

14 Describiré algunas de las ideas clave en esta nota. Tanto si estamos hablando del experimento de Bell como de un experimento secuencial de SG con tres dispositivos de SG, estamos tratando con tablas de consulta con tres direcciones que escribiré como «1», «2» y «3». Estas tres direcciones pueden representarse

de los triángulos esféricos y de la distinción entre números racionales e irracionales.[15] El resultado clave significa, por la conjetura *A*, que tales experimentos contrafactuales son inconsistentes con las

---

mediante tres puntos de la esfera celeste (la esfera en la que los antiguos pensaban que se encontraban las estrellas). Consideremos el triángulo esférico cuyos vértices son estos tres puntos. En la teoría de conjuntos invariantes, el ángulo entre dos arcos de un triángulo de este tipo debe ser un ángulo racional de la forma $(n / p) \times 360°$. Además, el coseno de la longitud de arco angular de cualquiera de los lados de este triángulo debe ser un número racional de la forma m / p. Aquí, m, n y p son todos números enteros, y el coseno es la función trigonométrica elemental que se enseña en la escuela secundaria. Resulta que, utilizando la denominada regla del coseno para triángulos esféricos, junto con el teorema de Niven de la teoría de números, es imposible satisfacer estas condiciones para dichos triángulos si p es un número primo mayor que 11. La situación es similar a la del triángulo «imposible» de Penrose: el tribar. Es decir, es posible aplicar las restricciones de la teoría de conjuntos invariantes para dos lados cualesquiera del triángulo esférico, pero no para los tres completos. En el caso del experimento de Bell, esto tiene las siguientes implicaciones. Supongamos que Alice mide el espín de su partícula en la dirección 1 y Bob mide el espín de su partícula en la dirección 2. Exigiendo que el coseno de la distancia angular entre el vértice 1 y el vértice 2 de nuestro triángulo esférico sea racional —no hay problema con ello—, Alice puede deducir que si hubiera medido su partícula en la dirección 2 de Bob, el espín habría sido el opuesto al observado por Bob. Hasta aquí todo correcto. Además, Bob puede afirmar contrafácticamente que, aunque en realidad eligió la dirección 2, podría haber elegido la dirección 3. Esta afirmación requiere el coseno de la dirección 2. Esta afirmación requiere que el coseno de la distancia angular entre los vértices 2 y 3 sea racional. De nuevo, no hay problema. Pero ahora entra en juego el teorema de Niven, que dice que el coseno de la distancia angular entre los vértices 1 y 3 —del tercer lado del triángulo— no puede ser racional. Esto significa que Alice no puede deducir que si hubiera medido su partícula en la dirección contrafactual 3 de Bob, habría obtenido el resultado opuesto al de Bob. Seguir la lógica de esto es un poco complicado mentalmente, pero implica que es imposible que las partículas de Alice y Bob tengan tablas de búsqueda completas para las tres direcciones de medición. Y sin tablas de consulta completas, es imposible afirmar que la teoría de conjuntos invariantes debe satisfacer la desigualdad de Bell, aunque la teoría de conjuntos invariantes sea determinista y localmente causal. En el caso del experimento secuencial SG, la regla del «triángulo imposible» significa que un experimento contrafactual en el que invirtamos el orden de los dos últimos dispositivos SG (manteniendo fija la partícula) tampoco puede situarse en el conjunto invariante. Esta última situación ilustra lo que en mecánica cuántica se denomina la no conmutatividad del espín. Significa que no podemos tratar los dispositivos individuales de SG como aparatos individuales independientes. Véase Palmer (2022) para más información.

15 Y así, como dijo Galileo, el lenguaje de la naturaleza está escrito en la geometría de los triángulos.

leyes de la física. Sin embargo, esto también significa que los mundos antecedentes en los que ocurren las causas de estos experimentos contrafactuales tampoco pueden estar en el conjunto invariante. Por eso podemos estar seguros de que el mundo contrafactual en el que el embarazo de la bisabuela de Alice dura dos semanas más es inconsistente con las leyes de la física, no debido a los procesos que ocurrieron en el último milenio, sino de forma indirecta porque estos procesos fueron la causa de una medición cuántica particular en este milenio. No hay forma de que la bisabuela de Alice pudiera saber esto, entre otras cosas porque el conjunto invariante es, según la discusión de la parte I de este libro, no computable: no hay algoritmo para determinar si un punto del espacio de estados se encuentra en un conjunto fractal o no.

En pocas palabras, el fracaso de la definición contrafactual es exactamente lo que se necesita para reconciliar la violación de la desigualdad de Bell con la interpretación de conjunto de Einstein, pero sin renunciar a la noción de una realidad definida, y sin invocar la espeluznante acción a distancia que tanto odiaba.

Las mismas razones (las ideas de la nota 14) explican por qué cuando intentamos determinar qué camino siguió un fotón a través de las dos rendijas de la Fig. 22, el patrón de interferencia desaparece. Aquí, un mundo contrafactual en el que medimos qué rendija toma la partícula, con el patrón de interferencia fijo, se encuentra fuera del conjunto invariante.

Hay otra forma de entender la teoría de conjuntos invariantes. La mecánica cuántica surgió de una audaz especulación del físico alemán Max Planck: que la energía luminosa no varía de forma continua, sino en paquetes discretos a los que llamó «cuantos». Para dar cabida a esta idea, el espacio de estados de la mecánica cuántica (el espacio cuántico de los pantalones, si se quiere) tiene que ser de un tipo particular. Lo llamamos espacio de Hilbert, en honor al matemático David Hilbert, cuyo «problema de detención» se trató en el capítulo 2. El espacio cuántico es en sí mismo continuo: se puede pasar de un punto a otro del espacio de Hilbert mediante una serie de pasos infinitesimales. En la teoría de conjuntos invariantes, llevamos la idea de Planck un paso más allá: discretizamos el espacio de Hilbert. Para que esto funcione, la discretización tiene que hacerse de una manera muy específica.[16] Los huecos en el espacio de Hilbert discretizado corresponden a mediciones contrafactuales que podrían haberse realizado en un sistema cuántico, pero que no se hicieron.

No todos los mundos contrafactuales son inconsistentes en la teoría de conjuntos invariantes: hay muchas trayectorias contrafactuales vecinas que también se encuentran en el conjunto invariante. Según la conjetura B, las leyes de la física describen lo que ocurre a lo largo de la trayectoria real utilizando leyes construidas sobre las propiedades geométricas colectivas de las trayectorias reales y contrafactuales. Desde este punto de vista, podemos interpretar el experimento de las dos rendijas de la Fig. 22 de la siguiente manera: aunque en realidad el fotón viajó a través de una sola rendija en la Fig. 22, existen trayectorias contrafactuales en el conjunto invariante en las que el fotón viajó a través de la otra rendija. Si la trayectoria real es el yin,[17] entonces las trayectorias contrafactuales son el yang. Al igual que el contrapeso del cigüeñal en un motor de pistón, las trayectorias contrafactuales garantizan el buen funcionamiento del mundo cuántico real. El conjunto de trayectorias reales y contrafactuales, que describen colectivamente la geometría del conjunto invariante, da la apariencia de una onda cuántica que interfiere en el espacio-tiempo.

La mecánica cuántica trata la ontología de las trayectorias reales y contrafactuales como la misma. Por eso la noción de realidad (una partícula en dos lugares a la vez) es tan incomprensible en la mecánica cuántica. En la teoría de conjuntos invariantes, por el contrario, las trayectorias reales y contrafactuales tienen una ontología distinta pero interdependiente: no son lo mismo, pero no se pueden ignorar las trayectorias contrafactuales si se quiere

---

16 Utilización de las propiedades teóricas de las funciones trigonométricas, por ejemplo, el teorema de Niven.

17 En la antigua filosofía china, el yin y el yang es un concepto que describe cómo fuerzas obviamente opuestas o contrarias pueden ser en realidad complementarias, interconectadas e interdependientes en el mundo natural, y cómo pueden originarse unas a otras al interrelacionarse entre sí (de Wikipedia, accedido 3 de abril de 2022: Yin y yang. https://en.wikipedia.org/ wiki/Yin_and_yang).

entender la evolución en la trayectoria real.[18] En la siguiente parte de este capítulo, llegaremos a la conclusión de que las trayectorias contrafactuales son de hecho trayectorias reales, pero para épocas anteriores o posteriores del universo. Por lo tanto, según la teoría de conjuntos invariantes, la física cuántica vincula las evoluciones del mundo real de múltiples épocas diferentes del universo. No solo el universo espacial es indivisible, sino que también lo son las épocas del universo.

El yin y el yang de la geometría del conjunto invariante también pueden ayudarnos a explicar la potencia de los ordenadores cuánticos frente a los ordenadores clásicos tradicionales. Estos últimos procesan información sobre nuestra única trayectoria clásica, mientras que los primeros procesan además información sobre las muchas trayectorias contrafactuales en la vecindad de nuestra trayectoria en el conjunto invariante. Más adelante exploraré la posibilidad de que este yin y yang cuántico pueda explicar también nuestra sensación visceral de libre albedrío y conciencia.

¿Existe alguna prueba experimental del postulado del conjunto invariante cosmológico? Estoy trabajando en ello con físicos de la Universidad de Bristol.[19] La idea clave es que la teoría de conjuntos invariantes se basa en matemáticas finitas (la «p» de «p-ádica» es un número entero finito). Esto tiene una serie de consecuencias, una de las cuales es que el número de formas en que se puede variar un sistema cuántico compuesto por n sistemas elementales (llamados cúbits) no será tan grande como predice la mecánica cuántica a medida que n se acerque al logaritmo de p.[20] De hecho, la industria de

---

18 Al menos hasta que las trayectorias se descohesionen por el proceso ilustrado en la Fig. 44c.

19 Hance *et al. Experimental tests of invariant set theory.* arXiv preprint arXiv: 2102.07795, 2021.

20 Una pregunta crucial es: ¿cuál es realmente el valor numérico de p? Hay buenas razones para suponer que p dependerá de la energía, E, de los bits cuánticos (cúbits) descritos. Por ejemplo, si cada cúbit está asociado a una cierta energía, E, entonces, utilizando la relación Planck-Einstein $E = h\nu$, donde h es la constante de Planck, podemos asociar naturalmente una escala de tiempo h / E a ese cúbit. Mi propuesta es que el número adimensional p (para ese cúbit, y por tanto para la hélice en ese subconjunto del espacio de estados) es la relación h / E con el

la computación cuántica ha encontrado dificultades para entrelazar un gran número de cúbits de forma arbitraria porque los cúbits pueden interactuar fácilmente con el entorno ruidoso. Aquí estoy sugiriendo que esta obstrucción puede ser inevitable una vez que un número suficientemente grande de cúbits están mutuamente entrelazados. Es posible que esta idea esté relacionada con la noción de decoherencia gravitacional, que discutiremos más adelante.

Lo que sabemos sobre la estructura a gran escala del universo, ¿apoya el postulado del conjunto invariante cosmológico (conjeturas A y B)? El universo evolucionó a partir de un estado de densidad y temperatura extremadamente altas conocido como el Big Bang. Lo sabemos en parte por razones teóricas. Roger Penrose ganó el Premio Nobel por su trabajo (con Stephen Hawking) en el que demostró que una singularidad cosmológica inicial espacio-temporal, un punto en el espacio-tiempo donde las leyes de la relatividad general se rompen, es una predicción sólida de la teoría de la relatividad general. También sabemos, gracias a los trabajos de observación del astrónomo estadounidense Edwin Hubble en la década de 1930, que el universo está en expansión y que, por tanto, partió de un estado muy condensado. El fondo cósmico de microondas, descubierto en 1965 por los radioastrónomos estadounidenses Arno Penzias y Robert Wilson, es una reliquia del Big Bang condensado.

---

tiempo de Planck $\sqrt{hG/c^5}$ donde G es la constante gravitatoria y c es la velocidad de la luz. Esto tiene dos consecuencias: 1) Cuanto mayor es E, menor es p. Es decir, cuanto más energéticos son, menos cúbits pueden entrelazarse antes de volverse inherentemente decoherentes; 2) Cuanto mayor es G, menor es p, es decir, cuanto más fuerte es la gravedad, menor es el número de cúbits que pueden entrelazarse antes de volverse inherentemente decoherentes. Esto significa que mi propuesta para la decoherencia (cuando el número de cúbits entrelazados excede el logaritmo en base 2 de p) coincidirá ampliamente con el criterio Penrose/Díosi para la decoherencia inducida gravitacionalmente. Esto tiene sentido si la gravedad es una manifestación de la heterogeneidad de la geometría del conjunto invariante. Por ejemplo, si la agrupación heterogénea es muy débil, se necesitaría un número muy grande de segmentos de trayectoria (p grande) para diagnosticar la existencia de agrupaciones discretas. Por el contrario, si la agrupación es muy fuerte, se vería con relativamente pocas trayectorias (p pequeño).

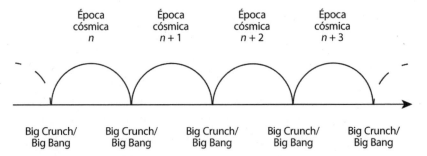

FIG. 45. Un universo de múltiples épocas que evoluciona a partir de repetidos Big Bangs y Big Crunches. Una pregunta clave que podríamos hacernos es la siguiente: ¿qué tipo de geometría trazan estas épocas repetidas en el espacio de estados cosmológico? Yo sostengo que un universo así podría evolucionar en un conjunto fractal invariante en el espacio de estados, quizá como el atractor de Lorenz pero en un espacio de estados de dimensiones mucho mayores. Si esto es correcto, podría explicar algunos de los misterios más profundos de la mecánica cuántica, como la no localidad cuántica. Esto contradiría la noción de reduccionismo metodológico, según la cual, para comprender los misterios del universo, necesitamos necesariamente sondear escalas cada vez más pequeñas. En este caso, la no localidad cuántica se explica por la estructura del universo a las mayores escalas imaginables.

¿Cuál es el destino del universo? ¿Se colapsará finalmente en un «Big Crunch»? Si es así, ¿podemos pensar que el periodo actual de evolución del universo desde el Big Bang es solo una época de un universo multiépoca, en el que el tiempo no tiene principio ni fin, como en la Fig. 45? El postulado del conjunto invariante cosmológico requiere que el universo evolucione a través de estas múltiples épocas. Las trayectorias vecinas en el conjunto invariante corresponden a épocas futuras o pasadas del universo, que evolucionan de forma similar pero no idéntica a la nuestra.

Pero esta hipótesis plantea un problema. A partir de las observaciones de supernovas lejanas, se cree que el universo no solo se expande, sino que se acelera. Esta aceleración está vinculada a la noción de energía oscura. Si el universo sigue acelerándose, nunca volverá a un Big Crunch ni, por tanto, a un universo multiépoca. En tal situación, no nos encontramos en un conjunto invariante fractal, sino en un ajuste transitorio a un conjunto invariante profundamente carente de estrellas y de vida.

Afortunadamente, existen tres escenarios en los que no suceda esta posibilidad. La primera es que esta energía oscura acabe invirtiéndose, de forma que se produzca un colapso final de esta época del universo.[21] La segunda está relacionada con una propuesta de Roger Penrose según la cual toda la masa del universo acabará en forma de partículas sin masa, como los fotones. Estas partículas sin masa no tienen noción de escala espacial o temporal. Como tales, el estado final asintótico del universo puede ser perfectamente remendado en un estado condensado de Big Bang de una nueva época del universo, a través de un procedimiento matemático conocido como escala conforme o escala Likert.[22] A la vista de los debates de este libro, la tercera posibilidad me parece la más interesante. La idea de que el universo se está acelerando depende de la suposición —el principio cosmológico— de que el universo es homogéneo en las escalas más grandes. En este libro hemos analizado sistemas no lineales (desde turbulencias a redes de individuos, pasando por sistemas económicos o fractales) que muestran un comportamiento basado en leyes de potencia. Este comportamiento es indicativo de estructuras que parecen iguales a diferentes escalas. La omnipresencia de este tipo de comportamiento podría extenderse al universo en las escalas más grandes. Los recientes descubrimientos de unas estructuras inesperadamente grandes en el universo sugieren que este podría ser el caso.[23] Si es así, tal vez la expansión del universo no se esté acelerando, sino que es solo una ilusión.[24] En ese caso, es posible que el universo acabe colapsando en una «Big Crunch».

Recuerdo que de niño veía en televisión al cosmólogo británico Fred Hoyle defendiendo su teoría del estado estacionario de

21 Steinhardt, P. J. y N. Turok. *The endless universe*. Phoenix, 2007.

22 Penrose, R. *Cycles of time: An extraordinary new view of the universe*. Vintage, 2010.

23 Wood. «Cosmologists parry attacks on the vaunted cosmological principle». *QuantaMagazine*(2021).www.quantamagazine.org/giant-arc-of-galaxies-puts-basic-cosmology-under-scrutiny-20211213.

24 Colin, J., R. Mohayaee, M. Rameez y S. Sarkar. «Evidence for anisotropy of cosmic acceleration». *Astronomy and Astrophysics* (2019): 631, L13.

la cosmología. Según esta teoría, no hubo Big Bang. Hoyle argumentaba que la noción de un principio del tiempo era un concepto poco elegante. De alguna manera sugería la necesidad de que un dios proporcionara las condiciones iniciales «adecuadas» a partir de las cuales pudiera comenzar el universo. De hecho, Hoyle acuñó la expresión «Big Bang» como forma peyorativa de describir lo que él consideraba un comienzo artificial del universo. Al final, las observaciones de Penzias y Wilson acabaron con la teoría de Hoyle. Por otra parte, si el Big Bang solo representa el comienzo de nuestra época actual, entonces la idea de Hoyle de que no existe un principio del tiempo podría ser correcta después de todo.

Discutamos algunas consecuencias del postulado del conjunto invariante cosmológico. En primer lugar, puede arrojar luz sobre un profundo problema de la física contemporánea: el origen de la segunda ley de la termodinámica. Cuando dejamos caer un vaso al suelo, se rompe en pedacitos. Nunca vemos la inversión temporal de este fenómeno. Esto se atribuye a la segunda ley de la termodinámica: que la entropía, una medida del desorden en el universo, aumenta con el tiempo. Sin embargo, para que la entropía aumente con el tiempo, debe haber sido pequeña en el momento del Big Bang. ¿Por qué?

Este fenómeno de la entropía creciente está presente en la dinámica de los sistemas caóticos simples. La Fig. 10 muestra cómo un simple anillo de puntos en el espacio de estados evoluciona hacia una forma de plátano/bumerán irregular más compleja. Si continuásemos la simulación, veríamos cómo la forma de plátano se deformaba aún más y se parecería cada vez menos al pequeño anillo original hasta que, finalmente, el anillo deformado se extendería por todo el atractor fractal. Podemos definir una cantidad que mida la distorsión del anillo y que, al igual que la entropía de un sistema termodinámico, aumente con el tiempo, alcanzando un máximo cuando el anillo de puntos se haya extendido por todo el atractor.

El aumento de entropía también está presente cuando dejamos caer un vaso y este se rompe en cien trozos más pequeños. El anillo inicial de la Fig. 10 describe un conjunto de condiciones iniciales en cada una de las cuales tenemos un vaso. A efectos prácticos, el vaso tiene el mismo aspecto en todos los miembros iniciales del conjunto, aunque la disposición detallada de los átomos en cada uno de los vasos es diferente. Debido a estas diferentes disposiciones de los átomos, cada vaso se romperá de una forma completamente distinta y los fragmentos de vidrio se esparcirán formando patrones completamente diferentes. El conjunto se habrá dispersado de forma caótica. Los sistemas caóticos y termodinámicos tienen mucho en común.

Sin embargo, y este es el punto clave, la parte superior izquierda de la Fig. 10 muestra que hay regiones del espacio de estados en las que hay muy pocos cambios en la forma del anillo inicial. De hecho, en estas regiones, el anillo inicial puede reducirse. Estas regiones denotan las partes estables del atractor, donde, en esta analogía, dejar caer un vaso no daría lugar a unas configuraciones notablemente diferentes del vaso roto porque el vaso no se haría añicos.

Ahora bien, si el universo está evolucionando sobre un atractor cosmológico, entonces podríamos imaginar de forma similar que habría regiones específicas del espacio de estados en las que un anillo inicial (de universos) se iría acercando a medida que avanzara el tiempo. En tales regiones, la entropía del universo iría disminuyendo. Dicho de otro modo, la geometría heterogénea del conjunto invariante conduce naturalmente a una imagen en la que en la mayoría de las regiones del espacio de estados la entropía aumenta, pero, en algunas regiones, la entropía disminuye.

Para que esto sea relevante para entender la baja entropía del universo en el momento del Big Bang, entonces deberíamos esperar que las regiones del espacio de estados en las que la entropía está disminuyendo correspondieran a los periodos en los que el universo está colapsando gravitatoriamente hacia un Big Crunch. Si esto es así, entonces la entropía en la interfaz entre un Big Crunch y el siguiente Big Bang estaría en un mínimo.[25] ¿Qué implicaciones tiene esto? ¿Podría ser que lo que llamamos «gravedad» sea

---

25 Corresponde a un «punto de Jano» en el lenguaje de Julian Barbour-véase Barbour, J. *The Janus point: A new theory of time*. Vintage Publishing, 2020.

en realidad un fenómeno asociado a la geometría heterogénea del conjunto invariante cosmológico? En concreto, ¿es la «gravedad» una manifestación de la tendencia de las trayectorias a agruparse en el conjunto invariante, como se muestra en la Fig. 44d? Si es así, entonces la gravedad estaría asociada con el proceso de medición cuántica.

Esto ya lo sugirieron de forma independiente Roger Penrose y Lajos Diósi.[26] Intentar establecer si la gravedad desempeña realmente un papel en la medición cuántica es, en mi opinión, uno de los experimentos sin resolver más importantes de la física contemporánea. Debido a que tal agrupación está precedida por un desentrañamiento «decoherente» de las trayectorias en el conjunto invariante (Fig. 44c), la teoría del conjunto invariante apoya la idea de que la gravedad y la decoherencia están intrínsecamente ligadas.

Tanto si pensamos en la decoherencia cuántica como en la entropía del universo, nos vemos abocados a la idea de que la gravedad tiene un carácter completamente distinto al de las demás fuerzas de la naturaleza. En cierto sentido, ya lo sabemos: según la teoría general de la relatividad, la gravedad no es una fuerza, sino una manifestación de la curvatura del espacio-tiempo. Si esto es cierto, parece erróneo intentar unificar la gravedad con las demás fuerzas de la naturaleza utilizando los principios de la teoría cuántica de campos. Si el postulado del conjunto invariante cosmológico es correcto, la teoría cuántica de campos no es el camino hacia la unificación. De hecho, yendo más lejos, yo diría que intentar «cuantificar la gravedad», que es la forma en que la mayoría de los físicos piensan en el problema de sintetizar nuestras teorías de la física cuántica y gravitacional, es más bien poner el carro delante de los bueyes. En lugar de una teoría cuántica de la gravedad, podríamos progresar más intentando desarrollar una teoría gravitacional de la cuántica.[27] Si esta idea es correcta, entonces no existiría el gravitón, la partícula asociada a las teorías cuánticas de la gravedad, como la teoría de

---

26 Penrose, R. *The road to reality*. Jonathan Cape, 2004.

27 Palmer, T. N. *A gravitational theory of the quantum*. arXiv preprint arXiv: 1709.00329, 2017.

cuerdas. Se trata de una predicción, aunque no será directamente comprobable hasta dentro de mucho tiempo.

Hemos señalado antes que la teoría cuántica de campos implica, cuando se acopla a la teoría de la relatividad general de Einstein, una aceleración del universo que contiene 120 órdenes de magnitud más que la observada. En la teoría de conjuntos invariantes, no hay razón para suponer que los efectos de la física cuántica tengan un impacto directo en la aceleración a gran escala del universo. En este sentido, la teoría de conjuntos invariantes parece mucho más cercana a lo observado que la teoría cuántica de campos.

¿Y la materia oscura? En la teoría de la relatividad general de Einstein, la curvatura del espacio-tiempo viene determinada por la distribución de la materia en el espacio-tiempo. Es posible modificar las ecuaciones de campo de la relatividad general para que la curvatura de nuestro espacio-tiempo esté determinada no solo por la distribución de la materia en nuestro espacio-tiempo, sino también por la distribución de la materia en los espacios-tiempos asociados a las trayectorias vecinas en el conjunto invariante cosmológico. Si esta idea es correcta, puede que no exista ninguna partícula de materia oscura; en su lugar, la materia oscura sería simplemente el efecto sobre la curvatura del espacio-tiempo de la materia en los espacio-tiempos vecinos en el conjunto invariante.

Y es plausible que las llamadas singularidades espacio-temporales que se forman en los agujeros negros y en los Big Bangs en la relatividad general clásica estándar no se produzcan si la curvatura del espacio-tiempo está influida por la materia en trayectorias vecinas en el conjunto invariante. Resolver el problema de la singularidad se considera desde hace tiempo una condición *sine qua non* para cualquier teoría unificada de la física cuántica y gravitatoria. Una de las principales filosofías en las que se ha basado el desarrollo de la física teórica durante el siglo XX y lo que llevamos del XXI es que «lo más pequeño es lo más fundamental», lo que a veces se denomina «reduccionismo metodológico» Los físicos de partículas quieren construir un colisionador de partículas más grande bajo el lago Lemán para poder acelerar las partículas a mayor velocidad y, por tanto, a mayor energía, y así poder estudiar la física de escalas más pequeñas. Se da por sentado que necesitamos necesariamente sondear estas escalas más pequeñas para mejorar nuestra comprensión de la naturaleza. Mi opinión es que el reduccionismo metodológico es una filosofía errónea y que, por ello, la física fundamental va 180° en la dirección equivocada. Véase la leyenda de la Fig. 45.

En conclusión, no tenemos que aceptar necesariamente ni el indeterminismo ni la acción a distancia para describir el mundo de la física cuántica. Utilizando la geometría del caos, la imagen de Einstein de un conjunto de mundos deterministas puede ser correcta después de todo. Si es así, concluiremos que vivimos en un mundo en el que las partículas elementales, y de hecho la noción de realidad, son ciertas y definidas. Quizá esta imagen del mundo proporcione una base mejor para sintetizar la física cuántica y la gravitacional. Por otra parte, antes de que se acepten estas ideas, necesitamos experimentos claros a favor de la teoría de conjuntos invariantes frente a la mecánica cuántica. Hasta entonces, hay que dudar de las ideas que he expuesto en este capítulo.

12

NUESTROS RUIDOSOS CEREBROS

En el capítulo 11, argumenté que, en última instancia, las leyes de la física suelen ser deterministas, y que estas leyes describen la geometría del conjunto atractor/invariante del sistema de orden más alto que podamos imaginar: el universo en su conjunto. En el capítulo 3, señalamos que si queremos hacer un modelo de un sistema determinista de alto orden a partir de un sistema determinista de bajo orden, debemos truncar el sistema de alto orden y añadir ruido para representar las partes del sistema que no podemos representar. También hemos observado que, en muchas situaciones no lineales, el ruido es un recurso útil y no la molestia que a menudo imaginamos; por ejemplo, el ruido puede amplificar las señales débiles. En este capítulo propondré que, en consonancia con esto, el cerebro humano hace un uso constructivo del ruido al intentar crear un modelo de bajo orden del mundo de alto orden que nos rodea. Argumentaré que ese ruido es un elemento clave para convertirnos en los seres creativos e innovadores que somos. Sin embargo, a diferencia de los ejemplos anteriores, el ruido no lo producen los generadores matemáticos de números pseudoaleatorios, sino el *hardware*. La presencia de este ruido parece ser consecuencia de la extraordinaria eficiencia energética del cerebro, que puede funcionar con solo 20 W de potencia.

Al filósofo griego Euclides se le atribuye la primera prueba de que existen tantos números primos infinitos. Un número primo es un número entero mayor que 1 que solo es divisible por sí mismo y por 1; los números como 2, 3, 5, 7, 11 y 13 son primos. La demostración de Euclides es la siguiente:

1. Supongamos que solo hay un número finito de números primos.

2. Por tanto, existe un número primo mayor. Llámalo P.

3. Forma el producto $2 \times 3 \times 5 \times 7 \times 11 \times 13 \times \ldots \times P$ de todos los números primos, y suma 1 al resultado. Llama a este número Q.

4. Por construcción, Q no es divisible por ninguno de los números primos hasta P, ya que tal división dejaría un resto de 1.

5. Pero todos los números, incluido Q, deben ser divisibles por algún número primo (posiblemente el propio Q).

6. Por lo tanto, debe existir un primo mayor que P.

7. Por lo tanto, la suposición del paso 1 debe ser falsa.

8. Por lo tanto, hay infinitos números primos.

Por ejemplo, supongamos que pensamos que 5 es el mayor número primo. Entonces Euclides dice $Q = 2 \times 3 \times 5 + 1 = 31$. Ahora bien, 31 no es divisible por 2, ni por 3, ni por 5: siempre queda un resto de 1. Por tanto, tiene que haber un número primo mayor que 5. En este caso, 31 es a su vez un número primo. En este caso, 31 es en sí mismo un número primo.

¿Hay algo de creativo en esta demostración? El paso 1 se basa en una técnica habitual en matemáticas llamada *reductio ad absurdum*:

suponer lo contrario de lo que se quiere demostrar y demostrar que eso lleva a una contradicción. La *reductio ad absurdum* fue, en algún momento de la historia de las matemáticas, un paso creativo. Era uno de los trucos favoritos de Euclides, así que podemos imaginar que simplemente la sacó de su bolsa de trucos útiles cuando creó su demostración. Como tal, no es el paso creativo clave en el que basarnos para esta demostración en particular. Evidentemente, el paso 2 no es un paso creativo, sino que se deduce inmediatamente del paso 1. El paso creativo es el paso 2. Más bien, el paso creativo es el paso 3. Una vez que Euclides tuvo la idea de formar el número Q, los pasos 4-8 siguieron de forma bastante deductiva y mecánica.

Intentemos crear un ordenador que cree espontáneamente teoremas matemáticos. Cargaremos dos «trucos» tomados de la demostración de Euclides. El primero es la *reductio ad absurdum*: suponer lo contrario de lo que se quiere demostrar y demostrar que esto lleva a una contradicción. El segundo truco será el paso 3 de la prueba de Euclides: si tienes algunos números, multiplícalos y súmales 1.

¿Hemos conseguido que nuestro ordenador sea creativo? Veamos si es capaz de inventar otro teorema matemático clásico de la antigua Grecia: la prueba de Pitágoras de que la raíz cuadrada de 2 es un número irracional, es decir, no puede escribirse como una fracción a / b (como 983 / 765) donde a y b son números enteros.

El ordenador puede empezar utilizando primero el truco de la *reductio ad absurdum*: supone que la raíz cuadrada *puede* escribirse como una fracción a / b. Quizá el ordenador conozca las reglas de la aritmética y suponga que a y b no tienen factores comunes.

Ahora tiene que encontrar una contradicción. Tiene un truco en la manga: multiplicar a y b y sumarles 1. Sin embargo, es un callejón sin salida. De hecho, para encontrar la prueba de Pitágoras, el ordenador necesita un nuevo truco (que consiste en elevar al cuadrado los números a y b).[1] Pero ese truco no está en su biblioteca de trucos.

---

1   Lo que se hace es escribir $2b^2 = a^2$ y deducir de ello que a^2 es un número par y, por tanto, a es un número par: si a fuera impar, su cuadrado sería impar. Esto significa que podemos escribir $a = 2c$, y sustituyendo en $2b^2 = a^2$ se puede deducir que b debe ser un número par. Pero esto contradice la suposición de que a y b no tienen factores comunes y, por tanto, la suposición original es falsa.

El ordenador no ha llegado a ninguna parte: utilizar el truco de la *reductio ad absurdum* es un buen primer comienzo, pero es como alguien si hubiera escalado un pequeño pico en la ruta hacia el objetivo principal y se hubiera quedado atascado allí sin saber adónde ir.

Podríamos añadir el nuevo truco a la memoria del ordenador, de modo que hora tuviera tres trucos con los que jugar. Con un poco más de ayuda, el ordenador podría demostrar que la raíz cuadrada de 2 es irracional. Pero ¿serán suficientes estos trucos para demostrar algún otro teorema, como el problema del Premio del Milenio de Navier-Stokes mencionado en el capítulo 3?

Por supuesto, se necesitarán muchos más trucos matemáticos para tener alguna posibilidad de resolver uno de estos grandes problemas. Sin embargo, el mero hecho de que se trate de problemas sin resolver plantea una idea bastante interesante. Quizá siempre necesitemos nuevos trucos para demostrar nuevos teoremas importantes, así que tener un banco de trucos fijo en la memoria nunca va a ser suficiente. Tal vez los trucos necesarios para demostrar todos los teoremas matemáticos no tengan fin. Esto es (efectivamente) lo que sugiere el teorema de incompletitud de Gödel, que conocimos en el capítulo 2. Si es así, puede que a los ordenadores les cueste mucho inventar nuevos teoremas matemáticos realmente interesantes.

¿Cómo se le ocurrió a Euclides la idea de formar el número Q? No lo sabemos. Sin embargo, otros matemáticos sí nos han contado cómo surgieron sus momentos eureka, y de ellos se desprende algo muy interesante.

He aquí lo que Henri Poincaré (cuyo trabajo se trató en el capítulo 1) dijo sobre el momento en que tuvo un destello creativo:[2]

> Justo en ese momento, dejé Caen, donde vivía, para hacer una excursión geológica bajo los auspicios de la Escuela de Minas. Los incidentes del viaje me hicieron olvidar mi trabajo matemático. Tras llegar a Coutances, entramos en un ómnibus para ir a un lugar u otro. En el

---

2 Poincaré, H. *The foundations of science: Science y hypothesis, the value of science, science and method.* Andesite Press, 1904.

momento en que puse el pie en el escalón, me vino la idea, sin que nada en mis pensamientos anteriores pareciera haber preparado el camino para ello, de que las transformaciones que había utilizado para definir las funciones fuchsianas eran idénticas a las de la geometría no euclidiana. No verifiqué la idea en ese momento; no habría tenido tiempo, ya que, al tomar asiento en el ómnibus, continué con una conversación ya iniciada, pero sentí una perfecta certeza. A mi regreso a Caen, verifiqué el resultado en mi tiempo libre.

He aquí cómo se le ocurrió a Roger Penrose la idea que le llevó a ganar el Premio Nobel por su trabajo sobre las singularidades del espacio-tiempo.[3] Penrose iba caminando hacia el trabajo con un colega y estaban inmersos en una conversación. Cruzaron la calle y dejaron de hablar para vigilar el tráfico. Cuando llegaron al otro lado, volvieron a hablar. Cuando el compañero se marchó, Penrose tuvo una extraña sensación de euforia, pero no sabía por qué. Repasó todo lo que había hecho ese día, incluso lo que había desayunado. Finalmente, pensó en el momento en que cruzaba la carretera y se dio cuenta de que en ese instante había tenido la idea sobre cómo caracterizar de forma genérica el colapso gravitatorio extremo. Esta idea dio lugar al artículo de 1965 en el que se basó su Premio Nobel.

Ahora cito a Andrew Wiles, quizá el matemático vivo más famoso de la actualidad, cuyo trabajo se mencionó en el capítulo 2. Esto es lo que dice Wiles[4] sobre los momentos creativos:

En concreto, cuando llegas a un verdadero callejón sin salida, cuando hay un verdadero problema que quieres superar, entonces el pensamiento matemático no te sirve de nada. Para llegar a ese tipo de idea nueva tiene que haber un largo periodo de concentración en el problema, sin ninguna distracción. No hay que pensar en nada más que en el problema, solo concentrarse en él, y luego uno para. Después parece haber una especie de período de relajación durante el cual el subconsciente parece tomar el control y es durante ese tiempo cuando surge una nueva idea.

3 Nobel Prize Outreach, Roger Penrose—Interview. The Nobel Prize (accedido 19 febrero 2022): www.nobelprize.org/prizes/physics/2020/penrose/interview.

4 Singh, S. *Fermat's last theorem*. Fourth Estate, 1997.

Y no se trata solo de la creatividad en la investigación matemática y física. El cómico John Cleese, miembro del famoso equipo Monty Python, afirma lo mismo sobre la creatividad artística: se produce cuando uno se relaja y deja divagar la mente inconsciente.[5] En todos estos casos, la idea creativa clave surge durante un momento de relajación. Ahora bien, pocos de nosotros hemos tenido la suerte de vivir momentos de creatividad como los mencionados anteriormente. Sin embargo, tal vez un ejemplo con el que todos podemos identificarnos (sobre todo los que tenemos una edad avanzada) es cuando hemos olvidado por completo el nombre de alguna persona. Podemos ver su cara en nuestra cabeza, o quizá incluso en la realidad; puede que la conozcamos muy bien. Intentar recordar el nombre no funciona. A menudo, lo mejor es dejar de intentarlo y dejar que la mente se relaje. Entonces, de la nada, el nombre aparece de repente y misteriosamente.

Pero ¿qué ocurre aquí desde una perspectiva física? Si queremos crear sistemas de IA realmente creativos, ¿deberíamos decirle al programa de IA que deje de trabajar a toda máquina en algún problema y se quede inactivo durante unos minutos, esperando la inspiración?

Parece una idea absurda, por la sencilla razón de que los ordenadores digitales no son más que interruptores. Es posible expresar operaciones aritméticas como $1 + 1$ o 24×37 en términos de interruptores; esto se llama lógica booleana, en honor al matemático victoriano George Boole. Y los ordenadores modernos realizan estos procesos de conmutación con una rapidez asombrosa. Sin embargo, «relajarse» y realizar la conmutación más lentamente, por ejemplo, no va a hacer que el ordenador sea creativo. En cambio, ¿cómo hace nuestro cerebro para sumar $1 + 1$ y obtener 2? Quizá la respuesta esté tan arraigada que simplemente sabemos que $1 + 1 = 2$. Intentemos algo más difícil: ¿Cuánto es 24×37?

Cuando era muy pequeño, en edad preescolar, salía a pasear por el bosque con mi padre. Subíamos por un sendero hasta un punto elevado y admirábamos las vistas de la campiña vecina. Luego bajábamos por otro camino, que era un poco más empinado y con

---

5 Cleese, J. *Creativity: A short and cheerful guide*. Penguin, 2021.

escalones. Había unos veinte escalones en total. Mientras bajábamos los escalones, los contábamos en voz alta: uno, dos, tres, cuatro... Aprendí a contar repitiendo los números semana tras semana, hasta que se me quedaron grabados en la cabeza.

Y luego, en la escuela primaria, me metieron las tablas de multiplicar en la cabeza. Al cabo de un tiempo, recordaba sin esfuerzo que «cuatro sietes son veintiocho». Así que, si mi profesor me preguntaba cuánto era 4×7 (con el castigo de tener que escribir 100 veces la tabla del 7 si no lo sabía), no ponía en marcha un circuito biológico de interruptores booleanos en mi cerebro; simplemente accedía a mi memoria y respondía rápidamente «veintiocho». El sonido externo «¿cuatro por siete?» desencadenaba automáticamente en mi cabeza la respuesta automática «veintiocho».

Más tarde, en la escuela, aprendí la mecánica de la multiplicación larga. Como adulto, es algo que casi nunca utilizo, y aunque la técnica se encuentra en algún lugar de mi memoria, no es tan accesible como lo era cuando tenía siete u ocho años.

Y así, si me viera obligado a multiplicar 24 por 37, no utilizaría la lógica booleana en absoluto. Simplemente intentaría recuperar lo mejor que pudiera los patrones relevantes de la memoria: los patrones que describen el algoritmo para hacer multiplicaciones largas, luego el patrón asociado con las «tablas de multiplicar». Por último, necesitaría alguna memoria de «bloc de notas» (de la que hoy en día no dispongo) para almacenar los pasos intermedios. En definitiva, es un proceso totalmente distinto al de un ordenador digital.

El esfuerzo de recuperar datos de la memoria requiere bastante energía. Si un amigo me insistiera en que hiciera este cálculo de multiplicación mientras camino con él por la carretera (no me preguntes por qué), entonces tendría que dejar de hablar, dejar de caminar, cerrar los ojos, posiblemente ponerme las manos sobre las orejas y no hacer otra cosa que concentrarme en el problema que tengo entre manos. Presumiblemente, hago esto para canalizar toda la energía disponible en realizar con precisión las transferencias de datos necesarias desde la memoria. Para ello, desconecto todas las demás tareas que puedan estar consumiendo energía y concentro toda la energía disponible en la tarea que tengo entre manos.

Por supuesto, se trata de un estado inusual. Antes de que mi amigo me pidiera que multiplicara estos números, estaba felizmente haciendo varias cosas a la vez: caminando por la calle (sin pensar en poner una pierna delante de la otra), charlando sobre las últimas noticias, mirando hacia arriba y admirando las nubes en el cielo y las hojas de los árboles, escuchando el piar de los pájaros y preguntándome qué podría comer. En este estado, la energía disponible que alimentaba mi cerebro se utilizaba para hacer una multitud de tareas.

En su famoso libro *Thinking, Fast and Slow*, el psicólogo Daniel Kahneman ha descrito el cerebro de una forma binaria bastante similar a esta.[6] La mayor parte del tiempo (al caminar, charlar, mirar a nuestro alrededor) funciona en un modo que él denomina «Sistema 1». El Sistema 1 denota un modo de funcionamiento bastante rápido, automático y sin esfuerzo. En cambio, con los ojos cerrados y concentrado en una tarea concreta, el cerebro funciona en lo que Kahneman denomina Sistema 2, un modo de funcionamiento mucho más lento y deliberado.

Esta noción de un modo binario de funcionamiento ya había sido descrita unos años antes por el científico cognitivo Guy Claxton en su libro *Hare Brain, Tortoise Mind*.[7] Aquí, el nombre «mente de tortuga» describe un estado más lúdico, pausado y soñador, algo parecido al Sistema 1 de Kahneman. Por el contrario, «cerebro de liebre» describe el tipo de pensamiento que requiere razón, lógica y pensamiento deliberado, como en el Sistema 2 de Kahneman. El punto clave del libro de Claxton, que parece totalmente coherente con las experiencias descritas anteriormente, es que la mente pausada de la tortuga, a pesar de su aparente falta de rumbo, es tan inteligente como el cerebro más lógico de la liebre.

Aquí quiero pensar en la energía como una forma de describir este funcionamiento bimodal del cerebro. Cada segundo, el cerebro consume unos 20 julios de energía. Es decir, utiliza la misma cantidad de energía, 20 W, que una bombilla eléctrica. Es una cantidad

---

6   Kahneman, D. *Thinking, fast and slow*. Penguin, 2011.

7   Claxton, G. *Hare brain, tortoise mind. Why intelligence increases when you think less*. Fourth Estate, 1998.

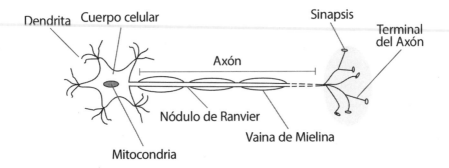

FIG. 46. Las diferentes partes de una neurona. Las señales eléctricas «puntiagudas» se transportan a lo largo del axón. Las señales son amplificadas por «transistores proteínicos» asociados a los flujos de iones a través de canales cerrados por voltaje conocidos como «nódulos de Ranvier».

ínfima comparada con la que consume un superordenador que ejecuta un modelo de previsión meteorológica: unos 20 MW, seis órdenes de magnitud más. De los estudios sobre el flujo sanguíneo cerebral se desprende que no hay mucha variación en la cantidad total de energía consumida tanto si estamos en el Sistema 1 como en el Sistema 2. Sin embargo, el hecho de que podamos realizar varias tareas a la vez cuando estamos en el Sistema 1 sugiere que, en este modo, la energía se reparte entre muchas tareas activas, de modo que la energía usada en cada tarea activa es especialmente baja. En cambio, cuando funcionamos en el modo Sistema 2, toda la potencia disponible se concentra en una sola tarea, con lo que la potencia por tarea activa *es* mucho mayor. Por esta razón, me referiré a los dos modos como modo de bajo consumo y modo de alto consumo.

Ahora bien, en el cerebro hay unos 80 000 millones de neuronas. La información se propaga a lo largo de los delgados axones de una neurona (véase la Fig. 46) mediante unas señales eléctricas puntiagudas. Sin embargo, los axones son tan largos que estas señales eléctricas se habrían disipado por completo mucho antes de llegar al extremo de un axón, de no ser por los «transistores de proteínas» que impulsan los picos a intervalos regulares a lo largo del axón.

Estos transistores proteínicos comprenden pequeños canales en la membrana, que por lo demás actúa como una vaina aislante alrededor del axón. Los iones cargados eléctricamente —esencialmente átomos como el sodio o el potasio con el electrón de su capa exterior desprovisto— fluyen a través de estos canales en respuesta a las fluctuaciones de voltaje de la señal que se propaga a lo largo del axón. Al estar correlacionado con la señal que se propaga por el axón, el flujo de iones puede amplificar la señal.

Como mencioné en el capítulo 3, si empezamos a reducir el voltaje a través de los transistores de silicio, empiezan a actuar de forma poco fiable y el proceso de conmutación empieza a ser susceptible al ruido térmico. ¿Podría ser que en el modo de baja potencia no haya energía suficiente para garantizar que los transistores proteínicos funcionen de forma completamente determinista?

La respuesta parece ser afirmativa. Hay pruebas de que los axones con un diámetro inferior a 1 micra (10^{-3} mm) son susceptibles al ruido.[8] Ahora bien, el tamaño medio de los axones en el cerebro humano es de unas 0,5 micras.[9] Por lo tanto, y sobre todo en situaciones en las que los 20 W de potencia se reparten entre los 80 000 millones de neuronas del cerebro —es decir, en el modo de baja potencia cuando el cerebro realiza varias tareas—, el funcionamiento de cualquiera de las neuronas activas será susceptible al ruido.

Estas neuronas tan delgadas tienen ventajas e inconvenientes. Una desventaja es que una señal eléctrica viaja más lentamente a lo largo de un axón a medida que el diámetro del axón disminuye. Si tener un tiempo de reacción increíblemente rápido para eludir a los depredadores es vital, la disminución del diámetro del axón puede parecer un callejón sin salida evolutivo. Si, por el contrario, se pueden aprovechar las agrupaciones sociales para defenderse de los depredadores, la desventaja de tener un tiempo de reacción

---

8 Faisal, A., L. P. J. Selen y D. M. Wolpert. «Noise in the nervous system». *Nature Reviews Neuroscience*, (2008): 9, 292–303. (2008); Rolls, E. T. y G. Deco. *The noisy brain*. Oxford University Press, 2010. Palmer, T. N. y M. O'Shea. «Solving difficult problems creatively: A role for energy optimised deterministic/stochastic hybrid computing». *Frontiers in Computational Neuroscience* (2015): 9, 124.

9 Liewald, D., R. Miller, N. Logothetis, H.-J. Wagner y A. Schüz. «Distribution of axon diameters in cortical white matter: An electron microscopic study on three human brains and a macaque». *Biological Cybernetics* (2014): 108, 541–557.

más lento puede verse compensada con creces por la capacidad de procesamiento adicional derivada de la posibilidad de hacinar más neuronas en un espacio determinado.

Si el tiempo de reacción rápido no es vital, ¿podría la susceptibilidad al ruido derivada de la miniaturización de las neuronas tener una ventaja evolutiva? Veamos algunos de los procesos analizados en el capítulo 3, en los que el ruido resultó ser beneficioso, y veamos si podrían aplicarse al funcionamiento del cerebro.

Por ejemplo, consideremos el proceso de redondeo estocástico, que utiliza ruido para truncar una señal compuesta por muchos bits. Con referencia a la Fig. 17, si el redondeo estocástico se realizara sobre los datos visuales brutos que reciben nuestros ojos y los datos truncados se enviaran a través de nuestras neuronas a la parte del cerebro responsable de nuestras percepciones cognitivas, entonces quizá podríamos percibir el sombreado gris completo, aunque el cerebro solo recibiera los bits de 1 bit en blanco y negro.

El algoritmo de templado simulado parece describir bien cómo hacemos los humanos para encontrar la solución a un problema. Empezamos aplicando algunos trucos conocidos (como la *reductio ad absurdum*) que nos han ayudado en el pasado. Esto nos lleva hasta cierto punto a la solución, pero llegamos a un punto en el que nos quedamos completamente atascados. Nos devanamos los sesos en busca de nuevas ideas que nos ayuden a salir del atolladero. Si las ideas nos hacen avanzar, las aceptamos. Sin embargo, en la fase inicial estamos bastante dispuestos a volver al paso 0 si eso nos ayuda a encontrar una ruta mejor hacia la solución final. En estas primeras fases, estamos dispuestos a aceptar cualquier idea, por descabellada que parezca. Sin embargo, cuando hayamos avanzado mucho y sintamos que nos acercamos a la solución final, seremos mucho más exigentes con las ideas que nos llegan, aceptando solo las mejores para seguir analizándolas. Sorprendentemente, el algoritmo de templado simulado también describe bastante bien el proceso de evolución por selección natural.

Sin embargo, para generar nuevas ideas al azar, el cerebro debe ser susceptible al ruido, y esto solo parece posible cuando el cerebro está en su modo de bajo consumo. Esto podría explicar por qué los momentos eureka se producen cuando nos relajamos y no nos concentramos mucho en un problema. Es en ese modo de relajación cuando la presencia de ruido puede ayudarnos a salir de un atolladero cognitivo y así avanzar en nuestra comprensión.

En cambio, cuando el cerebro funciona en el modo de alto consumo, es decir, cuando se desactivan otras partes para concentrar la mayor parte de los 20W de potencia, parece que las neuronas activas disponen de energía suficiente para funcionar de forma determinista. Es entonces cuando podemos comprobar si las locas ideas que nos proporciona el modo de bajo consumo son realmente buenas.

El físico teórico Michael Berry ha denominado «claritones» a las ideas creativas que parecen surgir de la nada: misteriosas unidades de creatividad similares a partículas. Parece que el claritón es un producto del modo de baja potencia. Sin embargo, Berry señala que la mayoría de las veces, la aparición de un claritón es, a la fría luz del día, aniquilada por un «anticlaritón». Al parecer, el anticlaritón es el producto del modo de pensamiento intensivo en energía, que se desencadena cuando se aplica un poco de pensamiento lógico a la idea que ha surgido de la nada. Menos mal que tenemos la capacidad de comprobar todas las ideas locas que salen de nuestra cabeza.

Si estas ideas son correctas, entonces el proceso que llamamos creatividad —lo que de otro modo podría llamarse razonamiento inductivo[10] — implica una sinergia entre los modos de baja potencia y de potencia intensiva: en otras palabras, una estrecha interacción entre estocasticidad y determinismo. Al ser susceptible al ruido, el modo de bajo consumo produce un flujo de ideas a veces extrañas, a veces útiles. El modo más determinista y de mayor potencia funciona como un filtro, rechazando las más extrañas y reteniendo las que resisten el escrutinio. Al igual que el algoritmo de recocido simulado, cuanto más nos acercamos a la solución final, más discriminamos las ideas descabelladas que vamos a perseguir.

---

10 Y quizá también el razonamiento abductivo: Wikipedia, «Razonamiento abductivo» (consultado el 20 noviembre 2022): https://es.wikipedia.org/wiki/Razonamiento_abductivo

En *La nueva mente del emperador*[11] Roger Penrose se preguntaba célebremente qué es lo que nos hace capaces de entender el teorema de Gödel, el famoso teorema del siglo XX descrito en el capítulo 2, de que hay enunciados matemáticamente sólidos que afirman su indemostrabilidad. Si nuestros cerebros funcionaran por algoritmos, no seríamos capaces de entender el concepto de que hay verdades matemáticas que no pueden demostrarse de forma algorítmica. El hecho de que lo entendamos quizá podría explicarse si el ruido aleatorio, algo no descriptible por algoritmo, es un elemento necesario de la cognición. Por supuesto, podrías argumentar que en el capítulo 11 he afirmado que incluso el tipo más fundamental de ruido, el ruido cuántico, no es verdaderamente aleatorio, sino que está asociado con algún tipo de determinismo caótico descrito por el postulado del conjunto invariante cosmológico. Sin embargo, como describimos en el capítulo 2, un conjunto invariante fractal es en sí mismo algorítmicamente indecidible. Por lo tanto, si el cerebro es susceptible a este tipo fundamental de ruido, entonces no es totalmente descriptible mediante algoritmos.

No soy el primero en apelar al azar de este modo. En su influyente artículo «The Imitation Game»,[12] el propio Alan Turing comentaba: «Es prudente incluir un elemento aleatorio en una máquina de aprendizaje», y citaba otro ejemplo sencillo en el que el ruido puede utilizarse para encontrar la solución a un problema de forma eficiente.

En este contexto, es interesante observar que, si se continuara la miniaturización de los transistores, los efectos de tunelización cuántica harían que los transistores dejaran de ser fiables como interruptores. Sin embargo, si consideramos que el ruido es un recurso necesario para la creatividad, llevar al menos algunos de los transistores a este régimen cuántico ruidoso, y al mismo tiempo reducir el voltaje a través de ellos, podría ser un paso importante para hacer un sistema de IA creativo capaz, por ejemplo, de idear nuevos e interesantes teoremas matemáticos.

---

11 Penrose, *The emperor's new mind*.

12 Turing, «The Imitation Game».

Puede que los futuros dispositivos de IA incluyan dos clases de chips: los convencionales, que consumen mucha energía y realizan cálculos de forma determinista, cuando el determinismo es vital (no queremos que un ordenador envíe dinero a una cuenta bancaria incorrecta, por ejemplo, porque se equivocó en el último dígito del número de cuenta), y una nueva clase de chips ruidosos de bajo consumo, que realizan cálculos de forma estocástica. La transferencia de datos entre estos chips y a la memoria se realizaría con una baja precisión numérica, utilizando las ideas de redondeo estocástico que hemos comentado.

Veamos algunas posibles consecuencias prácticas de considerar el cerebro como un órgano ruidoso que consume poca energía. Todos los días tenemos que tomar decisiones, unas 35 000 aproximadamente, según algunas fuentes. La mayoría carecen de importancia —ver la televisión esta noche o leer un libro— y apenas requieren esfuerzo. Unas pocas son importantes y requieren una cuidadosa reflexión antes de que podamos decidir qué hacer.

Si nos limitamos a caracterizar las decisiones como importantes y no importantes, probablemente la mayoría de nosotros seguimos una estrategia sencilla a la hora de tomar decisiones: dejamos que el modo de baja potencia tome la mayoría de decisiones sin importancia de nuestra vida, y que nuestro modo de alto consumo tome las restantes decisiones difíciles. Así, es evidente que no sopesamos los pros y los contras de adelantar el pie izquierdo, después de haber adelantado el derecho, mientras caminamos por la calle. En cambio, para las decisiones angustiosas, solemos exponer los pros y los contras tan cuidadosamente como podemos. Pensamos mucho en cada uno de ellos y en la importancia que les damos. En este tipo de decisiones difíciles, el modo de alto consumo trabaja duro.

Esta división de las decisiones entre los modos de bajo y alto consumo aprovecha la energía disponible en el cerebro y nos permite procesar con bastante eficacia los miles de decisiones que tomamos cada día. Esto significa que el modo por defecto que utiliza el cerebro para tomar una decisión es el de bajo consumo.

Podríamos calificar esta estrategia de «perezosa», pero, si tomáramos cada decisión utilizando nuestro modo de alto consumo energético, apenas llegaríamos a la decisión número cincuenta antes de que llegara la hora de acostarnos al final del día. Pasar la mayoría de las decisiones al modo de bajo consumo es una estrategia claramente racional.

Esto tiene algunas consecuencias. Una es que nos hace parecer irracionales, aunque creo que no lo somos. He aquí un ejemplo ya famoso de nuestra aparente irracionalidad. Un bate y una pelota cuestan 1,10 dólares. El bate cuesta un dólar más que la pelota. ¿Cuánto cuesta la pelota?

La respuesta obvia, con la que la mayoría de la gente responde intuitivamente, es 10 céntimos. Sin embargo, no es la respuesta correcta. Si la pelota costara 10 céntimos, entonces el bate costaría 1,10 dólares y el coste total sería de 1,20 dólares. La respuesta correcta es 5 céntimos.

Según Kahneman, en su libro *Thinking, Fast and Slow*, más del 50% de los estudiantes de Harvard, MIT y Princeton dieron la respuesta incorrecta. A Kahneman le chocaron estos resultados, que parecían demostrar que no somos la especie racional que creemos ser. Pero, en mi opinión, esta conclusión es errónea. Se trata de los mejores estudiantes de Estados Unidos, que tuvieron que afrontar exámenes y entrevistas altamente competitivos para llegar hasta allí. Tiene que haber una explicación más profunda.

Algunos comentaristas opinan que estos ejemplos son demasiado artificiales para extraer conclusiones útiles. Sin embargo, yo no estoy de acuerdo. Creo que la clave para resolver este dilema es pensar en la energía. La cuestión de cuánta energía se usa en tomar una decisión, o responder a una pregunta, me parece importante cuando la energía por segundo se limite a 20W.

Supongamos que me acerco a alguien por la calle y le hago la pregunta del bate y la pelota. ¿Cuánta energía estaría dispuesto a gastar para responderla? Si fuera un estudiante que se dirige a la sala de exámenes local para hacer un examen, es muy posible que no quisiese gastar nada de energía, porque no quiere agotar su cerebro antes de empezar el examen. En estas circunstancias, la respuesta racional es no contestar y responder amablemente que lo siente, pero que no tiene tiempo para responder a la pregunta.

Por otro lado, supongamos que es el profesor quien hace la pregunta durante una de sus clases: entonces habría que gastar un poco de energía en responderla. Sin embargo, si ha dicho que las respuestas serán anónimas y que no hay créditos por responder correctamente, quizá se pueda pensar que no hay razón para gastar mucha energía respondiendo a la pregunta, entre otras cosas, porque tiene otros deberes que hacer y por la que obtendrá créditos. En estas condiciones, su respuesta a la pregunta sobre el bate y la pelota bien puede ser 10 céntimos. Es la respuesta racional, dada la decisión racional de gastar solo una pequeña cantidad de energía respondiendo al problema. Es decir, es perfectamente racional dar una respuesta incorrecta.

En cambio, si te importara que la respuesta fuera correcta —por ejemplo, si fuera una pregunta de tu examen—, lo racional sería utilizar toda la energía disponible para intentar responder correctamente. Analizas la pregunta detenidamente en modo de uso intensivo de energía, y 5 céntimos sería la respuesta racional.

El problema de una estrategia basada en maximizar la eficiencia energética es que puede llevar a un sesgo en el uso del modo de bajo consumo en las decisiones ante problemas que se encuentran en un límite entre ser importantes y no serlo. Como resultado, acabamos arrepintiéndonos amargamente de algunas decisiones que tomamos con demasiada ligereza, sin prestarles suficiente cuidado y atención. Se me ocurren bastantes ejemplos en mi propia vida.

Entonces, ¿cuál es la solución a este tipo de problemas? Creo que debemos tomar conciencia de que, para muchos de nosotros, nuestro cerebro tiende a restar importancia sistemáticamente a las decisiones que se sitúan cerca de la interfaz entre ser importantes y no serlo, y las envía al modo de bajo consumo para que las resolvamos. Si somos conscientes de ello, podremos ser más sensibles a las pequeñas señales de alarma que puedan sonar y no descartarlas sin más. Entonces podremos empezar a involucrar un poco más al modo de bajo consumo en el problema. Esencialmente, se trata de aprovechar un poco más esa sinergia tan importante entre el modo de bajo consumo y el de alto consumo, la sinergia que nos convierte en la especie inteligente y creativa que somos.

Por otro lado, hay algunas decisiones que son obviamente importantes, para las que sabemos que tenemos que activar nuestro modo analítico de gran potencia. El problema entonces es otro, porque ser demasiado analítico puede paralizarnos por la indecisión. Como el burro de Buridan, atrapado entre un fardo de heno y un cubo de agua, no sabremos qué camino tomar. Así estaba yo cuando intentaba decidir si cambiaba de campo al final de mis estudios de doctorado.

Quizá aquí podamos aprender de los momentos eureka de esos eminentes científicos. Los pasos creativos en el camino hacia sus grandes descubrimientos surgieron de una sutil interacción entre los dos modos. El modo de uso intensivo de energía había llevado el proceso creativo solo hasta cierto punto. El momento eureka crucial se produjo en el modo de bajo consumo, al parecer, precisamente porque el cerebro era susceptible al ruido.

Aprender de los momentos eureka sugiere que deberíamos empezar por enumerar los pros y los contras y pensar mucho en ellos, quizá durante varios días, para estas decisiones difíciles e importantes. De hecho, tiene sentido intentar construir un conjunto de mundos en los que se den estos pros y contras. No es necesario derivar probabilidades de ese conjunto. El mero hecho de construir «argumentos» representados en cada uno de los miembros del conjunto es en sí mismo un paso importante. De hecho, la idea de los miembros del conjunto como «argumentos» plausibles está cobrando importancia en la climatología, en situaciones en las que es difícil calcular las probabilidades.[13] Pero luego debemos intentar seguir con el resto de nuestras vidas, en la medida de lo posible. Al igual que con los momentos eureka, la esperanza sería que en los momentos de relajación, nuestro lado instintivo nos dijera cuál es la decisión correcta. De nuevo, la idea es hacer un uso constructivo del ruido en el modo

---

13 Shepherd, T. G., E. Boyd, R. A. Calel *et al.* «Storylines: An alternative approach to representing uncertainty in physical aspects of climate change». *Climatic Change*, (2018): 151, 555–571.

de bajo consumo para obtener nuevas perspectivas que nuestro modo más analítico y determinista, de alto consumo, no nos ofrece.

El orden en que utilizamos los dos sistemas cognitivos es crucial. Si utilizamos primero el modo de baja consumo y llegamos a una conclusión preliminar instintiva, esto podría influir y distorsionar la forma en que realizamos el pensamiento analítico cuando utilizamos el modo de alto consumo. Aquí es donde somos susceptibles al «sesgo de confirmación»: simplemente encontramos pruebas que apoyan nuestro instinto visceral y despreciamos el resto. El modo de alto consumo no debería ser el analizador desapasionado y desinteresado de la información. Más bien, deberíamos activar el modo de bajo consumo después de haber llegado lo más lejos posible con el modo de alto consumo. Así es como se hicieron los grandes momentos eureka.

Por ejemplo, si partes de la idea de que el cambio climático es solo cosa de los abrazadores de árboles y que su importancia como problema de la humanidad es exagerada, entonces simplemente mirarás los sitios web de detractores y otras fuentes de información que apoyen esta visión instintiva. Por el contrario, si nos planteamos el problema desde la perspectiva intuitiva de que hemos contaminado el planeta con nuestras emisiones de carbono y estamos cosechando las inevitables consecuencias catastróficas, entonces es probable que solo leamos páginas web alarmistas sobre el cambio climático. Por eso creo que los informes de evaluación del IPCC son probablemente la mejor fuente desinteresada de información sobre la ciencia del clima, aunque, por desgracia, no son los más fáciles de leer. Los científicos con los que he trabajado en el IPCC no suelen tener motivaciones políticas, simplemente quieren presentar su ciencia de la forma más precisa y accesible posible.

Si hay algo esencial en todo esto es que, a la hora de tomar decisiones, ya sean relativamente poco importantes o importantes, debemos ser conscientes de las extraordinarias capacidades que tenemos cuando utilizamos esa interacción entre los modos estocásticos de baja potencia y los modos deterministas de gran potencia de nuestro cerebro, los modos que parecen ser fundamentales para convertirnos en la especie creativa e imaginativa que somos.

13

LIBRE ALBEDRÍO, CONCIENCIA Y DIOS

E n principio, parece que el cerebro es un órgano que consume poca energía. Llevemos este argumento un poco más lejos. Aparte del ruido, ¿qué otra característica física podría surgir en el cerebro como consecuencia de su eficiencia energética?

Volvamos al tema de la propagación de señales a lo largo de los largos y delgados axones de las neuronas. Como ya se ha dicho, estas señales tienen que ser reforzadas por transistores de proteínas a medida que se propagan de un extremo al otro del axón. Estos transistores son alimentados por el flujo de iones en las paredes de la membrana neuronal de los axones.

Los científicos de la Universidad de Salzburgo[1] afirman que no hay suficiente energía disponible para explicar estos caudales de iones con la física clásica de la transferencia de iones. En su lugar, han

---

1 Summhammer, J., G. Sulyok y G. Bernroider, «Quantum dynamics y non-local effects behind ion transition states during permeation in membrane channel proteins». *Entropy* (2018): 20, 558.

propuesto un proceso cuántico que hará el mismo trabajo utilizando cantidades mucho menores de energía. La idea es pensar en un ion no como una pequeña partícula, sino como una función de onda cuántica extendida. La parte delantera de la función de onda puede manipular el potencial eléctrico del canal iónico para que el resto de la función de onda se propague de forma eficiente y sin obstáculos. La escala de tiempo para que este proceso funcione tiene que ser realmente muy pequeña y es totalmente coherente con las rapidísimas escalas de tiempo de decoherencia cuántica que operan en el cerebro.

Si esto es correcto, entonces no podemos pensar en el cerebro como si fuera un ordenador clásico convencional, sino como una especie de ordenador híbrido clásico/cuántico ruidoso. ¿Qué significa esto en la práctica? El rasgo distintivo de un ordenador cuántico es que puede realizar ciertos tipos de cálculos mucho más rápido que un ordenador clásico convencional. Esto se denomina supremacía cuántica y ya se ha establecido para cálculos algo arcanos e inútiles.[2] En el capítulo 11 describí brevemente cómo la teoría del conjunto invariante podría explicar este aumento de velocidad: si las leyes de la física cuántica describen la geometría del conjunto invariante, entonces un ordenador cuántico, guiado por estas leyes geométricas, puede acceder a la información de las trayectorias vecinas en el conjunto invariante. En cambio, un ordenador clásico solo puede acceder a la información en una única trayectoria del espacio de estados, la que corresponde al mundo de la física clásica.

Como los humanos no tenemos esa prodigiosa capacidad de cálculo de los ordenadores cuánticos, es evidente que no somos ordenadores cuánticos puros. Sin embargo, quizá tengamos algunas capacidades residuales asociadas a una débil percepción cognitiva de estas trayectorias vecinas en el conjunto invariante, lo que podría llamarse un «sexto» sentido. Esto podría ayudar a explicar algunas de las diferencias entre nosotros y los ordenadores convencionales. Esta idea es especulativa, pero por el momento sigamos con ella y veamos adónde nos lleva. ¿Cómo podría manifestarse ese sexto sentido?

---

2 Wikipedia. «Supremacía cuántica» (accedido 2022): https://es.wikipedia. org/wiki/Supremac%C3%ADa_cu%C3%A1ntica

No soy el primero en proponer un papel para la física cuántica en el cerebro. Roger Penrose y Stuart Hameroff[3] han propuesto los microtúbulos del interior de las neuronas como un lugar donde tiene lugar la cognición cuántica. Quizá sea cierto, aunque no soy lo bastante experto como para tener una opinión firme al respecto. En cualquier caso, no creo que nada de lo que discuto más adelante contradiga la propuesta básica de Penrose y Hameroff. Más bien, creo que lo que propongo se basa en esas ideas.

El tema del libre albedrío es un tema que ha obsesionado a los filósofos durante milenios. El poeta persa del siglo XII Jalāl al-Dīn Rūmī escribió[4] sobre este tema: «Hay una disputa que continuará hasta que la humanidad resucite de entre los muertos, entre los necesitaristas y los partidarios del libre albedrío». Un necesitarista es un determinista, uno, como yo, que cree que las leyes de la física son en última instancia deterministas en su forma.

A lo largo de los siglos, el debate sobre el libre albedrío se ha centrado en si el determinismo es compatible con el libre albedrío. Los compatibilistas creen que, si el libre albedrío se define en términos de ausencia de restricciones que te impidan hacer lo que quieras, entonces la creencia en el libre albedrío es compatible con la creencia en el determinismo. Desde esta perspectiva, el libre albedrío no es un tema polémico. Para algunas decisiones —qué vacaciones tomar, qué coche conducir, en qué casa vivir— no soy un agente libre; las restricciones financieras limitan mi elección. Tampoco, por supuesto, soy libre para romper las leyes de la física. No tengo libertad para levantar los brazos y salir volando de una situación desagradable. Por otra parte, juego al golf los domingos por la mañana por voluntad propia; no hay limitaciones que yo conozca que me obliguen a hacerlo.

Sin embargo, los incompatibilistas creen que el libre albedrío no puede explicarse de esta manera. Para ellos, el libre albedrío denota

---

3   Wikipedia. «Reducción objetiva orquestada» (acceso 2022): https://es.wikipedia.org/wiki/Reducci%C3%B3n_objetiva_orquestada

4   Kane, *Free will.*

de algún modo una capacidad de «haber hecho esa cosa de cualquier modo». Tal capacidad parecería incompatible con el determinismo, ya que parece implicar que el mundo podría evolucionar de múltiples formas a partir de un estado dado: una forma en la que hice lo que hice y otra u otras formas en las que hice lo contrario.

No me gusta la idea de la indeterminación, aunque, como se ha mencionado, el ruido es necesario para modelar sistemas complejos a un nivel práctico. Pero eso no hace que el indeterminismo sea una teoría errónea. De hecho, uno de los argumentos clave que los incompatibilistas ponen sobre la mesa me ha hecho cuestionar en el pasado mi creencia en el determinismo. El argumento es que el determinismo socava cualquier afirmación de que somos seres morales. El filósofo Peter van Inwagen ha resumido el argumento así:[5] «Si el determinismo es cierto, entonces nuestros actos son consecuencia de las leyes de la naturaleza y de acontecimientos del pasado remoto. Sin embargo, no depende de nosotros lo que ocurrió antes de que naciéramos, ni tampoco cuáles eran las leyes de la naturaleza. Por lo tanto, las consecuencias de estas cosas (incluidos nuestros propios actos) no dependen de nosotros». Imaginemos a un hombre, condenado por asesinato, a punto de ser sentenciado. Cuando el juez pregunta al hombre si tiene algún comentario final antes de dictar sentencia, el convicto dice: «Yo no tuve elección a la hora de cometer el crimen. Ya estaba previsto que yo cometería el crimen en el momento del Big Bang». ¿Es esto suficiente para que el juez le deje libre?

Seguro que empiezas a ver el problema. ¿Deberíamos exculpar a Hitler por sus crímenes contra la humanidad porque estaba predeterminado en las condiciones cósmicas iniciales que sería un asesino de masas? El filósofo compatibilista Daniel Dennett argumenta[6] que sencillamente no podemos eximir a alguien de culpa, o incluso de alabanza, porque pensamos que no podía hacer otra cosa. Dennett cita a Martín Lutero, que inició la Reforma protestante, con la frase:

---

5   van Inwagen, P. «The incompatibility of free will and determinism». En R. Kane. Blackwell, *Free will* (2002)

6   Dennett, D. «I could not have done otherwise—so what?». *The Journal of Philosophy* (1984): vol. 81, no 10, p. 553-565.

«Aquí estoy, no puedo hacer otra cosa». Según Dennett, Lutero estaba asumiendo toda la responsabilidad por actuar por propia voluntad, signifique lo que signifique el libre albedrío.

A pesar de ser compatibilista como Dennett, no creo que el argumento moral contra el determinismo pueda ser simplemente barrido como afirma Dennett. Se trata de una cuestión sobre la que existe una vasta literatura a la que no puedo hacer justicia aquí. En su lugar, simplemente voy a intentar añadir algo a la discusión, basándome en las ideas de la geometría del caos.

De hecho, quiero centrarme en una cuestión que no veo que se aborde mucho en los debates sobre el libre albedrío, pero que creo que es importante. ¿Por qué la gente siente con tanta fuerza, tan visceralmente, que podría haber hecho otra cosa? Lo siento cada domingo por la mañana cuando juego al golf, cuando casi siempre vuelvo a casa decepcionado con mi esfuerzo. Me reprendo a mí mismo con pensamientos como «Si no me hubiera precipitado en mi swing en la sexta, no habría golpeado la bola fuera de límites por la izquierda». Y, sin embargo, soy un determinista desvergonzado, para quien la idea de que podría haber hecho otra cosa —que podría no haber precipitado mi swing en la sexta— no tiene sentido. Es como si mi modo de alto consumo y mi cuidadoso modo analítico de pensar dijeran: «La idea de que podría haber hecho otra cosa no tiene sentido». Sin embargo, mi modo de pensamiento intuitivo de baja potencia dice: «¡Oh, sí que lo tiene!». Entonces, ¿qué está pasando aquí? Los ordenadores, supongo, no tienen estos sentimientos. ¿Por qué nosotros sí?

Este problema no se resuelve con el indeterminismo. Si fuera el azar en las leyes de la física lo que me hizo hacer lo que hice, eso no explicaría por qué siento tan fuertemente que podría haber hecho otra cosa. Parece que el problema trasciende la cuestión del determinismo frente al indeterminismo.

Quizá haya una explicación sencilla. Tenemos recuerdos de ocasiones pasadas en las que, en circunstancias similares, hicimos lo contrario, por ejemplo, cuando no nos precipitamos en nuestros golpes de golf. ¿La sensación de que podríamos haber hecho otra cosa no es más que el reflejo de esos recuerdos de ocasiones anteriores similares?

Aunque es una explicación posible, no me convence. Y, lo que es más importante, no creo que convenza a quienes tienen la firme creencia de que podrían haber hecho otra cosa. Por tanto, no creo que esto explique la naturaleza visceral de la creencia en el libre albedrío.

He aquí otra forma posible de enfocar la cuestión. Supongamos que nuestra cognición está influida por el yin y el yang de la física cuántica, como se describe en el capítulo 11. En concreto, supongamos que tenemos cierta cognición de los mundos contrafactuales vecinos[7] en el conjunto invariante (las hebras de cuerda de la Fig. 44a que están cerca de la hebra de cuerda correspondiente a nuestra realidad actual). Estas trayectorias vecinas corresponden a los mundos en los que hicimos algo distinto de lo que realmente hicimos. Con una percepción débil de estos mundos vecinos, el cerebro los interpretaría como una capacidad de haber hecho otra cosa. Mi sugerencia es que es nuestra débil percepción de estos mundos vecinos —relacionada con el hecho de que la eficiencia energética exige que la física cuántica opere en el cerebro— lo que nos da esta sensación extraordinariamente visceral de que podríamos haber hecho otra cosa, aunque en realidad no podríamos haber hecho otra cosa. Un ordenador puramente clásico nunca podría experimentar esto, por supuesto. Yo diría que un ordenador cuántico experimenta esto mucho más intensamente cada vez que realiza un cálculo no clásico.

Todo esto tiene un corolario. Podría ser que nuestra percepción de estos mundos vecinos sea lo suficientemente débil como para que seamos incapaces de distinguir entre trayectorias vecinas que se encuentran en el conjunto invariante y trayectorias hipotéticas que se encuentran en los huecos fractales del conjunto invariante. Si esto es correcto, nuestro cerebro extiende el sentimiento «podríamos haber hecho otra cosa» a todos los mundos contrafactuales, independientemente de si satisfacen o no el postulado del conjunto invariante. Como se analiza en el capítulo 11, en contextos cuánticos, esto puede ser a veces un razonamiento erróneo. Sin embargo, quizá nuestro sexto sentido no esté lo suficientemente afinado como para distinguir trayectorias vecinas dentro y fuera del conjunto invariante.

---

7   Se trataría de vecindades p-ádicas, como se muestra en la Fig. 44.

Por eso, en mi opinión, la física cuántica a veces puede parecer tan extraña en un plano intuitivo. Las teorías de la causalidad contrafactual[8] —los modelos del mundo que permiten un uso más o menos ilimitado del razonamiento contrafactual— deben, por tanto, tratarse con extrema cautela. Aunque parezcan razonables, pueden no serlo, sobre todo cuando se utilizan para describir la física cuántica.

Volvamos al enigma más importante, la dificultad de explicar cómo, bajo el determinismo, podemos tener un sentido de la responsabilidad moral. Recordemos al hombre condenado por asesinato, a punto de ser sentenciado. Acaba de decir al juez que no tuvo elección a la hora de cometer o no el crimen, simplemente porque ya estaba determinado lo que haría en el momento del Big Bang.

Sin embargo, el juez (pongamos por caso) ha leído este libro y responde al acusado:

—Me temo que lo que ocurrió en el momento del Big Bang no es relevante. Tus acciones están determinadas por la geometría del conjunto invariante cosmológico.

El condenado responde inmediatamente, como el juez sospechaba que haría:

—De acuerdo. Si las condiciones iniciales cosmológicas no me hicieron hacerlo, entonces el conjunto invariante me hizo hacerlo.

No me importa, el argumento sigue siendo el mismo. Pero ahora el juez puede dar el golpe de gracia:

—No es lo mismo. Tú formas parte del conjunto invariante. Tu comportamiento determina la geometría del conjunto invariante tanto como la geometría del conjunto invariante determina tu comportamiento. Es decir, tienes cierta responsabilidad moral por lo que has hecho, ¡a pesar del determinismo!

El condenado se queda estupefacto. ¿Qué quiere decir el juez? Aquí hay algo muy importante que hay que desentrañar.

En la física clásica, por ejemplo, como se expone en los capítulos 1 a 3, tratamos las condiciones iniciales como algo completamente separado de las leyes dinámicas de la física que hacen evolucionar los sistemas en el tiempo. En comparación con otros estados del

---

8 Pearl, J. *Causality*.

universo, las condiciones iniciales del Big Bang se consideran fundamentales para determinar, junto con las leyes dinámicas, cómo evolucionará el universo. Por eso Inwagen se refiere a las condiciones del pasado remoto.

Sin embargo, en la teoría de conjuntos invariantes, las condiciones iniciales y las leyes dinámicas no son independientes entre sí: ambas están supeditadas a la geometría del conjunto invariante fractal. Por ello, las condiciones iniciales del Big Bang no son más fundamentales que cualquier otro estado del conjunto invariante. Como tal, el conjunto invariante es atemporal: ningún punto del conjunto invariante, correspondiente a un estado del universo en un momento determinado, es más fundamental que cualquier otro punto.

El físico estadounidense John Archibald Wheeler formuló un aforismo de la teoría de la relatividad general de Einstein. Dijo de la relatividad general que «[la geometría del] espacio-tiempo le dice a la materia cómo moverse, y la materia le dice al espacio-tiempo cómo curvarse». Me gusta pensar en el postulado del conjunto invariante de un modo muy similar. Es decir, podemos decir que la geometría del conjunto invariante le dice a la materia cómo evolucionar en el tiempo, mientras que la materia le dice al conjunto invariante cómo configurarse. Pero nosotros formamos parte de la materia que evoluciona en el tiempo en el conjunto invariante, y cómo evolucionamos en el tiempo describe en parte nuestro comportamiento. Por tanto, podemos decir de forma autorreferencial que la geometría del conjunto invariante determina cómo nos comportamos, mientras que nuestro comportamiento determina la geometría del conjunto invariante.

Esta es la dualidad a la que se refiere el juez. El argumento «el conjunto invariante me obligó a hacerlo», aunque cierto, es incompleto. La otra parte del argumento es que lo que hacemos determina la geometría del conjunto invariante. Eso puede sonar como si hubiéramos abandonado la noción de determinismo. Pero, en realidad, lo único que abandonamos es la noción de que nuestro comportamiento es el de un autómata computacional. Podemos recurrir a la discusión del capítulo 2, según la cual un conjunto invariante fractal es algorítmicamente indecidible. En consecuencia, cualquier intento de emular computacionalmente nuestro comportamiento debe ser inherentemente estocástico. En este sentido, no somos autómatas descerebrados: tenemos responsabilidad moral. Esto es totalmente coherente con la afirmación de Penrose de que las mentes conscientes no son algorítmicas.

Esta podría ser una explicación plausible de por qué el determinismo no nos exime de responsabilidad moral.

Al igual que el libre albedrío, el significado de la conciencia sigue desconcertándonos. E igual que el libre albedrío, la bibliografía sobre este tema es muy amplia y requeriría un libro aparte para revisarla. En los últimos años, por ejemplo, se ha desarrollado una teoría de la conciencia basada en lo que se denomina «teoría de la información integrada»[9] —cuanta más supuesta información integrada tenga un sistema, más se dice que el sistema es consciente—. Al igual que en el caso del libre albedrío, no pretendo cuestionar estas teorías, sino simplemente preguntarnos si la geometría del caos podría aportar algo a las mismas.

Aquí quiero centrarme en dos aspectos de este problema. El primero es cómo la geometría del caos podría ayudar a definir la conciencia de forma objetiva. El segundo es saber cómo, incluso en principio, algo como la conciencia podría surgir de una colección de partículas elementales inanimadas. A mucha gente le parece inverosímil que las obras de Mozart, Shakespeare y Einstein pudieran surgir de semejante colección de partículas. Siguiendo las ideas formuladas por Platón y Descartes, tal vez existan realmente dos mundos diferentes: el mundo físico y el mundo espiritual. Como físico, me costaría aceptar esa idea, ya que implicaría que hay un aspecto central del mundo que no puede estudiarse con el método científico. Por supuesto, podría ser el caso, pero actualmente no me siento inclinado a renunciar a la idea de que la ciencia puede explicar tales

---

9 Wikipedia. «Teoría de la información integrada» (acceso 2022): https://es.wikipedia.org/wiki/Teor%C3%ADa_de_la_informaci%C3%B3n_integrada

asuntos. No obstante, comprendo perfectamente por qué la idea de la aparición de criaturas creativas conscientes a partir de partículas elementales parece completamente inverosímil. Como dijo un colega científico: ¿sabían de algún modo los electrones y protones del cerebro que Mozart era un compositor superior a Mendelssohn (o los Beatles a los Rolling Stones, en mi lenguaje)?

Sin embargo, quizá este escepticismo sobre la aparición de la conciencia a partir de partículas elementales no refleje tanto el ámbito de aplicabilidad del método científico como el escepticismo sobre el reduccionismo metodológico —que lo «más pequeño» sea necesariamente «más fundamental»—, que sin duda forma parte del credo de la ciencia contemporánea. En el capítulo 11, argumenté que ese reduccionismo metodológico nos está llevando a varios problemas al intentar comprender la naturaleza de las partículas elementales. Para entender estas partículas, argumenté, es necesario considerar, como igualmente fundamental, la estructura del universo en las escalas más grandes de espacio y tiempo. Este es un mensaje clave del postulado del conjunto invariante.

¿Podría el mismo tipo de argumento descendente ayudar también a explicar el misterio de la conciencia? Intentemos ser un poco más concretos. En lugar de preguntar: «¿Qué es la conciencia?», permítanme preguntar: «¿Qué significa ser consciente de algo concreto?».

Si levanto la vista de la pantalla del portátil, lo primero que veo es un cactus en una maceta blanca que mi hijo nos compró a mi mujer y a mí como regalo por nuestro aniversario de boda (qué detalle por su parte, ¿verdad?). La maceta está en el alféizar de la ventana, justo detrás de mi escritorio. A su lado hay un pequeño reloj, también en el alféizar, a poca distancia del cactus.

Cuando estoy concentrado en la pantalla de mi portátil, intentando pensar qué escribir a continuación, no soy consciente en absoluto ni del cactus ni del reloj, aunque estén en mi campo de visión. Es decir, aunque los fotones del sol reboten en el cactus y entren en mi cerebro, no soy consciente del cactus. Según el modelo de mundo que tiene mi cerebro, cuando estoy concentrado en la pantalla del portátil, el mundo es simplemente la pantalla del portátil y un conjunto indiferenciado de otros objetos. Según este modelo, ni el cactus ni el reloj tienen una existencia independiente el uno del otro, ni del resto del mundo.

Por otro lado, si dejo de escribir y miro al frente, quizá esperando algo de inspiración, entonces, y solo entonces, puede que sea consciente del cactus. Mi modelo del mundo incluye ahora un cactus, y quizá un reloj, y el resto del mundo exterior.

¿Qué es lo que ocurre? Me parece que solo cuando soy consciente del cactus y del reloj percibo que tienen una existencia independiente entre sí y de los demás objetos del universo. ¿Qué significa esto? Bueno, como con tantas otras cosas en este libro, pensemos en el cactus y el reloj como dos objetos en el espacio de estados «cactus-reloj». Si estamos atribuyendo al cactus una existencia independiente del reloj, significa que es posible, al menos en principio, que la posición del cactus pueda alterarse independientemente de la del reloj en el espacio de estados «cactus-reloj». Ahora, cuando (muy de vez en cuando) limpio el alféizar de la ventana de mi estudio, muevo el cactus con respecto al reloj. Tal vez mi sensación de que el cactus tiene una existencia independiente del reloj provenga de un recuerdo de haber movido el cactus con respecto al reloj durante esos momentos de limpieza de ventanas.

Sin embargo, quizá haya otra explicación. Tal vez mi sexto sentido, el que me dio esa sensación visceral de libre albedrío, también podría explicar esta noción del cactus como un objeto con una existencia independiente. Argumenté que nuestra sensación visceral de libre albedrío surge de una percepción de trayectorias en el conjunto invariante que están cerca de la trayectoria en la que evolucionamos. En estas trayectorias cercanas, «hice otra cosa». Del mismo modo, en las trayectorias cercanas del conjunto invariante, la posición del cactus puede variar con respecto al reloj. Tal vez la diferencia de posición relativa en las trayectorias vecinas sea ínfima, pero sea suficiente para que yo perciba que el cactus y el reloj son objetos independientes, tanto entre sí como con respecto al mundo exterior en general. Es el yin y el yang cuántico de las trayectorias reales y contrafactuales en el conjunto invariante una vez más.

Me recuerda a una función de las cámaras de los *smartphones* que permite a la cámara grabar un pequeño fragmento de película

—solo una fracción de segundo—, antes de la foto fija. Cuando ves la foto, también ves la breve secuencia de vídeo que la precede. Aunque la película solo dura una fracción de segundo, hace que los objetos de la foto estática parezcan mucho más reales. Es una especie de realidad aumentada que la foto por sí sola no tiene.

En resumen, estoy sugiriendo que ser consciente de un objeto es ser consciente de que el objeto tiene una existencia independiente del resto del mundo. Especulo que esta conciencia es en sí misma consecuencia de dos afirmaciones: que, por razones de eficiencia energética, la física cuántica desempeña un papel en la cognición, y que las leyes de la física cuántica en su forma más fundamental describen la geometría del conjunto invariante cosmológico. Esta conciencia nos da un sentido visceral aumentado de la realidad que no tienen los meros recuerdos.

Teniendo esto en cuenta, volvamos a la cuestión de qué nos distingue de los sistemas de IA. En el capítulo anterior concluimos que el ruido en el cerebro es una parte necesaria de la respuesta. Pero ¿es suficiente? ¿Es la conciencia una parte necesaria de la comprensión, como sostiene Penrose que debe ser? No lo sé con certeza, pero si es así, el desarrollo de una IA creativa requerirá una estrecha sinergia entre la computación cuántica y la clásica, además de la sinergia comentada en el capítulo anterior entre la computación de alto consumo y la clásica de bajo consumo. Si esto es así, nos queda un largo camino por recorrer antes de crear máquinas verdaderamente inteligentes. La «singularidad», el día en que las máquinas tomen completamente el control, probablemente no esté a unos pocos años vista, como creen algunos comentaristas; faltan muchas décadas, potencialmente siglos. Necesitaremos nuestros cerebros creativos durante bastante tiempo.

En la última parte de este capítulo final, quiero tratar algo que sería tabú en un artículo científico: relacionar las ideas que he estado exponiendo sobre la incertidumbre y la geometría del caos con los conceptos de espiritualidad y religión.

La idea de que los seres humanos somos algo más que un conjunto de átomos inanimados es sin duda una respuesta comprensible a la idea de que las leyes de la física son ecuaciones matemáticas indiferentes y el universo es vasto e impersonal. Si se pudiera demostrar que el ser humano es una propiedad emergente de la ecuación de Schrödinger, tendríamos que admitir que la espiritualidad no es más que un accesorio para afrontar los retos de la vida, sin nada más profundo que sustente la ecuación de Schrödinger. Pero la ciencia no puede demostrar tal cosa; ni de lejos.

De la espiritualidad surge el concepto de un dios bondadoso, un creador supremo y a la vez personal. Muchos de los que creen en un dios así lo hacen porque buscan un propósito para la vida. La idea de que cada uno de nosotros no es más que una fluctuación termodinámica aleatoria con una vida media de unas tres decenas de años puede hacer que nuestras vidas parezcan más bien inútiles. Según los modelos cosmológicos contemporáneos con energía oscura fija, la humanidad solo es un parpadeo infinitesimal cerca del principio del universo, después del cual no ocurre nada en absoluto. Es como si todas las maravillas de la naturaleza, las obras de Einstein, Shakespeare, los Beatles y Beethoven, no contaran literalmente para nada: son irrelevantes para el estado totalmente diluido del universo que dominará casi toda su existencia. Como científico desapasionado, quizá debería simplemente encogerme de hombros y decir que así son las cosas, pero es un escenario tan deprimente… Si estuviéramos realmente seguros de que el universo evolucionará así, ¿para qué molestarse en hacer nada? Para qué molestarse en tener hijos: solo se prolonga la agonía. ¿Por qué molestarse en escribir este libro, si no es para pasar el rato? No es de extrañar que muchas personas busquen una razón más significativa para vivir.

El concepto de un dios, con el que pasaremos la eternidad después de morir, es algo reconfortante, aunque la idea de pasar una cantidad infinita de tiempo en perfecta felicidad suena como si pudiera aburrir un poco después de un tiempo (solo hay un número determinado de rondas de golf que puedes jugar en las que tú y tus compañeros de juego anotáis veinte bajo par antes de que el juego se vuelva tedioso). Pero dejando a un lado estos detalles, el concepto de una vida después de la muerte es especialmente atractivo, ya que ofrece la oportunidad de conocer a los seres queridos que partieron de la vida antes que tú. Como científicos, podemos burlarnos de tales opiniones por su ingenuidad o por su pintoresco carácter antropomórfico (Dios como un anciano sabio con barba blanca, por ejemplo). Sin embargo, lo cierto es que existen muchas incertidumbres profundas sobre la naturaleza de la realidad física. Aquí hemos tratado algunas de ellas. ¿Cómo pueden los científicos rechazar las opiniones sobre la religión y la espiritualidad cuando sus propias teorías están plagadas de incertidumbres tan profundas?

En la ciencia insistimos en las pruebas y revisamos las creencias cuando estas cambian. En la religión se pide tener fe sin pruebas convincentes. Desde este punto de vista, ciencia y religión parecen incompatibles. Sin embargo, a menudo no es tan sencillo. Tanto los científicos como los no científicos se preguntan por el sentido de sus vidas. ¿Somos meras fluctuaciones aleatorias irrelevantes en un universo destinado a una anodina muerte por calor, o tienen nuestras vidas algún propósito más profundo? De hecho, ¿podríamos desempeñar colectivamente un papel importante en la evolución del universo? La ciencia no puede responder a estas preguntas, por lo que la gente busca respuestas en otros lugares. Teniendo esto en cuenta, tal vez la geometría del caos también pueda aportar nuevos conocimientos sobre estas cuestiones y, al hacerlo, ayudar a salvar la brecha que existe entre ciencia, espiritualidad y religión.

Por ejemplo, en el modelo del conjunto invariante cosmológico, existe una vida después de la muerte. Nosotros y nuestros seres queridos volveremos en épocas futuras del universo en trayectorias en el espacio de estados cercanas a la actual, pero ninguna exactamente igual a la actual. Tendremos la oportunidad de no volver a cometer los mismos errores. Del mismo modo, es probable que esta vez echemos a perder algunos de los éxitos que hemos conseguido en nuestras vidas. Tal vez la próxima vez sea mejor, tal vez sea peor. ¿Quién sabe? Eso lo hace todo muy emocionante y algo que esperar con impaciencia (podría decirse que mucho más emocionante que un futuro de dicha y felicidad perfectas). Para cada época habrá un más allá: el número de trayectorias en el conjunto invariante cosmológico no tiene fin.

De hecho, como alguien que rechazó la religión católica de su infancia,[10] en mis momentos más metafísicos tiendo a pensar en el conjunto invariante cosmológico como una alternativa lógica al dios de mis primeros años. Cada punto del conjunto es una síntesis de todo lo que es, ha sido y será, incluso de todo lo que podría ser, podría haber sido y podría ser en el futuro. Es una estructura omnisciente: sabe qué estados del universo son físicamente reales y cuáles no, aunque nosotros, limitados por la noción de decidibilidad algorítmica, no podamos saberlo. Además, el conjunto invariante se encuentra completamente fuera de las limitaciones del tiempo: como entidad es literalmente atemporal.[11] ¿Escucha el conjunto invariable si le rezamos? Bueno, nuestras esperanzas, aspiraciones y, de hecho, nuestras plegarias forman parte del proceso autorreferencial del que hemos hablado antes en este capítulo, el proceso que nos dio la responsabilidad moral, así que, en cierto sentido, la respuesta es sí.

Como se ilustra en la Fig. 6, el atractor de Lorenz se parece a una mariposa. Esto es casualmente apropiado, ya que al estudiar este atractor, Lorenz descubrió el efecto mariposa. Si por fin pudiéramos construir una imagen de la geometría fractal global del conjunto invariante cosmológico, algo que no he sido capaz de hacer, y que de hecho no será posible hacer precisamente porque tal conjunto es algorítmicamente indecidible, ¿qué aspecto tendría? Bueno, como objeto multidimensional tendría muchas apariencias diferentes dependiendo de qué dimensiones del espacio de estados decidiéramos sondear. ¿A qué corresponderían esas diferentes apariencias?

¿Quizá al rostro polifacético de Dios? Parece una idea intrigante. Pero, por supuesto, tengo mis dudas.

---

10 A mí me enseñaron los jesuitas. Todavía recuerdo que me enseñaron una de sus pruebas de Dios. «Levanten la mano los que hayan estado en Australia», dijo el sacerdote. Nadie levantó la mano. «Que levanten la mano los que dudan de la existencia de Australia». Nadie levantó la mano. «Ya está», concluyó el cura. «No hace falta ver físicamente algo para creer en ello». Si algún jesuita lee mi libro, aunque no esté de acuerdo con mis comentarios sobre Dios, probablemente reconocerá el tipo de lógica que he empleado. En este sentido, su estilo de enseñanza está arraigado en mí de manera muy profunda.

11 Como lo es la llamada ecuación de Wheeler-DeWitt para la cosmología cuántica.

BIBLIOGRAFÍA

Abraham, R. H. y C. D. Shaw. *Dynamics: The geometry of behavior: Part 2: Chaotic behavior*. Aerial Press, Inc., 1984.

Aspect, A., P. Grangier y G. Roger. «Experimental tests of realistic local theories via Bell's theorem». *Physical Review Letters* 47 (1981): 460–463.

Barabási, A.-L., *Network science*. Cambridge: Cambridge University Press, 2016.

Barbour, J. *The Janus point: A new theory of time*. Vintage Publishing, 2020.

Barnsley, M. F. *Superfractals*. Cambridge: Cambridge University Press, 2006.

Becker, A., *What is real?* New York: Basic Books, 2018.

Bell, J. S. «On the Einstein-Rosen paradox». *Physics* 1 (1964): 195–200.

Bell, J. S. *Speakable and unspeakable in quantum mechanics*. Cambridge: Cambridge University Press, 1993.

Blum, L., F. Cucker, M. Shub y S. Smale. *Complexity and real computation*. Springer, 1998.

Bohm, D. y B. J. Hiley. *The undivided universe*. Routledge, 1993.

Bookstaber, R. *The end of theory*. Princeton University Press, 2017.

Cane, M., S. E. Zebiak y S. C. Dolan. «Experimental forecasts of El Niño». *Nature* 321 (1986): 827–832.

329

Catani, L., M. Leifer, S. Schmid y R. W. Spekkens. «Why interference phenomena do not capture the essence of quantum theory». *Quantum* 7 (2023): 1119.

Clauser, J. F. y M. A. Horne. «Experimental consequences of objective local theories». *Physical Review D* 10 (1974): 526–535.

Clauser, J. F., M. A. Horne, A. Shimony y R. A. Holt. «Proposed experiments to test local hidden-variable theories». *Physical Review Letters* 23 (1969): 880–884.

Claxton, G. *Hare brain, tortoise mind. Why intelligence increases when you think less.* Fourth Estate, 1998.

Cleese, J. *Creativity: A short and cheerful guide.* Penguin, 2021.

Colin, J., R. Mohayaee, M. Rameez y S. Sarkar. «Evidence for anisotropy of cosmic acceleration». *Astronomy and Astrophysics* 631 (2019): L13.

Garvey, Alice, *et al.* «Climate ambition and respective capabilities: are England's local emissions targets spatially just?». *Climate Policy* 23 (2023): 989-1003.

Dennett, D. «I could not have done otherwise—so what?». *The Journal of Philosophy* 81 (1984): 553-565.

Dube. S. «Undecidable problems in fractal geometry». *Complex Systems* 7 (1993): 423–444.

Edeling, W., *et al.* «The impact of uncertainty on predictions of the CovidSim epidemiological code». *Nature Computational Science* 1 (2021): 128-135.

Epstein, E. S. «Stochastic-dynamic prediction». *Tellus* 21 (1969): 739–759.

Faisal, A., L. P. J. Selen y D. M. Wolpert. «Noise in the nervous system». *Nature Reviews Neuroscience* 9 (2008): 292–303.

Feynman, R. *The pleasure of finding things out: The best short works of Richard P. Feynman.* Basic Books, 1999.

Gabaix, X., D. Laibson, A. Caplin y A. Schotter. «The seven properties of good models». En Andrew Caplin y Andrew Schotter. *The foundations of positive and normative economics.* Oxford University Press, 2008.

Gill, Amit, *et al.* «High-performance computing implementations of agent-based economic models for realizing 1: 1 scale simulations of large economies». *IEEE Transactions on Parallel and Distributed Systems* 32 (2021): 2101-2114.

Gleick, J. *Chaos: Making of a new science*. Penguin, 1987.

Gleick, J. *Genius: The life and science of Richard Feynman*. Open Road, 1992.

Haldane, A. G. y A. E. Turrell. «An interdisciplinary model for macroeconomics». *Oxford Review of Economic Policy* 34 (2018): 219–251.

Hance, *Experimental tests of invariant set theory*. arXiv preprint arXiv:2102.07795, 2021.

Hausfather, Z., H. F. Drake, T. Abbott y G. A. Schmidt. «Evaluating the performance of past climate model projections». *Geophysical Research Letters* 47 (2020): e2019GL085378.

Herrmann, H. A. y J.-M. Schwartz. «Why COVID-19 models should incorporate the network of social interactions». *Physical Biology* 17 (2020): 065008.

Horel, J. D. y J. M. Wallace. «Planetary scale phenomena associated with the Southern Oscillation». *Monthly Weather Review* 109 (1981): 813–829.

Hossenfelder, S. *Perdidos en las matemáticas: Cómo la belleza confunde a los físicos*. Ariel, 2018.

Hossenfelder, S. y T. Palmer. «Rethinking superdeterminism». *Frontiers in Physics* 8 (2020): doi: 10.3389/fphy.2020.00139.

Isham, C. J., R. Penrose y D. W. Sciama. *Quantum gravity: An Oxford symposium*. Clarendon Press, Oxford, 1975.

Kahneman, D. *Thinking, fast and slow*. Penguin, 2011.

Kane, R. «Introduction». En R. Kane. Blackwell. *Free will* (2002): 222-48.

Kay, J. y M. King. *Radical uncertainty: Decision making for an uncertain future*. W. W. Norton and Co, 2020.

Krebs, J., M. Hassell y C. Godfray. «Lord Robert May of Oxford OM». *Biographical Memoirs of Fellows of the Royal Society* 71 (2021): 375– 398.

Kwasniok, F. «Enhanced regime predictability in atmospheric low-order models due to stochastic forcing». *Philosophical Transactions of the Royal Society* 372 (2014): 20130286.

Liewald, D., R. Miller, N. Logothetis, H.-J. Wagner y A. Schüz. «Distribution of axon diameters in cortical white matter: An electron microscopic study on three human brains and a macaque». *Biological Cybernetics* 108 (2014): 541–557.

Lorenz, E. N. «Deterministic non-periodic flow». *Journal of Atmospheric Science* 20 (1963): 130–141.

Lorenz, E. N. «The predictability of a flow which possesses many scales of motion». *Tellus* 3 (1969): 290–307.

Lorenz, E. N. *La esencia del caos.* Debate, 1995.

Lovelock, J. *La venganza de la Tierra: La teoría de Gaia y el futuro de la humanidad.* Barcelona: Booket, 2020.

Lynch, P. y X.-Y. Huang. «Initialization of the HIRLAM model using a digital filter». *Monthly Weather Review* 120 (1992): 1019–1034.

Manabe, S. y R. T. Wetherald. «The effect of doubling CO_2 concentration on the climate of a general circulation model». *Journal of Atmospheric Sciences* 32 (1975): 3–15.

Mandelbrot, B. B. *The (mis)behaviour of markets: A fractal view of risk, ruin and reward.* Penguin Books, 2008.

May, R. M. «Simplified mathematical models with very complicated dynamics». *Nature* 261 (1976): 451–467.

Murphy, J. M. y T. N. Palmer. «Experimental monthly long-range forecasts for the United Kingdom. A real-time long-range forecast by an ensemble of numerical integrations». *Meteorological Magazine* 115 (1986): 337–349.

Oreskes, N. y E. M. Conway. *Merchants of doubt.* Bloomsbury Publishing, 2011.

Palem, K. «Inexactness and a future of computing». *Philosophical Transactions of the Royal Society A* 372 (2014): 20130281.

Palmer, Timothy Noel. «Covariant conservation equations and their relation to the energy-momentum concept in general relativity». *Physical Review D* 18 (1978): 4399.

Palmer, T. N. «Conservation equations and the gravitational symplectic form». *Journal of Mathematical Physics* 19 (1978): 2324-2331.

Palmer, T. N. «A local deterministic model of quantum spin

measurement». *Proceedings of the Royal Society A* 451 (1995): 585–608.

Palmer, T. N. «The invariant set postulate: A new geometric framework for the foundations of quantum theory and the role played by gravity». *Proceedings of the Royal Society A* 465 (2009): 3165–3185.

Palmer, T. N. «Build imprecise supercomputers». *Nature* 526 (2015): 32–33. doi: 10.1038/526032a.

Palmer, T. N. *A gravitational theory of the quantum.* arXiv preprint arXiv:1709.00329, 2017.

Palmer, T. N. «Stochastic weather and climate models». *Nature Reviews Physics* 1 (2019): 463-471.

Palmer, T. N. «Resilience in the developing world benefits everyone». *Nature Climate Change* 10 (2020): 794–795.

Palmer, T. N. «Discretisation of the Bloch sphere, fractal invariant sets and Bell's theorem». *Proceedings of the Royal Society A* 476 (2020): 20190350.

Palmer, T. N. «Bell's theorem, non-computability and conformal cyclic cosmology: A top-down approach to quantum gravity». *AVS Quantum Science* 3 (2021).

Palmer, T. N. «Discretised Hilbert space and superdeterminism. *ArXiv preprint.* arXiv:2204.05763. 2022.

Palmer, T. N. *et al.* «Development of a European multimodel ensemble system for seasonal-to-interannual prediction (DEMETER)». *Bulletin of the American Meteorological Society* 85 (2004): 853-872.

Palmer, T. N., A. Döring y G. Seregin. «The real butterfly effect». *Nonlinearity* 27 (2014): R1234–R141.

Palmer, T. N. y M. O'Shea. «Solving difficult problems creatively: A role for energy optimised deterministic/stochastic hybrid computing». *Frontiers in Computational Neuroscience* 9 (2015): 124.

Palmer, T. N. y B. Stevens. «The scientific challenge of understanding and estimating climate change». *Proceedings of the National Academy of Science* 116 (2019): 24390–24395.

Paltridge, G. W. «The steady-state format of global climate».

Quarterly Journal of the Royal Meteorological Society 104 (1978): 927–945.

Paxton, E. Adam, *et al.* «Climate modeling in low precision: Effects of both deterministic and stochastic rounding». *Journal of Climate* 35 (2022): 1215-1229.

Pearl, J. *Causality.* Cambridge University Press, 2009.

Penrose, R. *The emperor's new mind.* Oxford University Press, 1989.

Penrose, R. *The large, the small and the human mind.* Cambridge University Press, 1997.

Penrose, R. *The road to reality.* Jonathan Cape, 2004.

Penrose, R. *Cycles of time: An extraordinary new view of the universe.* Vintage, 2010.

Poincaré, H. *The foundations of science: Science and hypothesis, the value of science, science and method.* Andesite Press, 1904.

Poledna, Sebastian, *et al.* «Economic forecasting with an agent-based model». *European Economic Review* 151 (2023): 104306.

Rae, A. *Quantum physics: Illusion or reality?* Cambridge University Press, 1986.

Rauch, D., J. Handsteiner, A. Hochrainer *et al.* «Cosmic Bell test using random measurement settings from high-redshift quasars». *Physical Review Letters* 121 (2018): 080403. doi: 10.1103/PhysRevLett.121.080403.

Roe, G. H. y M. B. Baker. «Why is climate sensitivity so unpredictable?». *Science* 318 (2007) 629–632.

Rolls, E. T. y G. Deco. *The noisy brain.* Oxford University Press, 2010.

Rössler, O. E. «An equation for continuous chaos». *Physics Letters A* 57 (1976): 397–398. doi: 10.1016/0375-9601(76)90101-8.

Shepherd, T. G., E. Boyd, R. A. Calel *et al.* «Storylines: An alternative approach to representing uncertainty in physical aspects of climate change». *Climatic Change* 151 (2018): 555–571.

Shukla, J. «Dynamical predictability of monthly means». *Journal of the Atmospheric Sciences* 38 (1981): 2547–2572.

Singh, S. *Fermat's last theorem.* Fourth Estate, 1997.

Steinhardt, P. J. y N. Turok. *The endless universe.* Phoenix, 2007.

Stern, N. *Why are we waiting?* The MIT Press, 2015.

Stewart, I. *Does God play dice?* Penguin Books, 1997.

Stewart, I. «The Lorenz attractor exists». *Nature* 406 (2000): 948–949.

Summhammer, J., G. Sulyok y G. Bernroider, «Quantum dynamics and non-local effects behind ion transition states during permeation in membrane channel proteins». *Entropy* 20 (2018): 558.

Thurner, S., J. Doyne Farmer y J. Geanakoplos. «Leverage causes fat tails and clustered volatility». *Quantitative Finance* 12 (2012): 695–707.

Turing, A. M., Conferencia en la London Mathematical Society el 20 febrero 1947. En E. Carpenter y R. W. Doran *A. M. Turing's ACE report of 1946 and other papers*. MIT Press, 1947.

Turing, A. M. «The imitation game». *Mind* 59 (1950): 433–460.

Vallin, R. W. *The elements of Cantor sets*. Wiley, 2013.

van Inwagen, P. «The incompatibility of free will and determinism». En R. Kane. *Free will*. Blackwell, 2002.

Viscusi, W. K. *Pricing lives: Guideposts for a safer society*. Princeton University Press, 2018.

Webster, P. J. *Dynamics of the tropical atmosphere and oceans*. Wiley-Blackwell, 2020.

Webster, Peter J., *et al.* «Extended-range probabilistic forecasts of Ganges and Brahmaputra floods in Bangladesh». *Bulletin of the American Meteorological Society* 91 (2010): 1493-1514.

Wolfram, S. *A new kind of science*. Wolfram Media, 2002.

Woollings, T. *Jet stream: A journey through our changing climate*. Oxford University Press, 2019.

Este libro se terminó de imprimir en el mes de agosto de 2024
en Industria Gráfica Anzos, S. L. U. (Madrid).